Faszination Mikroskopie

Band 1:
Grundlagen, Techniken, Anwendungen

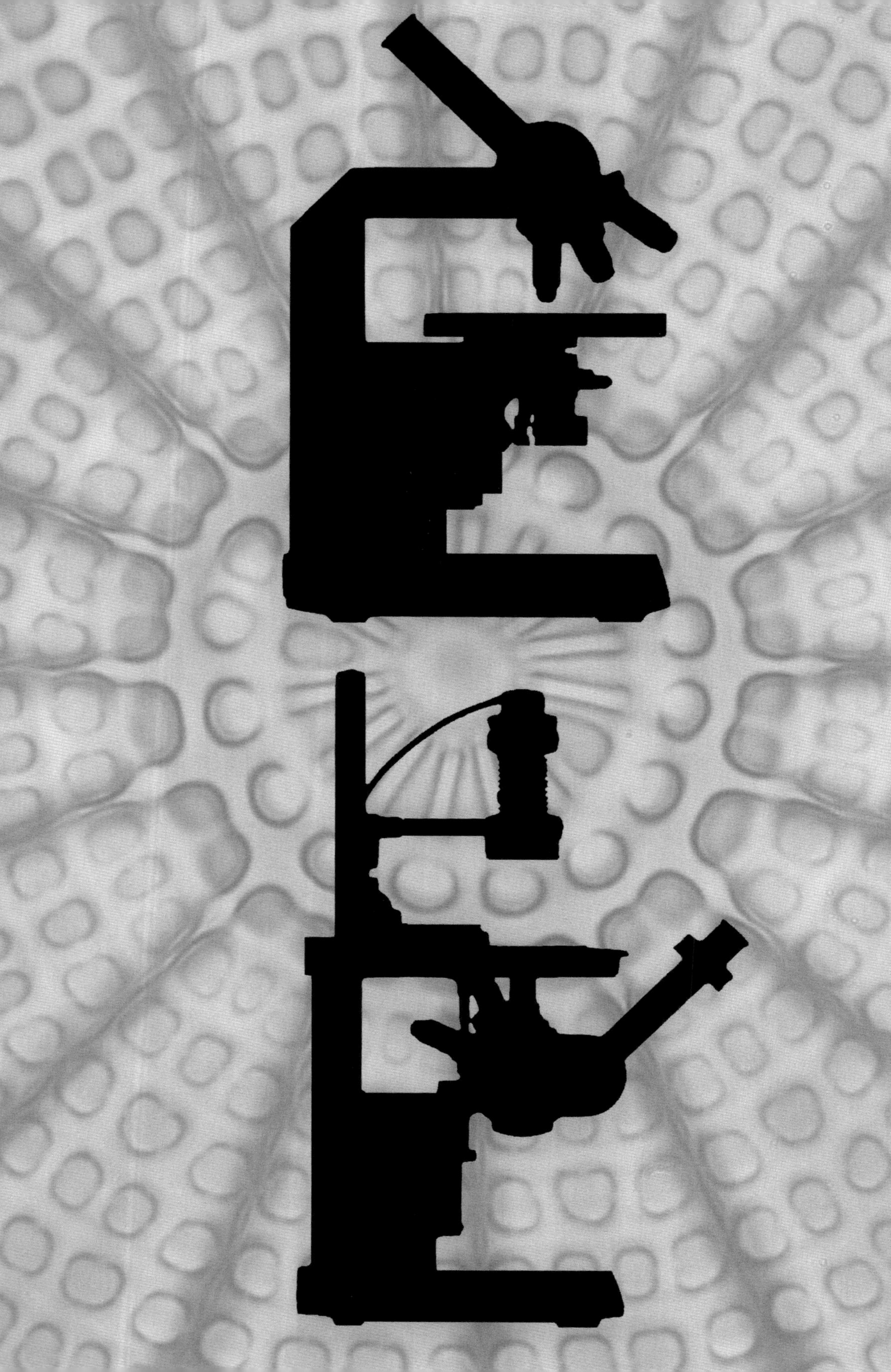

Faszination Mikroskopie

Band 1: Grundlagen – Techniken – Anwendungen

Von
Werner Nachtigall,
Jörg Piper,
Frank Fox

Hachinger Verlagsgesellschaft
Oberhaching bei München

Prof. em. Dr. rer. nat. Werner Nachtigall
Höhenweg 169
66133 Saarbrücken-Scheidt
nachtigall.werner@t-online.de

Prof. Dr. med. Jörg Piper
Marienburgstr. 23
56859 Bullay
JPu.MP@t-online.de

Dipl.-Ing.(FH) Frank Fox
Langenbergring 66
54329 Konz
fox@fh-trier.de

In Co-Produktion mit
Dustri-Verlag Dr.Karl Feistle GmbH & Co. KG
Bajuwarenring 4, 82041 Oberhaching

Druck: PRINT GROUP Sp. z o.o., Szczecin (Polen)

Dustri-Verlag Dr. Karl Feistle
ISBN 978-3-87185-556-6

Hachinger-Verlagsgesellschaft
ISBN 978-3-944291-40-6
ISBN 978-3-944291-41-3 (e-book)

Vorwort

Jeder hat so seine heimlichen Lieblinge – in unserem Fall sind es die verborgenen Strukturen der Mikrowelt. Wer offen und neugierig ist, sich auf die Mikroskopie einzulassen, kann auf faszinierenden Streifzügen durch die geheimnisvolle Welt des Mikrokosmos vielfältige Eindrücke sammeln, die sich dem unbewaffneten Auge verschließen.

Die Buchreihe „Faszination Mikroskopie" wurde aus der Praxis für die Praxis geschrieben. Sie soll Einsteigern die ersten Schritte erleichtern und Anregungen für eigene Aktivitäten geben. Gleichzeitig sollen sich aber auch fortgeschrittene und erfahrene Anwender angesprochen fühlen, die möglicherweise aus bestimmten Kapiteln spezielle Details entnehmen können. Neben erklärenden Texten haben wir auch besonderen Wert darauf gelegt, das Beobachtbare in Bildern zu veranschaulichen, die so gestaltet sind, dass sie auch ohne Worte viel aussagen.

Neben Interesse und Neugier auf die Geheimnisse des Mikrokosmos benötigt man für seine Streifzüge durch die Welt der kleinen Dinge auch geeignete Gerätschaften. Da Mikroskope, Zubehör und Spezialliteratur ja nun einmal nicht vom Himmel fallen, sondern irgendwo gekauft werden wollen, geben die Autoren Hinweise zu bestimmten Titeln und Firmen, stellen auch exemplarisch einige Geräte näher vor. Diese Aufzählungen und Beschreibungen erheben aber keinen Anspruch auf Vollständigkeit, sind auch nicht als Werbung oder Wertung zu verstehen, sondern sollen dem Einsteiger die erste Orientierung erleichtern. Wer besonders haushalten muss, aber trotzdem auf ein solides Gerät Wert legt, kann im Internet (Ebay) schon mal einen unglaublichen Fang machen.

Auch die unsererseits näher beschriebenen und in Fotos gezeigten Objekte erheben keinen Anspruch auf Vollständigkeit oder lexikalische Systematik eines Nachschlagwerks. Sie sollen lediglich der Anregung dienen und die Vielfalt des Beobachtbaren veranschaulichen.

Den vorliegenden ersten Band unserer Buchreihe haben wir dem Mikroskop, seiner Technik, seiner Handhabung und der Mikrofotografie gewidmet. Der zweite Band enthält Anleitungen für das Präparieren. Er widmet sich botanischen, zoologischen und mineralogischen Untersuchungsobjekten und stellt verschiedene Objekte exemplarisch in ihrer Vielfalt vor. Der dritte Band schließlich führt in die „Wunderwelt im Wassertropfen" ein. Die jeweils behandelten ausgewählten Themen unseres dreibändigen Kompendiums zur Mikroskopie sollen dem Mikroskopiker insgesamt helfen, sein Gerät einerseits gründlich kennenzulernen und andererseits vielseitig einzusetzen.

Die schönsten Beschreibungen können aber nicht die Faszination ersetzen, die vom Selber-Mikroskopieren ausgeht. Natürlich wird man auch hierbei Rückschläge erleben und Fehler machen. In den meisten Fällen handelt es sich um ganz grundlegende, kleine, aber entscheidende Fehler in der Handhabung des Geräts. Deshalb werden in dieser Buchreihe auch alle wichtigen Fehlermöglichkeiten angesprochen. So wird man bald die nötigen Tricks beherrschen und Freude haben bei seinen Ausflügen in die faszinierende Welt des Kleinsten.

W. Nachtigall, J. Piper und F. Fox

Zu den Autoren

Werner Nachtigall

Werner Nachtigall arbeitet als Fachbiologe und Universitätsprofessor heute mit Spezialgeräten bekannter Firmen, zu Hause aber am liebsten mit einem nicht mehr ganz taufrischen binokularen „Klassiker“. Mikroskope hatte er aber schon als kleiner Schüler und junger Werkstudent, teils abenteuerliche, selbstgebastelte Gebilde. Er weiß daher, was improvisieren bedeutet und beschreibt viele Verfahren und Tricks, die wenig oder praktisch gar nichts kosten. Auf der anderen Seite ist er sich schon klar, dass der Hobbyjäger heute nicht mehr mit Vorderladern schießt und nicht mit einem Billig-Fernglas beobachtet. Man lässt sich sein Hobby schon etwas kosten. Warum sollte dann der Hobbymikroskopiker nicht auf ein solides Forschungsgerät hinarbeiten? Es werden deshalb auch professionellere Geräte und Spezialverfahren angesprochen.

Jörg Piper

Jörg Piper ist Mediziner und hat als Arzt hauptberuflich in verschiedenen Kliniken gearbeitet. Auch er ist schon als Kind in die Mikroskopie „eingestiegen“, zunächst mit einem alten Messing-Mikroskop, fasziniert von der Idee, Dinge sichtbar werden zu lassen, die man mit bloßem Auge nicht erfassen kann. Bis heute widmet er sich neben seiner ärztlichen Tätigkeit verschiedenen wissenschaftlichen und technischen Fragestellungen im Bereich der Mikroskopie. In 2010 wurde ihm ein US-amerikanischer Forschungspreis verliehen („Microscopy Today Innovation Award“); er ist zudem Mitglied der „Optical Society of America (OSA)“ und der „Microscopy Society of America (MSA)“. Daneben ist er Herausgeber der Zeitschrift „Mikroskopie“ und Europäischer Herausgeber der amerikanischen Fachzeitschrift „Journal of Advanced Microscopy Research“.

Frank Fox

Frank Fox ist als Diplomingenieur an einer Hochschule für angewandte Wissenschaften in der wissenschaftlichen Lehre tätig. Seine technisch perfekten und ästhetisch ansprechenden Mikroaufnahmen – hochauflösende Fotografien und Videodokumentationen –, mit denen er sich in seiner Freizeit befasst, zeugen von einer außerordentlichen und individuellen Kreativität und wurden auf internationalen Wettbewerben bereits mehrfach ausgezeichnet. In enger Zusammenarbeit mit dem renommierten Natur- und Tierfilmer Jan Haft produziert Fox auch Filmbeiträge im extremen Makro- und Mikrobereich, welche in die jeweiligen Naturfilmprojekte integriert und so einem breiteren Publikum zugänglich werden. Frank Fox ist zudem Mitglied in der Schriftleitung der deutschen Fachzeitschrift „Mikroskopie“. Er erstellt seine Foto- und Videodokumentationen mit qualitativ hochwertigen optischen Gerätschaften und einer digitalen Spiegelreflex-Kamera mit Vollformat-Chip.

Inhalt

Das Mikroskop

Welche Mikroskoptypen gibt es?

Man kennt zwei Grundtypen von Mikroskopen (Abb. 1). Bei normalen Geräten ist die Betrachtungsoptik über dem Objekttisch angeordnet, und beleuchtet wird von unten. Es gibt auch umgekehrte Mikroskope. Hier wird von oben beleuchtet und von unten her beobachtet. Besonders geeignet sind diese Sonderbauweisen beispielsweise für Planktonbeobachtungen in großen Schalen. Wer sich nicht auf solche Untersuchungen spezialisieren will, wird wohl immer ein normales Gerät anschaffen.

Damit allerdings hat der Mikroskopiker die Qual der Wahl. Man findet viele Firmen auf dem Markt. Natürlich schwört jeder Optikhändler auf seine Hausmarke, aber auf die ist nicht immer Verlass. Die bekannten Firmen sind zwar gut, aber das besagt nicht, dass ihnen eine weniger bekannte, kleinere Firma nicht das Wasser reichen kann – und das in der Regel zu einem deutlich günstigeren Preis. Wer mit dem Geld haushalten muss (und wer muss das nicht?), sollte also viel vergleichen.

Fast alle bekannteren Firmen bieten eine große Palette, vom einfachsten Anfängermikroskop bis zum vielseitig ausbaufähigen Forschungsgerät (weiteres siehe an späterer Stelle). Konzentrieren wir uns aber zunächst einmal auf die einfachen und preiswertesten Geräte. Ein Beispiel, was man auch als Amateur mit einem guten Mikroskop erreichen kann, zeigt Abbildung 2.

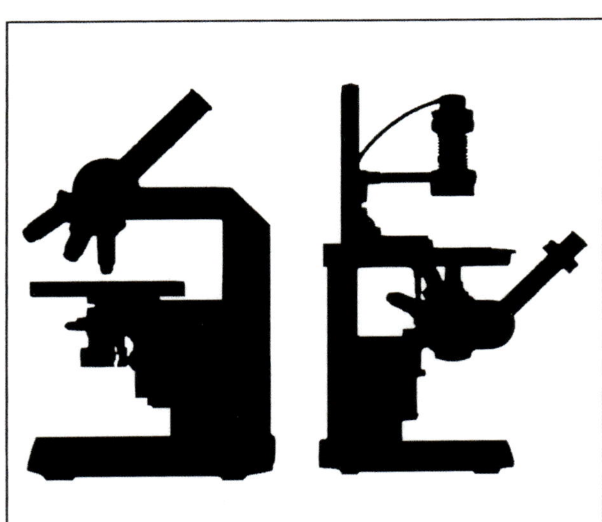

Abb. 1. Unterschiedliche Mikroskopbauweisen: links Normalgerät (aufrechtes Mikroskop), rechts inverses (umgekehrtes) Mikroskop.

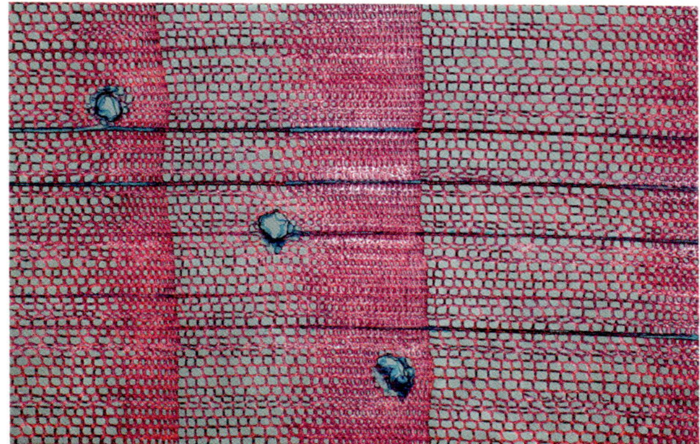

Abb. 2. Holzquerschnitt an der Jahresringgrenze, Aufnahme im polarisierten Licht.

2

Was sollte man sich zum Einstieg kaufen?

Man könnte sagen, dass das fast gleichgültig ist, solange es sich um ein Markenprodukt handelt. Die Markenfirmen bieten heutzutage weder schlechte Mechanik noch eine schlechte Optik. Ganz im Gegensatz zu so manchen sogenannten „Kaufhausmikroskopen", auf die wir gleich noch zu sprechen kommen. Freilich unterscheiden sich die Firmen sehr stark in Aufbau, Extras, Bedienfreundlichkeit und Preis bezüglich ihrer einfachsten Mikroskope, die man gerne – einigermaßen zu Unrecht – „Schülermikroskope" oder „Kursmikroskope" nennt.

Hier gibt es nur eins: Sie müssen die Marktlage analysieren! Der Markt ist in stetigem Fluss, inhaltlich und preislich. Im Anhang sind die Anschriften gängiger Firmen aufgelistet. Der beste Rat, den wir einem Interessenten geben können: Kontaktieren Sie die für Sie interessanten Firmen und bitten Sie um Prospekte. Man wird Sie Ihnen gerne zusenden, denn keine Firma lässt sich einen möglichen Kunden entgehen. Und nochmals: Durchforsten Sie das Internet nach Schnäppchen!

Lohnen sich Billigstmikroskope?

Ein Wort zu den Miniaturmikroskopen, die man für ein paar Dutzend Euro in aufwendigen Verpackungen mit viel Beiwerk, bisweilen auch unnötigem Krimskrams, in Nichtfachgeschäften kaufen kann. Nicht selten – und wir wissen, wovon wir reden – sind diese von sehr begrenzter Qualität, mitunter auch nur zum Wegwerfen gut, sodass sie oftmals auch ihr weniges Geld nicht wert sind. Vergleichen Sie die optische Leistungsfähigkeit eines solchen Mikroskops mit der eines ordentlichen Markengeräts, welches Sie für zwar mehr, aber auch immer noch überschaubares Geld auf dem Gebrauchtmarkt erwerben können (Seite 26) – dann bedarf es keiner weiteren Diskussion. Liebäugeln Sie möglichst nicht mit einem allzu billigen No-Name-Diskounter-Mikroskop, denn Sie werden hiermit keine dauerhafte Freude am Mikroskopierhobby haben. Und falls Ihr Kind von einem lieb meinenden Verwandten einen solchen Mikroskopierkasten geschenkt bekommen sollte, mit allem Drum und Dran, der einige, vielleicht auch hübsch gemachte Dauerpräparate enthält, vielleicht auch einen exotischen Schmetterlingsflügel zum Anschauen, dazu eine Pipette zur Probenentnahme von Wassertropfen, eventuell auch noch Präpariernadeln, Insekten- oder Planktonnetze, einige einfache Färbemittel, oder gar noch ein Spirituslämpchen, dann nutzen Sie dieses Accessoire als Zubehör für den Einstieg. Wenn dann aber Ihr Kind nach der ersten Anfangsbegeisterung feststellt, dass es mit dem Mikroskop selbst nichts oder nicht allzu viel sieht bzw. erkennen kann, dann tragen Sie sich frühzeitig mit dem Gedanken, Ihrem Kind rechtzeitig ein solides Gebrauchtgerät eines Markenherstellers zu kaufen, ehe es den Spaß verliert. Sollten Sie selbst hier nicht hinreichend fachkundig sein, existieren viele Mikroskopische Vereinigungen und auch einige Mikroskopieforen im Internet, wo man Ihnen mit Rat und Tat immer gerne weiterhelfen wird.

Es gibt freilich auch ausbaubare Kleingeräte. Wenn man in Kauf nimmt, dass sie leicht und etwas wackelig sind, kann man damit durchaus arbeiten. Eins aber sollten sie unbedingt haben: Anschlüsse für Normalobjektive (s. Seite 6). Sehr empfehlenswert ist auch die Anschlussmöglichkeit für einen Kondensor mit Irisblende (s. Seite 42) und zumindest für eine Ansteckleuchte (s. Seite 39). Wenn man sein Kleingerät damit und mit drei guten, preiswerten Achromaten (beispielsweise 4×, 10×, 20× oder 4×, 10×, 40× oder 10×, 20×, 40×) ausrüstet, kommt man allerdings schon rasch auch auf die 300 €.

Fazit: Rund 300 € sind die untere Grenze, die man für ein brauchbares neues Kleingerät anlegen muss. Damit ist der Preisabstand zu einem mechanisch soliden Normstativ nicht mehr groß. Weiteres Fazit: Anonyme Kleinstative lohnen sich nicht. Sie bieten zu wenig Gegenwert im Verhältnis zum Preis und man kann meist keine Normteile ansetzen. Das ist ein ganz wichtiger Gesichtspunkt: Markenmikroskope sind international genormt. Man kann in der Regel Normteile verwenden, die man später mal dazukauft.

Teile eines ordentlichen Mikroskops

Die grundlegenden Komponenten eines standardgemäß ausgestatteten Lichtmikroskops sollen am Beispiel zweier Olympus-Mikroskope veranschaulicht werden, ausgestattet mit einem binokularen Beobachtungstubus (Abb. 3, links) bzw. einem trinokularen Fototubus (Abb. 3, mittig und rechts). Eine Konstruktion des Strahlengangs bis zum Objektiv findet sich in der oberen Teilabbildung der Köhler-Beleuchtung auf Seite 132, Abbildung 154.

Jedes Mikroskop ist ein zusammengesetztes optisches Instrument und besteht aus mechanischen und optischen Teilen. Auf dem **Fuß F** (oft mit eingebauter Beleuchtung) sitzt ein **Trägerarm T**. Von dessen Mitte kragt ein über Trieb höhenverstellbarer **Objekttisch OT** aus, der einen **Objektführer OF** tragen kann, und an dessen Unterseite der (höhenverstellbare und günstigerweise zentrierbare) **Kondensorträger KT** sitzt. Am Trägerarm hängt der drehbare **Revolver R** mit den Objektiven; obenauf sitzt der **Tubus TU** mit dem Okular (oder, bei einem Binokulartubus, mit den beiden Okularen).

Die in den Zeichnungen abgebildeten Mikroskope sind Geräte, deren in der optischen Achse befindliche **Lichtquelle** jeweils eine Glühleuchte ist. Heute setzen sich immer mehr Leuchtdioden (LED) als Lichtquelle durch, die günstigerweise klein und hell sind. **Hilfslinsen** in der Nähe der **Leuchtfeldblende** (einer Irisblende zur Eingrenzung des beleuchteten Rundfelds) erzeugen ein angenähert paralleles Strahlenbündel. Dieses wird vom **Kondensor** aufgenommen. Der ist meist zweilinsig, trägt unten eine große und oben eine kleine Linse. Er sammelt das Licht und konzentriert es etwa punktförmig auf das **Objekt**. Man sollte den Kondensor über Zahn und Trieb auf- und abwärts bewegen können. Es gibt auch welche, die man in

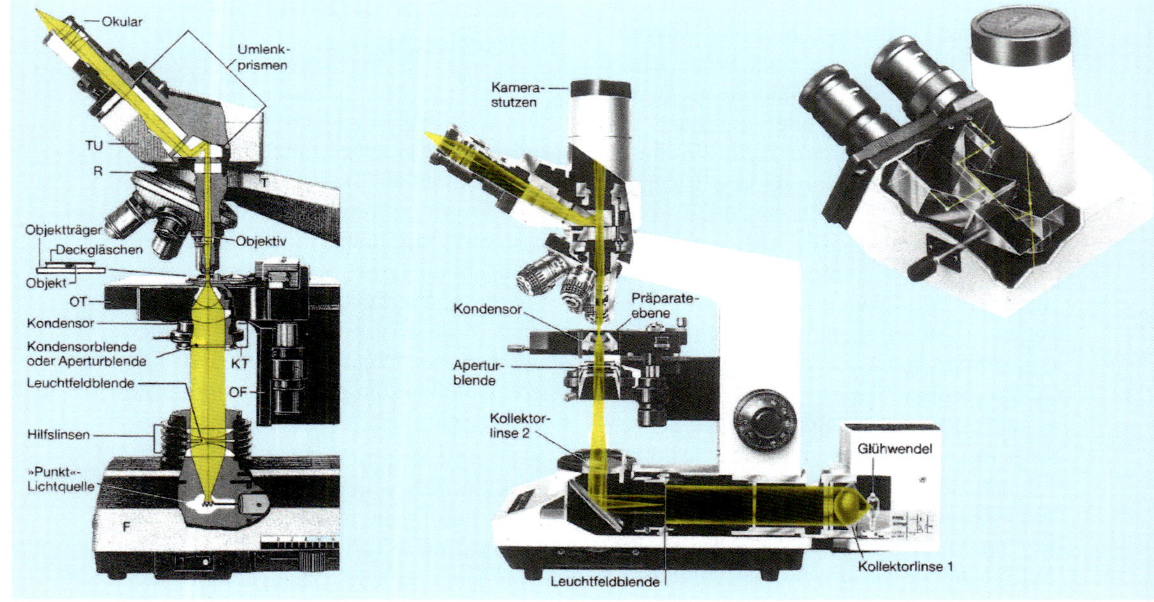

Abb. 3. Kennzeichnung der Teile eines Mikroskops und des Strahlengangs am Beispiel von Olympus-Mikroskopen, ausgestattet mit einem binokularen Beobachtungstubus (links) bzw. einem trinokularen Fototubus (mittig und rechts). Quelle: Historische Werksdruckschriften von Fa. Olympus. TU = Tubus, R = (Objektiv)Revolver, T = Trägerarm, OT = Objekttisch, KT = Kondensorträger, OF = Objektführer, F = Fuß

einer Schiebehülse verstellen kann; diese sind aber im Gebrauch bei Weitem nicht so praktisch. Der Kondensor trägt unten eine weitere Irisblende, die **Kondensorblende** oder **Aperturblende**. Darunter findet sich meist ein seitlich herausklappbarer Filterhalter, in den man beispielsweise ein Farbfilter oder eine Mattscheibe einlegen kann.

Somit ist das Objekt nun im hellen Durchlicht (Hellfeld) beleuchtet. Es liegt zumeist in einem Wassertropfen, auf einer standardisierten Glasplatte, dem **Objektträger**, und wird mit einem sehr feinen Glasplättchen, dem **Deckgläschen**, abgedeckt. Das über dem Präparat wieder auseinanderlaufende Lichtbündel wird von der Frontlinse des mehrlinsigen **Objektivs** aufgefangen und – bei Schrägeinblick über Umkehrprismen – in das **Okular** geleitet. Dieses kann man in den Tubus einstecken. Es ist zweilinsig und trägt unten eine große, oben eine kleine Linse. Das aus der kleinen Linse austretende Strahlenbündel gelangt ins Auge und wird schließlich auf dessen Netzhaut fokussiert. Das Auge wird somit zum integrierten Teil des optischen Systems eines Mikroskops.

Beim Binokulartubus beobachten beide Augen, was außerordentlich zum ermüdungsarmen Arbeiten beiträgt. Wenn es nur irgendwie zu verkraften ist, sollte man von vornherein einen Binokulartubus anpeilen. Gerade im Internet werden immer wieder welche angeboten. Die Augen werden es einem danken – besonders, wenn man viel mikroskopiert.

Was sollte ein ausbaufähiges Einstiegsmikroskop bieten?

...nach unserer Meinung die folgenden Punkte, die in Abbildung 3 gezeigt werden:

- einen stabilen Fuß.
- einen zügigen und dabei satt gehaltenen Grobtrieb sowie einen exakt arbeitenden Feintrieb. Beide Triebe sollten auf den Objekttisch wirken; sie heben und senken diesen. Über Triebe, die stattdessen den Träger mit der Optik verschieben, ärgert man sich spätestens dann, wenn man eine schwere Kamera aufsetzt: Das Übergewicht kann die Objekte leicht aus der Schärfenebene drücken.
- einen genügend großen Objekttisch mit abnehmbaren Klammern und möglichst schon Bohrungen für einen später eventuell zuzukaufenden Objektführer. Fürs Erste braucht man einen Objektführer aber nicht. Der Objekttisch sollte unten mindestens eine Schiebehülse für einen Kondensor tragen, viel besser allerdings eine Zahntriebeinrichtung für einen Kondensor.
- einen Kondensor mit Irisblende und ausklappbaren Filterhalter, zudem vielleicht auch mit einer ausklappbaren Zusatzlinse. Diese Zusatzlinse bzw. Kopflinse wird zur weitergehenden Lichtbündelung bei stärkeren Vergrößerungen in den Strahlengang eingeklappt und zur Ausleuchtung des Gesichtsfelds bei besonders schwachen Vergrößerungen ausgeklappt. Das geht schnell und ist äußerst praktisch.
- einen leicht abnehmbaren Planspiegel, der problemlos gegen eine Ansteckleuchte ausgetauscht werden kann. Viel besser noch: eine im Fuß integrierte Leuchtdioden- oder Niedervoltbeleuchtung.
- einen gut einrastenden Drei- oder Mehrfachfachrevolver mit Gewinden für genormte Optik, möglichst für 160 mm Tubuslänge und 45 mm Abgleichlänge. Ein Vierfach- oder Fünffachrevolver wäre besser als ein Dreifachrevolver, weil der Geschmack am Objektivwechsel sozusagen beim Essen kommt. Er wäre jedenfalls zukunftssicher.
- genormte Objektive. Normoptik hat den Vorteil, dass man zukaufbare Optik jeder Weltfirma verwenden kann, das ist unschätzbar! Als Objektive reichen für den Anfang preiswerte Achromate; vielleicht kann man auch gleich mit den nur wenig teureren, meist auch plan korrigierten Halbapochromaten (s. Seite 21) liebäugeln. Man sollte nur unbedingt darauf achten, dass gerade die **schwachen** Vergrößerungen vorhanden sind, beispielsweise 4×, 10× und 20×. Als stärkstes Trockensystem wird man üblicherweise 40× verwenden. Wer sowieso mit dem Gedanken spielt, ein solches Objektiv zuzukaufen, sollte vielleicht gleich einen Vierfachrevolver mit beispielsweise zirka 4×-, 10×-, 20×-, 40×-Objektiven vorsehen. Starke Objektive, welche aufgrund ihres kurzen Arbeitsabstandes nahe an das Deckglas heranreichen, sollten federnd gelagert sein, damit man beim Herunterfahren nicht versehentlich das Deckglas zerbricht und die Frontlinse zerkratzt. Ölimmersions-Objektive (Seite 32), die besonders einstellkritisch sind, braucht man für den Anfang und wahrscheinlich auch sonst für die meisten Anwendungen nicht.
- ein stabiler, nicht schwingender Trägerarm, an dem man das Gerät hochheben kann.
- ein monokularer, oder (besser) binokularer, abnehmbarer Schrägtubus mit genormtem Innendurchmesser für Okulare mit einem Außendurchmesser von 23,2 mm oder 30 mm (je nach

technischer Auslegung des Tubus). Die Schräglage dient dem bequemen Einblick. Man kann zwar auch einen Geradtubus verwenden und das Mikroskop in einem Gelenk schräg kippen, wenn ein solches vorhanden ist. Dann rutschen aber die Präparate vom Tisch, und man muss sie mit Klemmen oder einem Objektführer festhalten, was unpraktisch ist. Natürlich können auch keine unbedeckten Wassertropfen auf einem schräg geneigten Objektträger beobachtet werden, weil das Wasser herunterlaufen würde. Die Abnehmbarkeit und Austauschbarkeit der Tuben ist deshalb wichtig, weil auch hier „der Appetit womöglich beim Essen kommt“: Wer mehr zum Beobachten neigt, wird früher oder später einen Binokulartubus anschaffen, wer sich auf Mikroaufnahmen spezialisieren will, vielleicht einen vornehmen Trinokulartubus (oder einen sehr viel billigeren, geraden, monokularen Fototubus). Besitzt das Mikroskop eine genormte Schwalbenschwanzrundführung, so sind diese Tuben problemlos aufzusetzen, allerdings sind die Durchmesser der Rundführungen meist firmenspezifisch.

- ein schwach bis mittelstark (6× bis 10×) vergrößerndes Okular mit Norm-Außendurchmesser von 23,2 mm oder 30 mm, je nach Art des Tubus. Später kann man sich auch andere Okulartypen zukaufen. Bei genormten Okularen hat man wieder den Vorteil, Optiken der Weltfirmen ggf. kombinieren zu können, wenngleich in einigen Fällen bestimmte Objektiv-Okular-Kombinationen vorgeschrieben sind (s. Seite 34 ff.). Es gibt beispielsweise besonders stark vergrößernde Okulare, welche in früheren Zeiten für das Auszählen von Blutkörperchen und Blutplättchen verwendet wurden, oder sogenannte Projektive (Seite 36) für die Mikrofotografie und Mikroprojektion.

Mit einem solchen Gerät kann man bereits für einige 100 € gut beginnen und es je nach Lust und Geldbeutel durch Zukauf von Einzelteilen in ein durchaus brauchbares Labormikroskop ausbauen. Wer so etwas allerdings von vornherein anpeilt, sollte wiederum nicht den Fehler machen, zu klein zu beginnen. So ärgert man sich später womöglich, wenn der Objekttisch nicht gegen einen Kreuz- oder Drehtisch austauschbar ist, oder wenn der Einbau einer Leuchtdioden- oder Niedervoltbeleuchtung und damit die leichte Einstellung einer Köhler-Beleuchtung (Seite 50, Abb. 46) nicht realisierbar ist. Für ein solides Laborstativ mit Grundausrüstung muss man tiefer in die Tasche greifen (mindestens etwa 1,000 €). Dafür bekommt man Mikroskope, die allen Normalansprüchen genügen und für spezielle optische Verfahren, beispielsweise für Phasenkontrast (Seite 79), leicht auszubauen sind.

Welche Optik sollte man sich für den Anfang zulegen?

Auf keinen Fall kaufe man sich Stücke mit abweichenden Fassungen. Objektive müssen ein Normgewinde haben (mit der Schublehre sind 20 mm Außendurchmesser zu messen), Okulare einen Normdurchmesser von 23,2 mm oder 30 mm.

An Objektiven empfehlen wir, wie bereits ausgeführt, fürs erste gute Achromate, ca. 4×, 10× und 20× (evtl. noch 40×) mit einfachen Huygens-Okularen zwischen 6× und 10×. Zum Objektivkauf noch drei Tipps:

- Bei Serienumstellungen bleiben immer wieder Auslaufmodelle übrig, die – oft erstaunlich günstig – angeboten werden: Firmen anschreiben!
- Es gibt Firmen, die sich auch auf sehr preiswerte Beschaffung guter Einzel-

optik spezialisiert haben, weil sie Restserien aufkaufen, so die Firmen Thilo Immel Optik, Optik Online Woitzik, Mikrovid, Optovid, BW-Optik, Abro NL und andere.

- Schließlich wird es immer wieder Mikroskopiker geben, die ihre Optik dem neuesten Stand anpassen und nicht mehr benötigte Teile im Internet anbieten (z.B. Ebay) oder direkt an junge Kollegen abgeben – vielleicht sogar zu einem ausnehmend günstigen Preis. Auch in einigen Mikroskopieforen existieren für registrierte Nutzer Kaufbörsen im Internet, wo man teils komplette Mikroskope, teils diverse Zubehörteile finden, oder auch bedarfsweise selbst zum Kauf anbieten kann.

Spezialgerät oder Ausbaumikroskop?

Es ist fast eine Glaubens-, oder sagen wir besser Temperamentsangelegenheit, ob man sich für das eine oder andere entscheidet. Wer ziemlich genau weiß, was er mit seinem Gerät anstellen wird (und was nicht), wer vor allem sicher ist, dass er später einmal keinen Wert auf viel austauschbares Zubehör legen wird, kann sich von manchen Firmen spezielle Geräte nach seinen Wünschen fest zusammenstellen lassen.

Die meisten Anwender werden sich offenhalten wollen, in welche Richtung sich ihre mikroskopischen Aktivitäten entwickeln. Dieser Aspekt spricht dafür, sich ein Mikroskop anzuschaffen, welches nach dem Baukastenprinzip schrittweise ausgebaut werden kann und mit zunehmenden Kenntnissen, Erfahrungen und Ambitionen seines Besitzers „mitwächst". Unter diesem Aspekt sollte bei einer Kaufentscheidung bedacht werden, wie weitreichend die herstellerseitig vorgesehene Ausbaufähigkeit überhaupt ist. Natürlich wird der Grundpreis eines Mikroskops umso höher liegen, je weitreichender es ausgebaut werden kann, weshalb in Anhängigkeit des Budgets ein ausgewogener Kompromiss zwischen Anschaffungspreis und Ausbaufähigkeit sinnvoll sein kann.

Zur Veranschaulichung dieser Gegebenheiten soll im Folgenden, stellvertretend für die Geräte auch anderer maßgeblicher Hersteller (vgl. Seite 14, „Gebrauchtgerät oder Neugerät?") das Baukastensystem der Firma Ernst Leitz Wetzlar näher vorgestellt werden. Mehrere der hier gezeigten Geräte waren zum Zeitpunkt ihrer Entwicklung für die meisten Otto Normalverbraucher unerschwinglich. Sie sind aber auch heutzutage noch von ausgezeichneter mechanischer und optischer Qualität und auf dem einschlägigen Gebrauchtmarkt sowie bei Internetauktionen oftmals in gutem Erhaltungszustand für nunmehr erschwingliche Preise zu finden. Solche Gebrauchtgeräte versprechen daher eine optimale Preis-Leistungs-Relation. Kunststoffe bzw. Plastik oder Silikonkleber findet man an diesen Mikroskopen noch nicht, weshalb man sie mit gutem Gewissen, eine adäquate Behandlung vorausgesetzt, als Mikroskope fürs Leben betrachten darf. Auf dem Gebrauchtmarkt dominierend sind Geräte aus den 1970- und 1980er-Jahren, weshalb auf typische Repräsentanten dieser Epochen näher eingegangen werden soll.

Abbildung 4 zeigt als Beispiel eine Generation von Leitz-Mikroskopen, welche in den Siebziger Jahren aktuell waren und auch heutzutage immer noch gute Dienste leisten. Die gesamte Gerätefamilie bestand aus fünf Mitgliedern, die sich in ihrer Ausbaufähigkeit deutlich unterschieden.

Das **HM-Lux** war als einfaches Schul- und Kursmikroskop konzipiert. Der Beleuchtungsapparat befand sich fest unter dem Objekttisch montiert; durch Drehen einer Fassung konnte zwischen Hell- und Dunkelfeldbeleuchtung gewechselt werden. Der Objektivrevolver fasste 4 Ob-

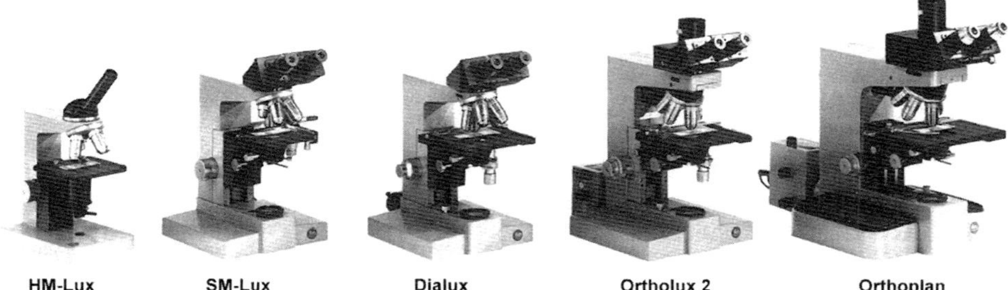

Abb. 4. Beispiel einer Mikroskop-Typenreihe der Firma E. Leitz Wetzlar. Die hier gezeigten Geräte aus den 1970er-Jahren sind immer noch als solide Gebrauchtgeräte erhältlich und leisten gute Dienste. Nähere Erläuterungen im Text (modifiziert nach historischen Werksdruckschriften von E. Leitz Wetzlar).

jektive, meist 4×, 10×, 40× und Öl 100×. Hinsichtlich Beobachtungstuben konnte zwischen monokularem und binokularem Tubus gewechselt werden.

Beim **SM-Lux**, einem kompakten Labormikroskop, umfasste der Objektivrevolver bereits 5 Objektive. Hinsichtlich Tuben konnten sämtliche Varianten verwendet werden, von monokularen und binokularen Beobachtungstuben bis zum trinokularen Fototubus. Die Lichtquelle (Glühlampe) war fest im Fuß des Geräts integriert, wobei die Helligkeit mit einem ebenfalls im Fuß untergebrachten Trafo geregelt werden konnte. Der Kondensor konnte hingegen ausgewechselt werden, sodass letztlich die gesamte Palette der in Betracht kommenden Routineverfahren anwendbar war, also nicht nur Hell- und Dunkelfeld, sondern speziell auch Phasenkontrast.

Das **Dialux** unterschied sich vom SM-Lux durch weitere Freiheitsgrade der Ausbaufähigkeit. So wurde nun die Lichtquelle von außen an das Stativ geflanscht, sodass letztlich sämtliche in Betracht kommenden Lichtquellen einsetzbar wurden, also auch spezielle Lampenhäuser mit Leuchtmitteln bis zu 250 W sowie ein ausgeklügelt konstruierter Mikroblitz. Zusätzlich war auch der Objektivrevolver wechselbar, sodass man, falls im Besitz mehrerer Revolver, ganze Sets zu jeweils 5 Objektiven mit einem Handgriff auswechseln konnte. So konnten für spezielle Anwendungen passende Ensembles an Objektiven zusammengestellt werden, beispielsweise eine Serie von Hellfeldobjektiven, eine separate Serie von Phasenkontrastobjektiven, ein Satz von Spezialobjektiven für Interferenzkontrast, aber auch eine Serie von Spezialobjektiven mit langem Arbeitsabstand und/oder integrierter Irisblende für verbesserte Dunkelfeldmikroskopie. Weiterhin verfügte das Dialux über eine schlitzförmige Aufnahme für Filterschieber; diese war oberhalb des Objektivrevolvers angebracht und diente vor allem der Aufnahme eines Analysators, notwendig für Untersuchungen im polarisierten Licht. Zusammenfassend ermöglichte das Dialux somit letztlich die Anwendung von sämtlichen Routineverfahren im durchfallenden Licht, konkret Hell- und Dunkelfeld, Phasen- und Interferenzkontrast, Polarisation und (Durchlicht-)Fluoreszenz. Für Auflichtanwendungen, speziell Auflicht-Fluoreszenz und Auflicht-Hell- und -Dunkelfeld musste zwischen dem Tubusträger und dem auswechselbaren Tubus ein sog. Auflichtilluminator als spezielle Apparatur eingefügt werden.

Das **Ortholux 2** bot als Forschungsmikroskop eine maximale Varianz der Ausbaufähigkeit. Im Unterscheid zum Dialux war auch die Integration von Auflicht von

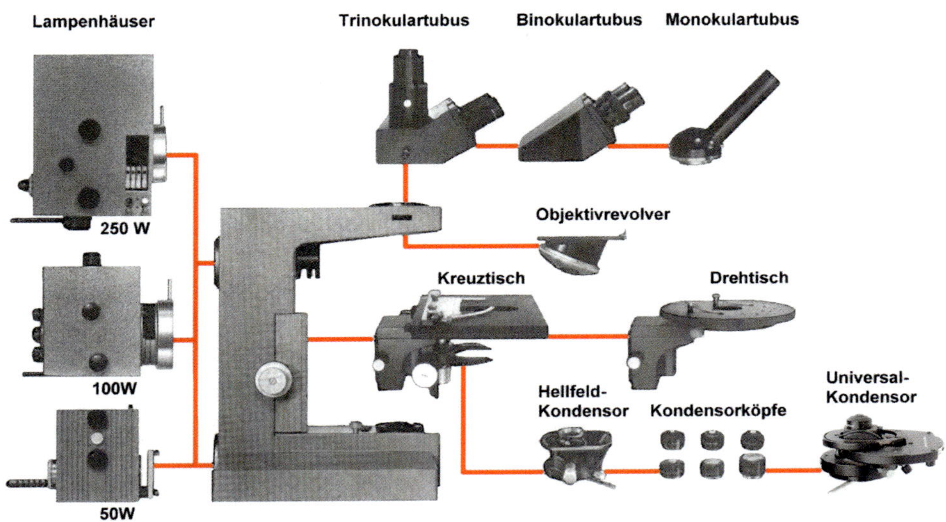

Abb. 5. Maximale Ausbaufähigkeit eines Forschungsmikroskops am Beispiel des Leitz Mikrokops Ortholux 2 (modifiziert nach historischen Werksdruckschriften von E. Leitz Wetzlar).

vornherein schon im Grundstativ vorgesehen, zusätzlich konnten beim Ortholux 2 auch die Tische gewechselt werden, sodass für spezielle Anwendungen und Experimente neben einem Drehtisch auch verschiedene Heiz- und Kühltische einsetzbar waren.

Das **Orthoplan** war das damalige Flaggschiff dieser Gerätefamilie. Der wesentliche Unterscheid zum Ortholux 2 bestand darin, dass dieses Mikroskop mit einer damals neuartigen Großfeldoptik ausgestattet war, welche Beobachtungen mit Okularen bis zur Sehfeldzahl 28 ermöglichte. Im Vergleich zu Standardoptiken überblickt man mit einer Großfeldoptik bei derselben Vergrößerung wesentlich mehr Objektanteile, überschaut also eine deutlich größere Objektfläche, ohne das Präparat verschieben zu müssen. Dies kommt der systematischen Durchmusterung von Proben, speziell bei Reihenuntersuchungen entgegen. Zusätzlich bietet sich dem Betrachter ein grundlegend anderes Seherlebnis, wenn er durch eine Großfeldoptik blickt, weil er sich förmlich in das Objekt hineinversetzt fühlt.

Abbildung 5 demonstriert die Prinzipien einer maximalen Ausbaufähigkeit anhand des Leitz Ortholux 2. In Auf- und Durchlichtposition stehen drei Typen von Lampenhäusern zur Auswahl, mit 50, 100 und 250 W. Für Mikrofotografie bietet sich ein trinokularer Fototubus an, für reine Beobachtungen vorzugsweise ein Binokulartubus, oder, speziell bei sehr geringer Lichtausbeute, ein Monokulartubus. Für Routineuntersuchungen sollte vorzugsweise ein großer Kreuztisch mit Objektführer verwendet werden, für spezielle Zwecke, z.B. in der Polarisationsmikroskopie oder gestalterischen Mikrofotografie, ein Drehtisch. Weitere in Betracht kommende Spezialtische sind nicht abgebildet. Verschiedene Arten von Objektivrevolvern stehen zur Verfügung, je nachdem, ob Untersuchungen im Durchlicht stattfinden sollen, oder im Auflicht; hier gezeigt wird ein Arrangement für Durchlicht. Hinsichtlich Kondensoren bietet sich für Routineanwendungen je nach Zielsetzung ein Hellfeldkondensor an, der mit verschiedenen Kondensorköpfen von unterschiedlicher Apertur und Schnittweite zu bestücken ist,

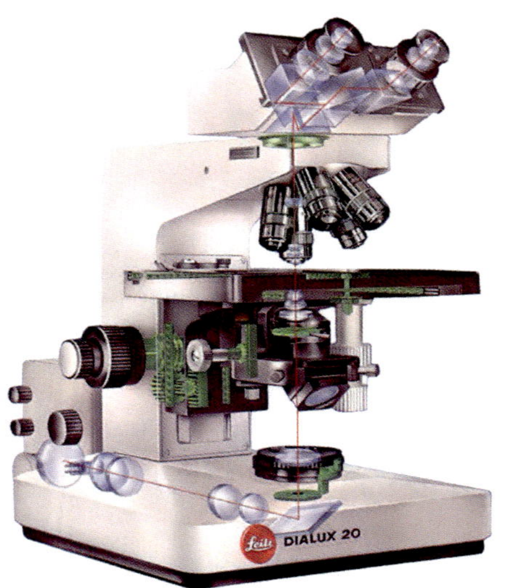

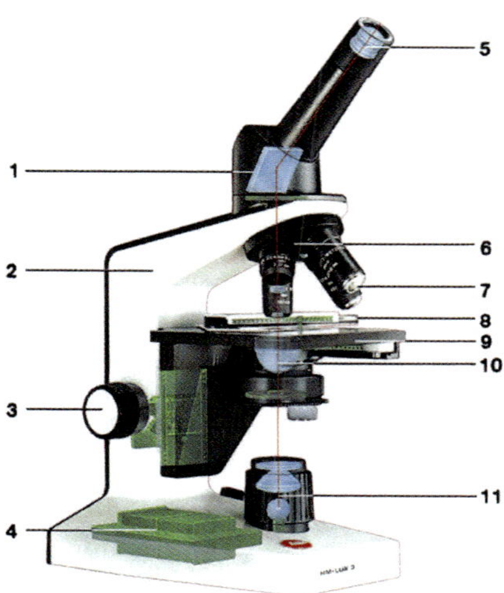

Abb. 6. Schnittansichten eines Labormikroskops Leitz Dialux 20 (links) und eines Schul- und Kursmikroskops Leitz HM-Lux 3 (rechts) im Vergleich. 1 = Schrägtubus mit Umlenkoptik; 2 = Tubusträger; 3 = Grob- und Feineinstellung (Einknopfbedienung); 4 = Fuß mit integriertem Trafo; 5 = Okular; 6 = Objektivrevolver; 7 = Objektiv; 8 = Objektführer; 9 = Objekttisch; 10 = Kondensor, 11 = Lichtquelle bzw. Lichtdurchlass (modifiziert nach historischen Werksdruckschriften von E. Leitz Wetzlar).

oder ein sogenannter Universalkondensor für direkten Wechsel der Beleuchtungsart von Hellfeld zu Dunkelfeld oder Phasenkontrast. Weitere in Betracht kommende Spezialkondensoren, so zum Beispiel Immersionskondensoren für Dunkelfeld und spezielle Kondensoren für Interferenzkontrast, sind nicht abgebildet.

In den 1980er-Jahren wurde eine neue Gerätegeneration auf den Markt gebracht, die auf einer mechanischen Tubuslänge von 160 mm (zuvor 170 mm) basierte. Nachfolger des HM-Lux war nun das **HM-Lux 3**, das Dialux wurde als **Dialux 20** neu aufgelegt, und anstelle des SM-Lux wurde das Segment zwischen HM-Lux 3 und Dialux 20 durch die beiden Labormikroskope **Laborlux 11 und 12** gefüllt. Auch diese Geräte sind auf dem Gebrauchtmarkt populär. Abbildung 6 zeigt stellvertretend für diese neue Generation eine Gegenüberstellung von HM-Lux 3 und Dialux 20, jeweils in Schnittdarstellungen, sodass die Unterschiede im Aufbau eines Schul- bzw. Kursmikroskops und eines ausbaufähigen Labormikroskops erkennbar werden. Gleichzeitig werden anhand des HM-Lux 3 die wesentlichen Komponenten eines zusammengesetzten Mikroskops nochmals verdeutlicht. Einen Überblick über die wesentlichen Kenndaten dieser Gerätegeneration gibt Tabelle 1.

Ortholux 2 und Orthoplan blieben auch in den 1980er-Jahren neben den vorerwähnten neuen Geräten zunächst noch im Portfolio des Herstellers; sie wurden erst später abgelöst, als das sehr selten zu findende **Orthoplan 2** und das ebenfalls relativ selten vertretene **Aristoplan** auf den Markt gebracht wurden. Ungefähr zur gleichen Zeit wurde das ebenfalls relativ selten zu findende **Diaplan** als voll ausbaufähiges reines Durchlichtmikroskop mit Großfeldoptik entwickelt, welches als Großfeldnachfolger des Dialux 20 betrachtet werden kann. Abbildung 7 zeigt den Aufbau des Orthoplan anhand einer technischen Zeichnung; die beleuchtenden

Tab. 1. Kenndaten der ersten Leitz-Mikroskope aus den 1980er-Jahren mit Tubuslänge 160 mm.

	HM-Lux	Laborlux 11	Laborlux 12	Dialux 20/20 EB*
Lichtquelle	fest eingebaut, 6 V, 5 W, Trafo im Fuß	fest eingebaut, 6 V, 10 W, Trafo im Fuß, oder 6 V, 15 W mit Kipp-schalter (ohne Trafo)	fest eingebaut, Lampenhaus 20 W, Trafo im Fuß	ansetzbares Lampen-haus 100 W mit externem Trafo, oder fest eingebaut, 6 V, 20 W, Trafo im Fuß (Dialux 20 EB)
Objektiv-revolver	4-fach, fest	5-fach, fest	5-fach, fest	5-fach, wechselbar
Kondensor	Hülsenfassung, wechselbar, einfaches Hellfeld, Schieber für Dunkelfeld und Phasenkontrast, DF-Kondensor (selten)	Hülsenfassung, wechselbar, Hellfeld-Kondensoren (trocken und Öl), Steck-blenden für Phasen-kontrast und Dunkelfeld	Schlittenfassung, wechselbar, Kondensoren für Hellfeld, Dunkel-feld, Universal-kondensor für Phasenkontrast, Hell- und Dunkelfeld	Schlittenfassung, wechselbar, Kondensoren für Hellfeld (mit optionalem Kopf für Dunkelfeld), Universal-kondensor für Phasen-kontrast, Hell- und Dunkelfeld
Schieber für Analysator	nein	nein	nein	ja
Auflicht-illuminator	nein	ja	ja	ja
Tubus wechselbar	nein (werksseitig montiert)	ja	ja	ja
Fokussierung	1-Knopf-Bedienung	1-Knopf-Bedienung	1-Knopf-Bedienung	2-Knopf-Bedienung
Leuchtfeld-blende	nein	optional (aufsetzbar)	ja	ja

11

und bildgebenden Komponenten wurden zur Verdeutlichung koloriert.

Die extreme Vielseitigkeit eines solchen Ausbaumikroskops wird sicherlich faszinieren. Selbst wenn die Preisfrage keine entscheidende Rolle spielt (alle Zusatzteile kosten insgesamt ein Mehrfaches des Grundgeräts!), hat es aber nicht nur Vorteile. Jeder Umbau kostet Zeit und erfordert teilweise eine Neukalibrierung bzw. -justierung. Aus Zeitmangel oder Bequemlichkeit – das wissen wir aus langer Eigenerfahrung – unterlässt man so manche Untersuchung, weil man nicht lange umbauen will. So reduziert sich ein Allroundgerät im praktischen Gebrauch recht häufig auf eine bestimmte Kombination von immer wieder benutzten, fest angebauten Zusatzteilen. Wir sind dann wieder bei einem (ggf. billigeren) Spezialmikroskop, das man auch gleich hätte anschaffen können. Aber wer weiß schon, wohin ihn sein Hobby einmal führt?

Braucht man ein Präpariermikroskop (Binokular)?

Die Antwort ist schnell gegeben: Es ist sehr, sehr nützlich. Da gibt es wunderschöne – und sündhaft teure – Binokulare der Weltfirmen mit großem Objektabstand

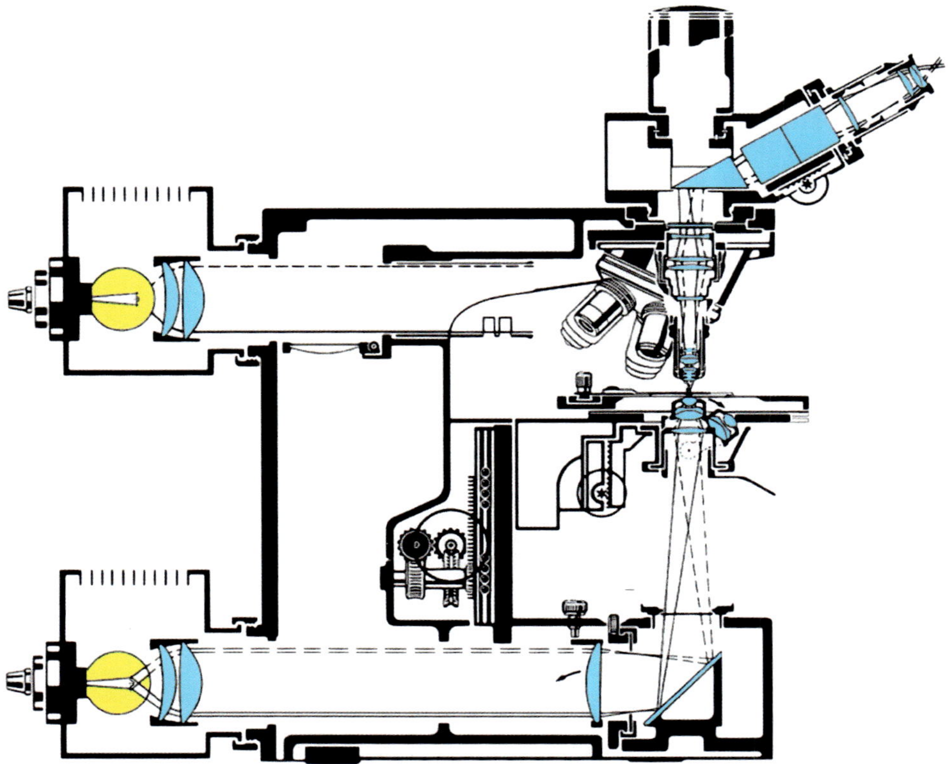

Abb. 7. Technische Schnittbildzeichnung des Großfeld-Mikroskops Leitz Orthoplan (modifiziert nach historischen Werksdruckschriften von E. Leitz Wetzlar).

(wichtig eigentlich nur für Präparierzwecke) und Zoomoptik zwischen 4- und 40-facher Vergrößerung, kombiniertem Auf- und Durchlicht und was das Herz begehrt. Da die beiden Augen das Objekt aus leicht unterschiedlichen Blickwinkeln sehen, ergibt sich ein vorzüglicher räumlicher Eindruck, welcher die jeweiligen Objekte in ihrer Übersicht zeigt und so deren Gesamtaufbau und Anordnung einzelner Elemente besonders gut nachvollziehen lässt (vgl. Abb. 9, Abb. 10). Abbildung 8 zeigt ein solides Binokular (Stereomikroskop) von Carl Zeiss Jena, ausgestattet mit einem Objektivset, welches in einem Vergrößerungswechsler montiert ist; wahlweise können Objektive der Vergrößerungen 0,63, 1,0, 1,6, 2,5 und 4,0 verwendet werden. Abbildung 9 gibt ein Beispiel für eine Auflichtuntersuchung, bei welcher das Objekt auf einem schwarzen Untergrund gelagert ist; Abbildung 10 zeigt eine stereomikroskopische Betrachtung im blaugrundigen Durchlicht, kombiniert mit Auflicht. Durch das Binokular betrachtet, sieht man Kleinstrukturen in ihren natürlichen Farben und in ihrer räumlichen Ausdehnung,

Auch für den Amateur sind solche Binokulare sehr brauchbar, zum Beispiel für das Herausfischen von Planktonorganismen aus Petrischalen, zur Insektenbeobachtung, für die Bestimmung von Moosen und so fort. Verzichten kann man auf Zoom und

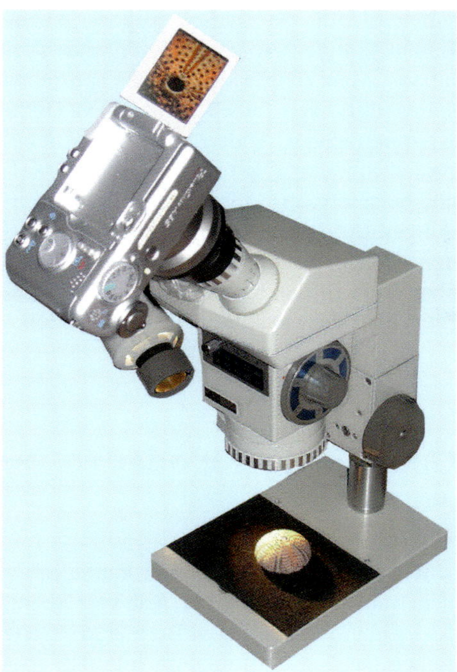

Abb. 8. Zeiss-Stereomikroskop (Binokular, Modell Technival) mit adaptierter Digitalkamera.

Abb. 9. Unterseite eines Farnblatts mit Sporangien-Häufchen (Sori), fotografiert mit dem Stereomikroskop von Abbildung 8, beleuchtet im schräg einfallenden Auflicht. Foto: Timm Piper.

Abb. 10. Brennnesselstängel mit Brennhaaren im blaugrundigen Durchlicht und farbneutralen Auflicht.

höhere Vergrößerungen. Einer der Autoren benutzt seit Jahren ein Binokular mit fest eingestellter, gerade mal 6-facher Vergrößerung. Das reicht ihm vollständig. Und es war auch noch unglaublich preiswert. Gerade weniger bekannte Firmen stellen eben auch Binokulare her, die gar nicht viel kosten und dabei von recht brauchbarer optischer Güte sind. Abstriche muss man machen an der Mechanik sowie dem Bedienungskomfort und der Wechseloptik. Auch hier gilt wieder: Gelegenheitslisten studieren und das Internet abklappern! Es sollte möglich sein, ein solides älteres Gerät mit Gebrauchsspuren für weniger als 20% des Neupreises einer modernen Version aufzutreiben!

Lohnen sich digitale Handmikroskope?

Digitale Handmikroskope können ein traditionelles Mikroskop unserer Meinung nach nicht ersetzen. Es handelt sich bei diesen Geräten um kleine, meist stiftförmige Instrumente, die mit einer integrierten Beleuchtung und einer relativ schwach vergrößernden Optik versehen sind, welche das Bild auf einen Chip projiziert. Es gibt auch digitale Handlupen für

Abb. 11. Digitales Handmikroskop mit Lupenkopf der Firma Celestron, Modell Nr. 44300 mit USB-Anschlusskabel, Vergrößerung stufenlos verstellbar zwischen 20 und 40×. Gesamtansicht (links), Blick auf den Lupenkopf mit Zoomoptik und vier umgebenden LEDs (rechts).

schwächere Vergrößerungen (Abb. 11), welche das Bild über ein USB-Kabel vom Chip auf den Bildschirm eines Computers übertragen. Zu solchen Geräten gehört immer eine Capture-Software, welche die Betrachtung der Bilder ermöglicht und in aller Regel auch deren Speicherung als Einzelfoto oder Videoclip. Manche auch professionellen Hersteller bieten für digitale Kameramodule auch unterschiedliche Softwarevarianten an, reine Viewer-Software, die der alleinigen (formatfüllenden) Betrachtung des Bildes auf einem Bildschirm dient und separate Capture-Software zur Anfertigung von digitalen Fotos und Videoclips. Wer nur einmal auf die Schnelle einen Gegenstand vergrößert betrachten will, mag an einem solchen Gerät Spaß haben; die Vielseitigkeit eines traditionellen Mikroskops wird allerdings nicht erreichbar sein, weder im Hinblick auf die optischen Eigenschaften, noch in Bezug auf eine Variation der Beleuchtung. Auch jedes gute Binokular bzw. Stereomikroskop wird im niedrigen Vergrößerungsbereich um Klassen besser sein. Folglich scheiden für ernsthafte mikroskopische Beobachtungen solche Digitalmikroskope aus. Man könnte sie eher als spezielles spielzeugartiges Zubehör für einen Computer betrachten. Anders verhält es sich bei professionellen Digitalmikroskopen, welche beispielsweise für industrielle Anwendungen (Materialprüfung) angeboten werden. Diese sind hier nicht gemeint, liegen aber auch in der Regel im Anschaffungspreis über dem Budget eines Hobbyisten.

Gebrauchtgerät oder Neugerät?

Wer sich in der Materie auskennt, möglichst auch die Szene der Anbieter kennt, oder einen fachkundigen Berater zur Seite stehen hat, kann oftmals im Internet, speziell bei Ebay, für sehr attraktive Preise gebrauchte Markenmikroskope kaufen, speziell von den Big Four: Zeiss West und Carl Zeiss Jena (CZJ), Leitz bzw. Leica, Olympus und Nikon. Diese Mikroskope sind hinsichtlich ihrer Verarbeitungsqualität, speziell ihrer optischen und mechanischen Eigenschaften, oftmals einem Neugerät eines No-Name-Herstellers deutlich überlegen. Ohne Anspruch auf Vollständigkeit sollen genannt werden: Die Jenaval-Reihe und speziell das Amplival mit pankratischem Kondensor von Carl Zeiss Jena, die Geräte der Zeiss-Standardfamilie, sowie der späteren Produktlinien Axiostar, Axiolab und Axioskop (Zeiss West), die schon vorerwähnten Geräte von Leitz (HM-Lux, SM-Lux, Dialux, Ortholux 2, Orthoplan, HM-Lux 3, Laborlux 11, Laborlux 12, Dialux 20), Olympus CH2 und BH2, Nikon Labophot, Alphaphot, SE, Eclipse, Reichert Zetoplan und Polyvar. Natürlich läuft man auch Gefahr, alten Ramsch und Laborschrott zu kaufen, wenn man sich nicht auskennt und einem unseriösen Anbieter auf den Leim geht, auch entfällt in der Re-

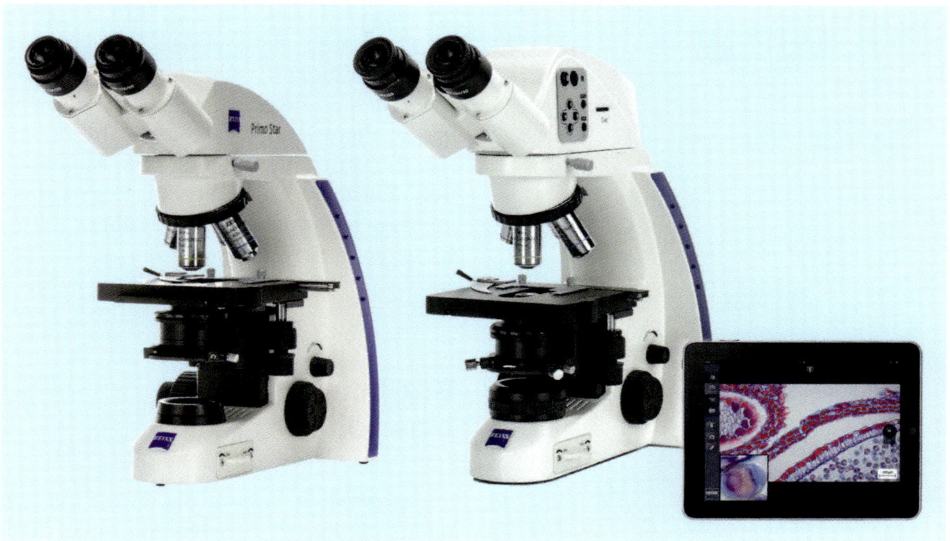

Abb. 12. Mikroskope der Primostar-Familie von Zeiss. Standardausführung (links), Primostar HD mit integriertem Modul zur digitalem Bildgebung und Bildschirm-Mikroskopie (rechts), Zeiss Microscopy.

gel die sonst übliche Garantie, andererseits kann man auch richtige „Schnäppchen" machen. Wichtig sollte immer eine eingeräumte Rückgabemöglichkeit sein, zumindest bei Mängeln, und ein sachkundiger Partner, der beim Auswählen und Testen des gekauften Geräts hilft.

Natürlich kann man sich bei entsprechendem Budget auch ein ausgereiftes Neugerät eines Markenherstellers zulegen. In ähnlicher Weise, wie es vorausgehend exemplarisch für die Gerätefamilien von E. Leitz Wetzlar dargelegt wurde, kann man auch heutzutage je nach Anspruch und Aufgabenstellung zwischen verschiedenen Varianten wählen. Abbildung 12 und 13 veranschaulichen die konzeptionelle Bandbreite beispielhaft anhand moderner Geräte von Zeiss. Die Mikroskope der Reihe **Primostar** verkörpern den Typ eines soliden Kurs- und Routinemikroskops (Abb. 12). Sie sind ausgelegt für Untersuchungen im Durchlicht und hierfür mit einem Hellfeldkondensor ausgestattet, welcher mithilfe von verschiedenen Schiebern auch Dunkelfeld und Phasenkontrast ermöglicht. Für Auflicht-Fluoreszenzanwendungen mit LED-Anregung steht optional ein Zwischentubus zur Verfügung. Adaptierbar sind binokulare Beobachtungs- und trinokulare Fototuben. Die Okulare (Steckdurchmesser: 30 mm) verfügen über Sehfeldzahlen von 18 oder 20. Standardmäßig sind auf das Mikroskop abgestimmte planachromatische Objektive vorgesehen. Links im Bild wird die Standardausführung gezeigt, rechts daneben eine erweiterte Version mit einem integrierten Kameramodul zur gleichzeitigen Bildschirm-Mikroskopie (**Primostar HD**), welches neben der Life-Mikroskopie auch Mitschnitte von Fotos und Videoclips ermöglicht (Auflösung des Sensors: 5 MP).

Als modernes Gegenstück zeigt Abbildung 13 das Zeiss-Labor- und Forschungsmikroskop **Axio Scope.A1**. Dieses ist ein vielfältig konfigurierbares Ausbaumikroskop, mit dem sich alle relevanten Beleuch-

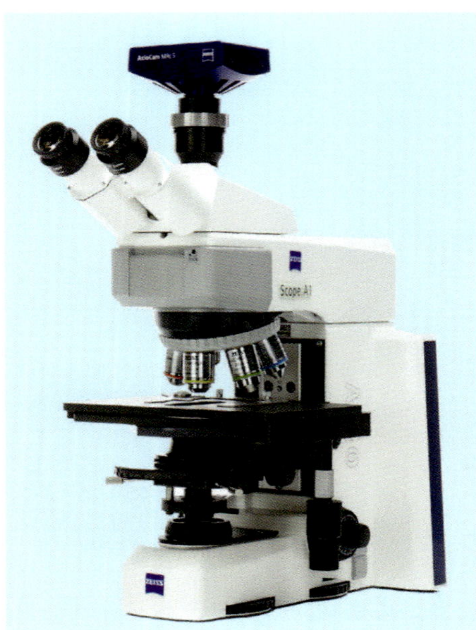

Abb. 13. Universelles Ausbaumikroskop Axio Scope.A1, Zeiss Microscopy.

tungsverfahren wie Hell- und Dunkelfeld, Phasen- und Interferenzkontrast, Fluoreszenz und Polarisation, jeweils im Durchlicht und/oder Auflicht realisieren lassen, zusätzlich die beiden von Zeiss entwickelten interferenzkontrastähnlichen Verfahren des PlasDIC (im Durchlicht) und C-DIC (im Auflicht). Alle erdenklichen Komponenten können je nach Anwendungsfeld modular ausgewechselt werden, so zum Beispiel diverse Tuben, Objekttische inklusive Dreh-, Heiz- und Kühltischen, Beleuchtungsoptiken, Lichtquellen und Kameramodule. Die vorgesehenen Okulare sind für Sehfeldzahl 23 ausgelegt und auf Repräsentanten mehrerer Objektivklassen abgestimmt, von Planachromaten bis zum Planapochromaten.

Die erwähnten Geräte, aber auch diverse andere Mikroskope –, inklusive Stereomikroskope bzw. Präpariermikroskope –, kann man zum Beispiel bei Firmen wie Askania Mikroskop Technik Rathenow, erhalten. Askania, ehemals zu Carl Zeiss Jena gehörig, stellt einige Stereomikroskope traditionell selbst her und vertreibt zusätzlich bestimmte Geräte von Zeiss und anderen Herstellern. Abbildung 14 gibt einen Eindruck des vielfältigen Angebots, vom Einsteigermikroskop bis zum Labor- oder Forschungsmikroskop (nähere Erläuterungen in der Bildlegende).

Endlich- oder Unendlichoptik?

Gelegentlich kommt die Frage auf, ob man sich bei der Anschaffung eines Mikroskops vorzugsweise für eines mit Endlich- oder Unendlichoptik entscheiden sollte. Um es gleich vorweg zu sagen: Diese Frage ist zur Qualitätsbeurteilung eines solchen Geräts von untergeordneter Bedeutung. Es gibt hervorragende Endlichobjektive, ebenso, wie es hervorragende Unendlichobjektive gibt. Mit beiden kann der Anwender also qualitativ gute Beobachtungen und Mikrofotografien realisieren. Dennoch soll im Folgenden auf die Entwicklung dieser beiden Systeme und deren grundlegenden Unterschiede kurz eingegangen werden.

Abbildung 15 zeigt die Prinzipien eines Endlich- und eines Unendlichmikroskops im Vergleich. Zusätzlich sind einige grundlegende Maße eingetragen.

Bis in die achtziger und neunziger Jahre basierten die meisten Mikroskope der maßgeblichen Hersteller auf Endlichobjektiven. Bei einem Endlichobjektiv verlaufen die bildgebenden Strahlen, welche aus dem Objektiv austreten, nicht parallel, sondern sie projizieren meist auf direktem Wege im Tubus an einer definierten Stelle ein Zwischenbild, welches vom Okular vergrößernd betrachtet wird. Der Projektionsabstand des Zwischenbilds, d.h. die Distanz vom Objektivansatz bis

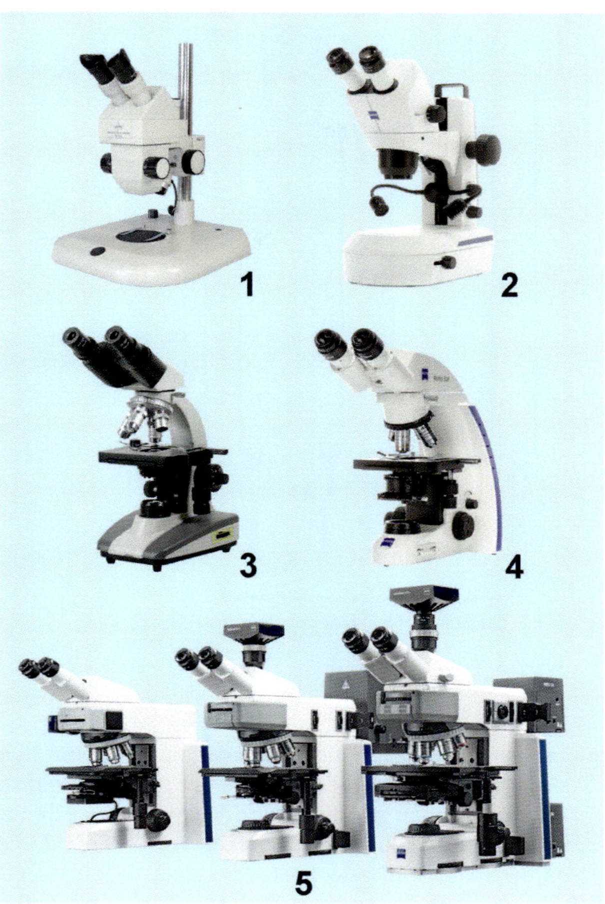

Abb. 14. Beispiel für eine Angebotspalette eines modernen optischen Betriebs, hier: Askania, Rathenow (H = Herstellung, V = Vertrieb). Komfortables Stereomikroskop der GSZ-Reihe mit Zoom-Objektiv 5× – 50× (1, H), einfaches Stereomikroskop College mit Objektivvergrößerungen 2× und 4× oder 1× und 3× (2, V), ein einfaches Schul- und Labormikroskop Medical 2 mit vier Achromaten 4×, 10×, 40×, Öl 100× für Hellfeld (3, V), ausbaufähigeres Kurs- und Labormikroskop Zeiss Primostar für Hell-, Dunkelfeld und Phasenkontrast (4, V), verschiedene Ausbaustufen des Labor- und Forschungsmikroskops Zeiss Axioscope (5, V); Askania (1 – 3), Zeiss Microscopy (4 und 5).

zum Zwischenbild, wird als Bildweite des Objektivs bezeichnet, der Abstand vom Zwischenbild bis zum Oberrand des Okulars als Zwischenbildweite des Okulars. Deren Summe, also der Anstand vom Objektivansatz bis zum Okularoberrand, wird als mechanische Tubuslänge (TL) bezeichnet; gängig waren je nach Hersteller und Fabrikat 160 oder 170 mm. In den meisten Fällen ist das Zwischenbild eines Endlichobjektivs als solches optisch nicht voll auskorrigiert, sondern noch mit geringen Restabbildungsfehlern behaftet. Daher erfordert ein solches Objektiv für optimale Ergebnisse ein speziell abgestimmtes Okular, welches diese Restabbildungsfehler im Beobachtungsbild korrigiert bzw. kompensiert („Kompensationsokular"). Wenn aber im selteneren Fall bereits das vom Objektiv erzeugte Zwischenbild voll auskorrigiert ist, wird ein nicht kompensierendes Okular benötigt. Damit alle vorhandenen Abbildungsreserven eines Objektivs ausgeschöpft werden, sollte dieses tunlichst mit den herstellerseitig vorgesehenen Okularen verwendet werden. Auch sollten vorzugsweise am Mikroskop eines bestimmten Herstellers die hierfür vorgesehenen Originalobjektive eingesetzt werden, vor

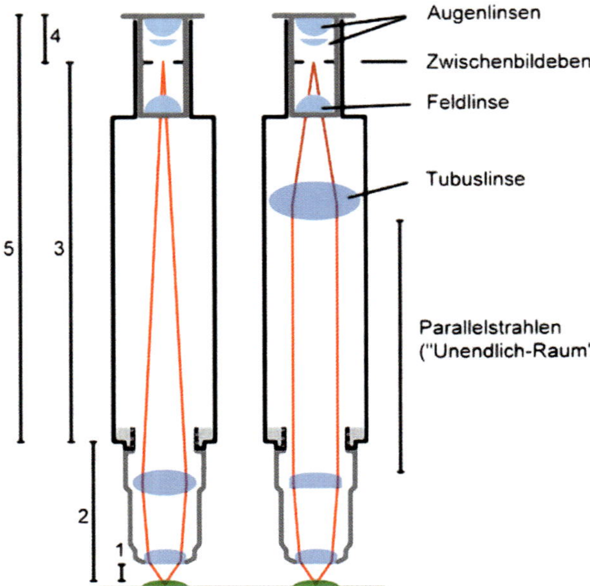

Abb. 15. Prinzipien eines Endlich- und Unendlichmikroskops. 1 = Arbeitsabstand; 2 = Abgleichlänge; 3 = Bildweite des Objektivs; 4 = Zwischenbildweite des Okulars; 5 = mechanische Tubuslänge (meist 160 mm). Abbildung modifiziert nach einer Darstellung der Universität Wien (https://www.univie.ac.at/mikroskopie/1_grundlagen/mikroskop/objektiv/7_tubus.htm).

allem dann, wenn auch die Originalokulare des Herstellers vorhanden sind.

Trotzdem können gerade bei Endlichsystemen mit etwas Glück auch Optiken von Fremdherstellern mit gutem bis sehr gutem Erfolg an einem systemfremden Mikroskop genutzt werden. So ist es beispielsweise durchaus möglich, an einem Leitz-Mikroskop, gerechnet für eine Tubuslänge von 160 oder 170 mm, welches mit den jeweils vorgesehenen originalen Leitz-Okularen bestückt ist, manche Objektive von Carl Zeiss Jena, Zeiss West, Olympus oder Reichert einzusetzen, welche jeweils für eine Tubuslänge von 160 mm gerechnet sind. Gegebenenfalls kann zusätzlich auch vorteilhaft sein, neben dem Objektiv eines Fremdherstellers auch noch dessen Okulare mit zu verwenden, sofern verfügbar. Solche firmenübergreifenden Mischungen können speziell dann interessant sein, wenn der Fremdhersteller ein bestimmtes Objektiv herausgebracht hat, welches vom Originalhersteller nicht erhältlich ist, oder wenn sich die Gelegenheit eines besonders günstigen Schnäppchens auf dem Gebrauchtmarkt bietet, d.h. ein hochwertiges Fremdobjektiv zu deutlich günstigerem Preis angeboten wird, als das Pendant des Originalherstellers kosten würde. In solchen Fällen ist es allemal einen Versuch wert, in der praktischen Erprobung herauszufinden, ob sich ein solches Fremdobjektiv nur mit sichtbaren Abstrichen oder möglicherweise auch ohne erkennbare Qualitätseinbußen am vorhandenen Mikroskop verwenden lässt.

Im Laufe der neunziger Jahre haben die meisten maßgeblichen Hersteller ihre Produktion auf Unendlichobjektive umgestellt. Bei diesen Objektiven verlassen die bildgebenden Strahlen das Objektiv in parallelem Verlauf, sodass ein Zwischenbild quasi ins Unendliche projiziert würde. Damit nun auch hier das Zwischenbild nahe dem Okular im Tubus scharf abgebildet wird, benötigt jedes Unendlichmikroskop zwingend ein Tubuslinsensystem, welches mit den vorgeschalteten Objektivlinsen eine funktionelle Einheit bildet und das Zwischenbild in herkömmlicher Weise in den Tubus projiziert. Gemäß gängigem Standard soll das Zwischenbild 10 mm unterhalb des Okulars zu liegen kommen. Üblicherweise wirken Objektive und Tubuslinsen bei einem Unendlichsystem so zusammen, dass die entstehenden Zwischenbilder voll auskorrigiert sind. Die Nachvergrößerung muss also mit nicht kompensierenden Okularen erfolgen.

Aus den vorstehenden Darlegungen folgt, dass die Unendlichobjektive eines Herstellers mit dem zugehörigen Tubuslinsensystem des vorgesehenen Mikroskops untrennbar zusammenwirken, wobei beide optischen Komponenten, Objektive und Tubuslinsen, folgerichtig auf das engste zueinander optisch abgestimmt sind. Hinzu kommt, dass sich die Tubuslinsensysteme der Unendlichmikroskope in ihrer optischen Rechnung und Auslegung von Hersteller zu Hersteller unterscheiden. Aus diesem Grunde kann man in aller Regel an einem Unendlichmikroskop nur die vorgesehenen bzw. im Angebot befindlichen Objektive des jeweiligen Herstellers verwenden. Kauft man sich ein Unendlichmikroskop, ist man also in höherem Maße darauf angewiesen, mit den erhältlichen Objektiven des Originalherstellers zurechtzukommen.

Historisch betrachtet, wurden die ersten Unendlichobjektive schon in den siebziger Jahren für Spezialanwendungen konstruiert, bei denen die Distanz zwischen Objektiv und Okular von den üblichen Normen abwich. Dies galt beispielsweise für spezielle Halbleitermikroskope, bei denen zwischen Objektiv und Tubus eine relativ voluminöse Apparatur zur Auflichtbeleuchtung zu integrieren war. Hier boten Unendlichobjektive den Vorteil, dass im Verlaufsabschnitt der parallelen Strahlen, also zwischen Objektiv und Tubuslinsensystem, letztlich beliebige Komponenten eingefügt werden und auch mechanische Distanzen variiert werden konnten, ohne dass sich dies auf die Bildentstehung auswirkte. Für Routineanwendungen, bei denen die üblichen Normmaße eingehalten werden konnten, ergab sich zur damaligen Zeit andererseits zumindest kein Grund für Unendlichoptiken.

Für die später erfolgte Hinwendung zu Unendlichobjektiven auch für Standardanwendungen waren im Wesentlichen zwei Aspekte maßgebend: Die Objektivherstellung vereinfachte sich, weil ein Teil der Linsen gleichbleibend im Tubuslinsensystem verblieb und das Objektiv selbst nur noch die jeweils vorzuschaltenden Linsen enthalten musste. Zusätzlich ermöglichte der Unendlichstrahlengang erhöhte Freiheitsgrade im Gesamtdesign der Geräte, weil innerhalb der parallelen Verlaufsstrecke der bildgebenden Strahlen letztlich beliebige Komponenten in das System eingefügt werden konnten, ohne dass sich dies auf die Bildentstehung oder -qualität nachteilig auswirkte. Dies ermöglichte erweiterte Spielräume in der Entwicklung komplexer optischer Systeme.

Dennoch müssen wir festhalten: Wer die Mikroskopie in herkömmlicher Weise anwenden möchte, also Objekte im Hell- und Dunkelfeld, Phasen- und Interferenzkontrast, im polarisierten Licht, oder in traditioneller (Weitfeld-)Fluoreszenz betrachten, fotografieren oder filmen möchte, kann dies mit Endlich- oder Unendlichoptik gleichermaßen erfolgreich bewerkstelligen. Maßgeblich ist vielmehr der Korrektionsaufwand, also die Güte der jeweils vorhandenen Optik als solche.

Die Optik

Was macht eine brauchbare Optik aus?

Auf dem Neuwaren- und Gebrauchtmarkt gibt es von allen namhaften Herstellern Objektive von unterschiedlicher Güte und unterschiedlichem Preis. Hinsichtlich der Farbkorrektur werden drei Objektivklassen unterschieden: Achromate, Halbapochromate bzw. Fluoritsysteme, auch als Fluotare oder Fluare bezeichnet, und Apochromate. Diese Objektivklassen unterscheiden sich im Korrektionsgrad von Farbrestabbildungsfehlern. In Bezug auf die Bildebnung können ebenfalls mehrere Kategorien unterschieden werden. Bei nicht plan korrigierten Objektiven zeigt der Randbereich des Sehfelds eine verringerte Bildschärfe, vor allem, wenn die Bildmitte scharf eingestellt wird. Einfache Planobjektive zeigen eine verbesserte Bildfeldebnung mit deutlich reduzierter, aber noch nicht voll aufgehobener Randunschärfe (Beispiel: Leitz EF-Objektive, EF = Ebenes Feld). Voll auskorrigierte Planobjektive bieten ein absolut randscharfes Sehfeld bis in die letzte Ecke, je nach Aufwand gerechnet für normale bis sehr hohe Sehfelddurchmesser (Normalfeld- bzw. Großfeldobjektive). Beispiele für Normalfeld-Planobjektive sind die Leitz-Objektive der NPL-Serie (NPL = Normal Plan), wohingegen die Leitz Pl-Objektive (Pl = Plan) für Großfeldmikroskopie gerechnet sind.

Von jeder Objektivklasse bieten die Hersteller abgestimmte Sets mehrerer Objektive von unterschiedlicher Vergrößerung an. Abbildung 16 zeigt als Beispiel eine Serie der Leitz NPL-Fluotar-Objektive, die auf dem Gebrauchtmarkt immer noch erhält-

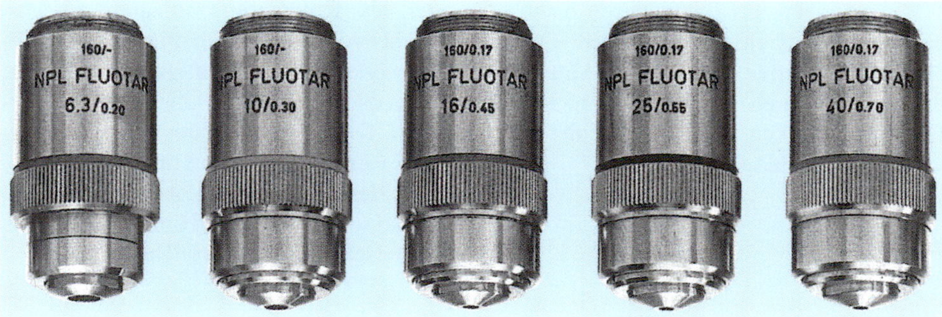

Abb. 16. Objektivsatz der Serie NPL Fluotar der Firma Leica AG, vorm. Leitz. Vor dem Schrägstrich ist die Vergrößerung, dahinter die Numerische Apertur eingraviert. Auf jedem Objektiv ist im oberen Bereich in deutlich kleinerer Schrift noch die vorgesehene Tubuslänge eingraviert (hier 160 mm) und dahinter eine Angabe zur Verwendungsmöglichkeit des Objektivs („–" = ohne und mit Deckglas, „0,17" = nur mit Deckglas der Standarddicke von 0,17 mm). Die Vergrößerungen sind bei dieser Serie so abgestimmt, dass jedes Objektiv etwa 1,6× stärker vergrößert als das nächstschwächere; gezeigt werden Objektive im Vergrößerungsbereich von 6,3- bis 40-fach. Es handelt sich hier um plan korrigierte Fluorit-Systeme oder Halbapochromate, die in der Gesamtbildgüte zwischen den Achromaten und den Apochromaten stehen.

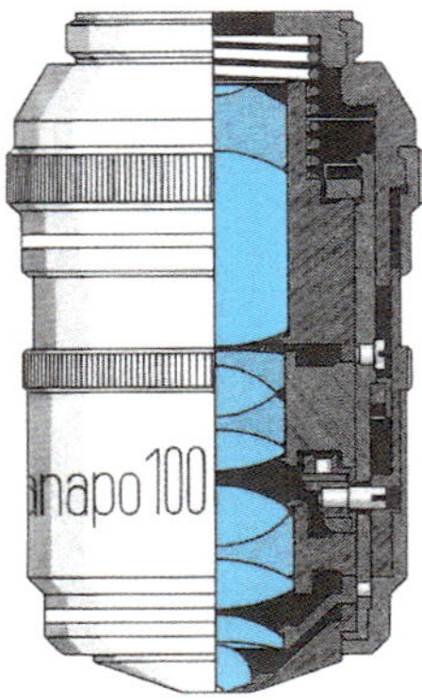

Abb. 17. Schnittzeichnung eines aufwendig konstruierten Planapochromaten 100/1,3 Öl von Zeiss.

lich sind und ein ausgezeichnetes Preis-Leitungs-Verhältnis bieten. Abbildung 17 veranschaulicht den hohen Konstruktions- und Fertigungsaufwand eines maximal korrigierten planapochromatischen Spitzenobjektivs von Zeiss. Abbildung 18 stellt vergleichend Achromate, Halbachromate und Apochromate anhand von Schnittbildskizzen gegenüber; man beachte auch hier die Unterschiede hinsichtlich Anzahl und Anordnung der Linsen.

Wir beziehen uns im Weiteren bewusst erst einmal auf eine „brauchbare“ Optik, also auf Objektive, die sich im Alltag ordentlich bewähren. Auch hierfür, nicht nur für Spitzenoptiken, sollte man bei der Auswahl einige Punkte beachten.

Auflösungsvermögen und kommaförmige Verzeichnung

Das Objektiv ist die Seele des Mikroskops. Es erzeugt das so ausschlaggebend wichtige Zwischenbild (Seite 31, Abb. 33) im Tubus, das von dem Okular nur noch nachvergrößert wird. Dieses Zwischenbild soll so scharf und gut aufgelöst wie möglich sein. Ist das Zwischenbild schon schlecht, so wird ein nachvergrößertes Zwischenbild noch schlechter. Mit einem ungeeigneten Objektiv und bei schlechter Beleuchtung wird das beste Mikroskop unbrauchbar. Und umgekehrt: Das einfachste Gerät kann eine verblüffende Verbesserung der Auflösung zeigen, wenn man ein schlechtes Objektiv durch ein gutes ersetzt und optimal beleuchtet.

Eine brauchbare Optik sollte also vor allem eins können: ein scharfes und detailreiches Zwischenbild erzeugen. Das heißt: Es sollte eng benachbarte Punkte auch wirklich getrennt wiedergeben, nicht zu einem unscharfen Fleck verschmelzen. Mit anderen Worten: Es sollte ein hohes **Auflösungsvermögen** haben. Einfache Linsen tendieren außerdem dazu, einen Punkt nicht als Punkt sondern als Strichelchen oder als Kommafigur abzubilden. Man spricht von **kommaförmiger Verzeichnung** oder **kommaförmiger Aberration.** Auch damit wird das Zwischenbild unscharf. Diesen Fehler kann man durch Zufügen weiterer Linsen aus anderen Glassorten in den Griff kriegen. Alle moderneren Objektive sind in dieser Hinsicht optimiert, ihr Zwischenbild ist ausreichend scharf.

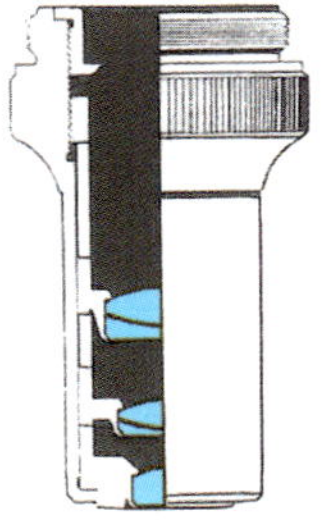
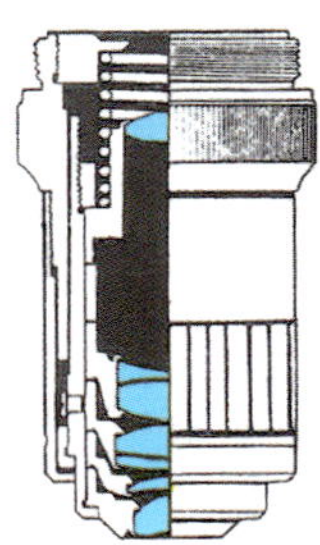
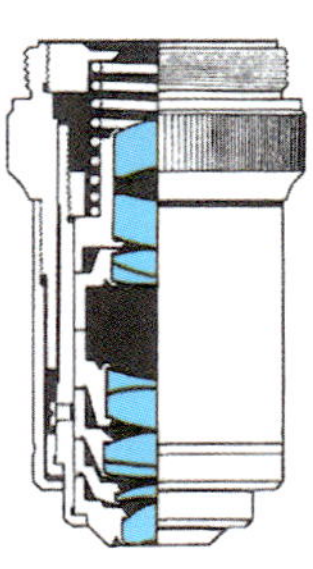

Abb. 18. Schnittzeichnungen unterschiedlicher Objektivtypen. Links Achromat, Mitte Halbapochromat, rechts Apochromat. Die Objektive in der Mitte und rechts sind mit federndem Berührungsschutz versehen. Beachten Sie die unterschiedliche Zahl und Anordnung der Linsen!

Farbabweichung und Bildfeldwölbung

Bei Standardobjektiven sind neben dem Auflösungsvermögen und der kommaförmigen Verzeichnung zwei weitere Fehlergruppen zu beachten: die **Farbabweichung (chromatische Aberration)** und die **Bildfeldwölbung (sphärische Aberration).**

Farbabweichungen äußern sich darin, dass sich um Kanten des Objekts herum mehr oder minder auffallende, regenbogenartige Farbsäume bilden. Schon bei den preiswerten heutigen **Achromaten** (Abb. 18, links) sind diese Fehler aber soweit korrigiert, dass sie kaum mehr stören. Die zweite Fehlergruppe, die Bildfeldwölbung oder schüsselförmige Verzerrung, stört eigentlich nur, wenn man ebene histologische Schnitte oder Blutausstriche betrachtet. Dann ist nie das gesamte Bildfeld scharf, sodass man beim Blick von der Sehfeldmitte zum Rand stets nachfokussieren muss. Bei Planktonorganismen, die naturgemäß eine gewisse Dicke aufweisen und deshalb sowieso laufend nachfokussiert werden müssen, stört die Bildfeldwölbung aber kaum. Auch ist diese heute bereits bei den preiswerten Achromaten stark reduziert.

Kontrast

Eine wichtige Rolle spielt auch der Kontrast. Ein brauchbares Objektiv liefert kontrastreiche Bilder. Bei Billigobjektiven hingegen sieht der Anwender sein Präparat im Extremfall verschwommen wie durch einen feinen Nebel. Wenn die Frontlinse verschmutzt ist, kann man diesen Effekt freilich auch mit einem sündhaft teuren Spitzenobjektiv hinkriegen. Der Nebeleffekt kommt dadurch zustande, dass an den vielen freien Linsenoberflächen Spiegelungen auftreten, die sich überlagern. Abhilfe schafft eine hochwertige Vergütung. Die wurde aber erst vor einigen Jahrzehnten so preisgünstig, dass man sie auch für preiswerte Achromaten einsetzen konnte. Und geleistet haben sich diese anfangs sehr teuren Verfahren erst einmal die bekannten Großfirmen. Hier öffnet sich nun tatsächlich ein Vorteil für die modernen Objektive einer bekannten Marke. Ältere unvergütete, können in Punkto Schärfe und Fehlerkorrektur genauso Spitze sein. Den funkelnden Kontrast erreichen sie aber nicht. Wenn man ältere Objektive kauft, wären diese Punkte zu überprüfen. Und es wäre auch noch auf die folgenden Punkte zu achten. Es sind hier freilich nur die grundlegenden Kenngrößen aufgeführt. Tatsächlich gibt es weit mehr, und auch vielerlei Zwischenstufen.

Normierung

Wie erwähnt, sollten Objektive das weltweit eingeführte **Normalgewinde** tragen (RMS-Gewinde, RMS = Royal Microscopy Society, gegr. 1839) und mit einer **Abgleichlänge** von 45 mm auf eine **Tubuslänge** von 160 mm (oder 170 mm), alternativ unendlich (∞), eingestellt sein. Die Abgleichlänge entspricht dem Abstand zwischen einem Objekt, auf das scharf gestellt worden ist, und der Auflagefläche des Objektivs am Revolver (oder Tubus). Verwendet man mehrere Objektive mit gleicher Abgleichlänge von 45 mm an einem Revolver, so hat man die Gewähr, dass die Abstimmung auf das Okular optimal ist (bei 160 mm Tubuslänge liegt das Zwischenbild in der Ebene der Okularbildfeldblende), weshalb das Bild beim Objektivwechsel scharf bleibt, einigermaßen wenigstens. Das lästige Nachfokussieren reduziert sich drastisch oder entfällt ganz. Und starke Objektive, bei denen die Frontlinse sehr nahe an das Objekt heranzuführen ist, stoßen beim Drehen des Objektivrevolvers nicht am Deckglas an, sofern das Objekt dünn genug ist – äußert wichtig für die Praxis. Die mechanische Tubuslänge entspricht, wie schon erwähnt, dem Abstand zwischen der Unterkante (Auflagefläche des Objektivs) und der Oberkante (Auflagefläche des Okulars) eines geraden Tubus. Man kann auch eine optische Tubuslänge T_O definieren. Sie entspricht der Entfernung zwischen den äußeren Brennpunkten von Objektiv und Okular am Tubus und kann benutzt werden um Vergrößerungen zu berechnen (vgl. Seite 36). Für die mikroskopische Praxis spielt sie keine Rolle. Auf die Besonderheiten der später entwickelten Unendlichoptiken wurde schon weiter oben eingegangen.

Federnde Lagerung

Insbesondere bei Objektiven hoher Vergrößerung ist, wie erwähnt, der Abstand zwischen Frontlinse und Deckglasoberfläche oftmals so gering, dass schon eine kleine Unachtsamkeit zur Beschädigung der Frontlinse und zum Zerbrechen des Deckglases führen kann. Starke Objektive sollten also federnd gelagert sein (Abb. 18, mitte und rechts).

Was macht also ein gutes Objektiv für den Einsteiger aus? Ein preiswerter, scharfzeichnender, normierter und ordentlich vergüteter Achromat mit reduzierter Bildfeldwölbung.

Und was bietet eine Spitzenoptik?

Auch die allerbesten Objektive (Beispiel in Abb. 17) haben noch minimale Restfehler. Diese sind aber nur mittels eines aufwendigen Messverfahrens nachzuweisen und für den praktischen Gebrauch im Allgemeinen bedeutungslos, jedoch unter Aspekten der theoretischen Optik und Physik interessant.

Auflösung

Eine moderne Spitzenoptik löst benachbarte Punkte mit der bestmöglichen Schärfe auf, die heutzutage werkstechnisch zu realisieren ist. Wie groß aber ist die bestmögliche Auflösung – welche Maximalauflösung kann ein Objektiv also im besten Fall erreichen?

Zur Kennzeichnung der Auflösung gibt es die Abbesche Formel. Ernst Abbe (1840 – 1905) war Physiker bei Carl Zeiss. Durch seine Untersuchungen wurden Objektive erst berechenbar. Vorher hatte man sie nach Versuch und Irrtum zusammengepröbelt. Nach der von Abbe entwickelten Formel berechnet sich das Auflösungsvermögen, entsprechend dem kleinsten, gerade noch aufgelöste Punktabstand a, zu

$$a = 0{,}61\ \lambda / NA.$$

Hierin ist λ die Wellenlänge des beleuchtenden Lichts und $NA = n \cdot \sin \alpha$ die sogenannte Numerische Apertur. In dieser ist n die Brechzahl des Mediums zwischen Objekt und α der halbe Öffnungswinkel des Objektivs, dargestellt in Abbildung 34 auf Seite 32. Was bedeutet dieser Zusammenhang nun für die Auflösung?

Der Abstand zweier noch aufgelöster benachbarter Punkte wird kleiner (die Auflösung größer), wenn man in der Beleuchtung eine kleinere Wellenlänge λ wählt (etwa Blaulicht statt Tageslicht) und/oder wenn die Numerische Apertur NA größer wird. Diese Apertur kann bei stark vergrößernden Trockenobjektiven maximal etwa 0,9 erreichen; sie wird noch größer, wenn man ein stärker brechendes Zwischenmedium wählt, etwa Wasser (Wasserimmersion) oder Öl (Ölimmersion) statt Luft. Und sie wird größer, wenn der halbe Öffnungswinkel des Objektivs und damit sein Sinus konstruktiv größer gemacht wird. Das letztere ist werkstechnisch eine rechte Kunst, und Objektive mit großer numerischer Apertur sind daher nicht billig.

Die numerische Apertur ist auf jedem besseren Objektiv eingraviert. Für ein

10-fach vergrößerndes Standardobjektiv beträgt sie zum Beispiel mindestens 0,25. Im kurzwelligen Licht ($\lambda = 0{,}45\ \mu m$) löst dieses Objektiv also einen Punktabstand von $0{,}61 \times 0{,}45/0{,}25 = 1{,}09\ \mu m$, also gut einen tausendstel Millimeter, noch auf. Für ein 100fach vergrößerndes Ölimmersionsobjektiv der Markenhersteller ist die übliche numerische Apertur NA = 1,3. Unter gleichen Bedingungen sollte es also einen Punktabstand von $0{,}61 \times 0{,}45/1{,}3 = 0{,}21\ \mu m$ noch auflösen. Das ist mit das Beste, was klassische Lichtmikroskope (theoretisch) schaffen. Für spezielle wissenschaftliche Zwecke ist es neuerdings gelungen, die Abbesche Beziehung auszutricksen; es handelt sich hier um spezielle Verfahren der Laser-Fluoreszenzmikroskopie (STED, PALM, STORM, MINFLUX).

Farb- und Wölbungsfehler

Praktisch völlig beseitigt sind die Farbfehler bei den **Apochromaten**, die dann teurer sind als die Achromate. Spitzengüte kann man also kaufen, in der Optik zumindest. Objektive bei denen die Wölbung praktisch vollständig korrigiert ist, tragen die Vorsilbe Plan-. Die besten und teuersten Objektive mit fast vollständiger Farb- und Wölbungskorrektur heißen entsprechend **Planapochromate**. In der Forschung wird man mit solchen Spitzenobjektiven arbeiten. Es gibt noch allerlei Zwischentypen, so zum Beispiel sogenannte „Halbapochromate“ wie die erwähnten Fluorit- und Fluotarobjektive von Leitz (vgl. Abb. 16) und die Neofluare von Zeiss.

Großer Arbeitsabstand

Aus den oben genannten Gründen sind für größeren Arbeitsabstand gerechnete Objektive praktischer. Man kann damit nicht so leicht die Frontlinse zerkratzen und das Deckgläschen zertrümmern. Auch gewinnt man Platz für externe Auflichtbeleuchtung. Manche Firmen vertreiben Objektive mit großem Arbeitsabstand neben ihren Normalobjektiven, etwa Olympus mit seinen LB- und Leitz mit seinen L-Objektiven. Sie sind aber auch teurer und stellen meist im Vergleich zu ihren Standardpendants optische Kompromisse dar. Im direkten Vergleich wird daher ein Standardobjektiv mit üblichem Arbeitsabstand eine etwas höhere numerische Apertur (NA) aufweisen und hinsichtlich Auflösung und Schärfe einem Spezialobjektiv mit langem Arbeitsabstand überlegen sein.

So haben Spitzenobjektive ihre Vorteile, aber auch ihren Preis. Schaut man sich die Abbildung 17 an versteht man auch, warum. Der Hobbymikroskopiker, gar der Einsteiger, braucht sie alle nicht. Es sei denn, er bekommt solche Optiken zusammen mit einem guten Stativ preiswert angeboten. Im Verbund sind sie nämlich deutlich billiger als einzeln. Wenn er dann zugreift, hat er für alle Zukunft ausgesorgt.

Vom Preis-Leistungs-Verhältnis

Man bezahlt sein Geld letztlich dafür, dass man mit einem Mikroskop scharfe und hinreichend aufgelöste Bilder bekommt. Wenn das auch noch mit allerlei Bequemlichkeiten verbunden ist, umso besser. Das A und O aber sind scharfe und detailreiche Bilder. Erreicht man die nicht, nützen auch noch so schöne Bequemlichkeiten nichts. Das Mikroskop ist dann seinen Preis nicht wert, auch wenn es billig ist.

Bildschärfe und Auflösung kann man über Testaufnahmen vergleichen. Die Aufnahmen zu den Abbildungen 19, 20 und 21 zeigen Mikrofotos im Vergleich, aufgenommen mit einem No-Name-Discounter-

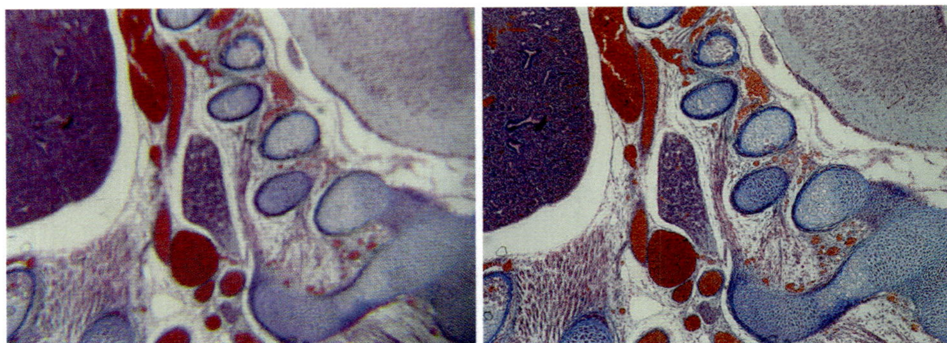

Abb. 19. Testaufnahmen durch schlechte und gute Optik (vgl. Text): Rattenembryo, Hellfeld, Objektiv 4×, Discounter-Mikroskop links, Leitz-Mikroskop rechts.

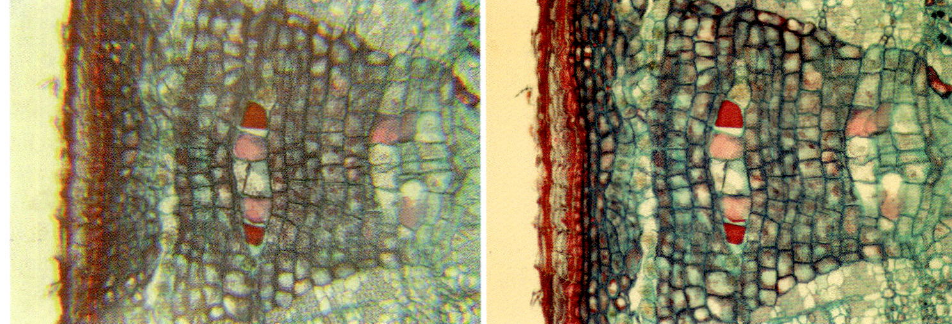

Abb. 20. Testaufnahmen durch schlechte und gute Optik (vgl. Text): Holzschnitt. Hellfeld, Objektiv 10×, Discounter-Mikroskop links, Leitz-Mikroskop rechts.

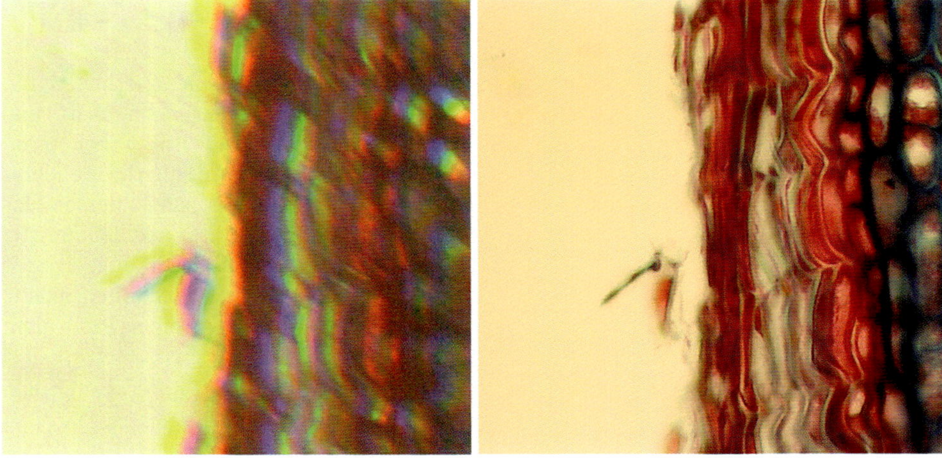

Abb. 21. Ausschnittansichten aus Abbildung 20. Massive Farbsäume im Bild des Discounter-Mikroskops (Abbildung links).

Mikroskop und einem soliden Gebrauchtmikroskop eines Markenherstellers (zum Beispiel E. Leitz Wetzlar). Das gesamte Kleinmikroskop kostete mit 3 Standardobjektiven (4×, 20× und 40×) und 2 einfachen Okularen 10× und 15× ungefähr an die 60 €. Gebrauchte Leitz-Mikroskope für den Einstieg sind im Internethandel ab 250 oder 300 € zu finden. Ein histologischer Routineschnitt (Rattenembryo) wurde zunächst mit 4-fachen Übersichtsobjektiven und 10-fachem Okular fotografiert (Abb. 19). Es ist ersichtlich, dass sich mit dem Billigmikroskop kein scharfes Bild erzeugen lässt. Ein gefärbter Holzschnitt wurde hernach mit den jeweiligen 10-fachen Objektiven fotografiert. Hier ergibt das Billigmikroskop zwar ein schärferes Bild als in der Übersichtsvergrößerung, die erreichbare Abbildungsqualität steht aber weit hinter derjenigen des Markenmikroskops zurück (Abb. 20). Wie stark herausvergrößerte Ausschnittansichten beider Fotos erkennen lassen, ist das Bild des Billigmikroskops auch mit gravieren Farbsäumen behaftet (chromatische Aberration), die bei der deutlich besser korrigierten Leitz-Optik fehlen (Abb. 21).

Der Amateur wird sich irgendwo in Richtung auf die oben gezeigten qualitativ besseren Bilder ansiedeln, sofern er an seinem Hobby dauerhafte Freude behalten möchte. Frühere Objektive der großen Markenhersteller wie zum Beispiel des vorerwähnten Herstellers Leitz (heute Leica Microsystems) sind auch heutzutage immer noch leistungsfähige Präzisionsoptiken. Solche Objektive kosteten damals allein schon rund 700 DM, manche auch deutlich mehr. In vergleichbarem Bereich bewegten sich Spitzenobjektive anderer Weltfirmen, wie Zeiss, Olympus und Nikon. Objektive solcher Art sind auch nach jetzigen Maßstäben Spitzenobjektive. Man kann sie heute aber für einen Bruchteil des Preises von damals bekommen. Sucht man Schnäppchen, so empfehlen sich solche Angebote.

Schon für 50 – 120 € pro Stück bekommt man auf dem Gebrauchtmarkt von den vorerwähnten Markenherstellern gut brauchbare (Plan)Achromate, und für etwa 150 bis 300 € sehr gute Halbapochromate und Apochromate zwischen 10× und 40×, die lebenslang Freude machen und kaum veralten.

Fazit: Überall sparen, nur nicht an der Optik (insbesondere den Objektiven) und an der Beleuchtung. Auf die letztere kommen wir noch zu sprechen. Doch zunächst einmal ein Abstecher in die geometrische Optik.

Ein wenig geometrische Optik

Auf den Seiten 27 – 31 steht ein Kurzlehrgang über geometrische Optik, der mithilfe von 12 aufeinander aufbauenden Zeichnungen (Abb. 22 – 33) von der einfachen Linse zum kompletten, zusammengesetzten Mikroskop führt. Wer sich für Theorien nicht sonderlich interessiert, kann den Abschnitt getrost erst einmal überschlagen. Wir wetten aber, dass der Appetit beim Essen kommt. Das Mikroskop ist zusammen mit seiner Beleuchtung nun einmal ein komplexes optisches System, und man wird es ohne Prinzipkenntnisse der optischen Gegebenheiten nicht richtig verstehen und bedienen können.

Strahlengang

Eine Sammellinse vereinigt parallel einfallendes Licht (zum Beispiel Sonnenlicht) bekanntlich in ihrem Brennpunkt, der in der Brennebene liegt (Abb. 22). Zur zeichnerischen Vereinfachung des Strahlengangs kann die Linse durch ihre Ersatzebene bzw. Hauptebene ersetzt werden (Abb. 22).

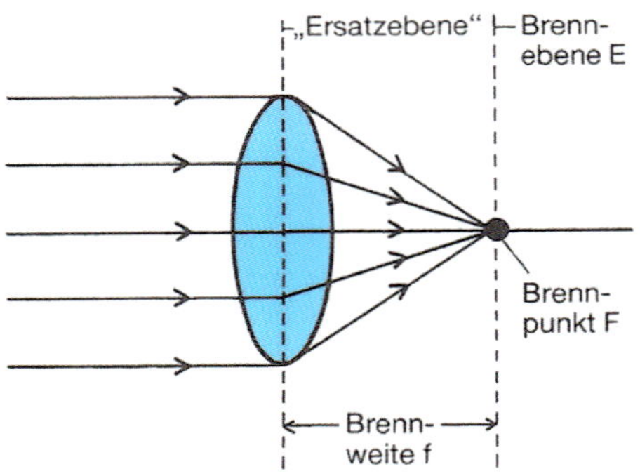

Abb. 22. Wirkung einer Sammellinse.

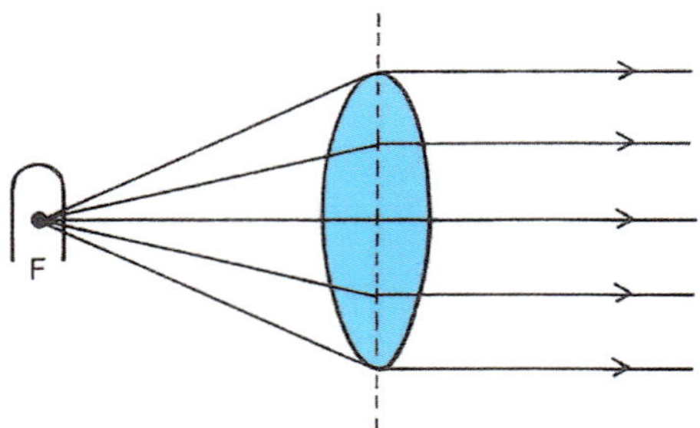

Abb. 25. Erzeugung eines angenähert parallelen Strahlenbündels.

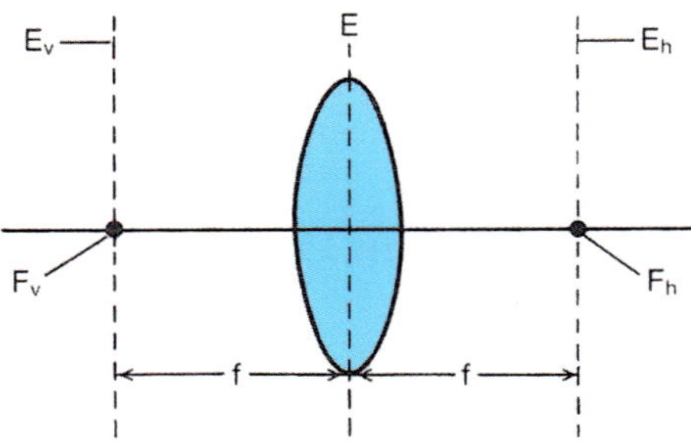

Abb. 23. Ersatzebene (E) und Brennebenen (E_v und E_h) einer Linse.

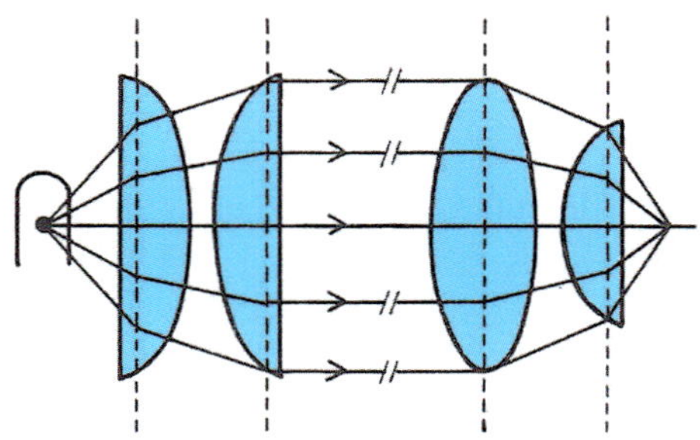

Abb. 26. Der Kondensor bündelt angenähert parallele Strahlen auf das Objekt.

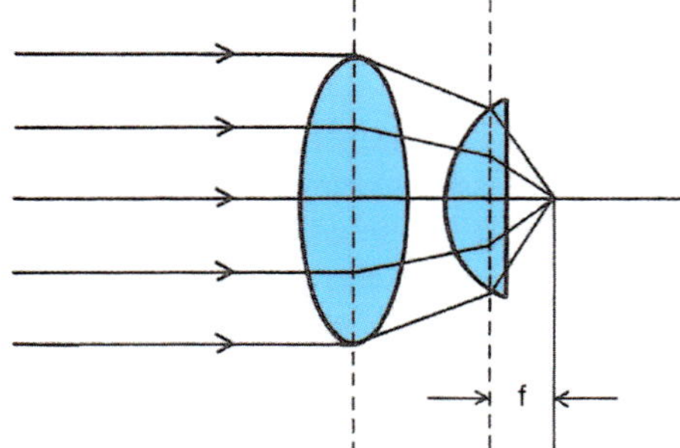

Abb. 24. Brennweitenverkürzung durch Zusatzsammellinse.

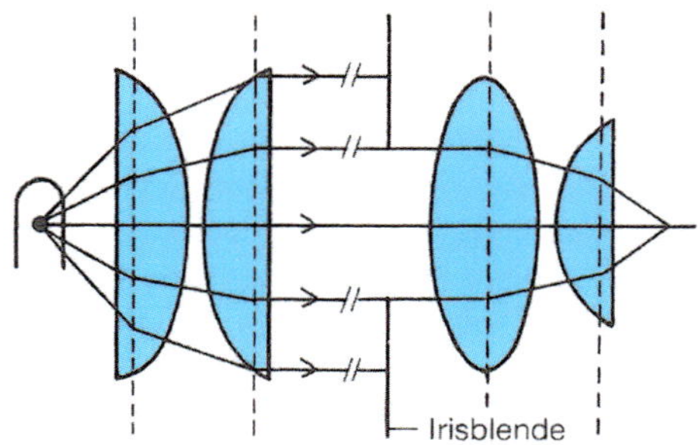

Abb. 27. Eingrenzung eines Strahlenbündels durch eine Irisblende (Wirkprinzip der Leuchtfeld- und Aperturblende).

Da man Licht von beiden Seiten einfallen lassen kann, muss eine Linse (oder eine kompliziertere Optik) zwei Brennpunkte bzw. Brennebenen aufweisen, eine vordere (v) und eine hintere (h). Bei einer einfachen und beidseitig symmetrisch gefertigten Linse liegen sie gleich weit von der Ersatzebene entfernt (Abb. 23).

Die Brennweite f kann man verkürzen durch stärkere Linsenkrümmung sowie durch Zusammenschaltung mehrerer Sammellinsen (Abb. 24). Dies ist das Prinzip des Kondensors. Dieses wichtige optische Teil wird auf Seite 42 näher erläutert.

Strahlengänge sind umkehrbar. Bringt man eine Punktlichtquelle in einen Brenn-

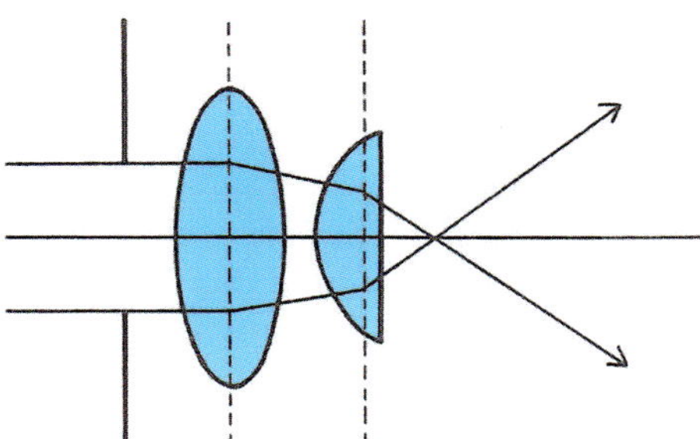

Abb. 28. Strahlendivergenz nach Durchlaufen des Kondensors.

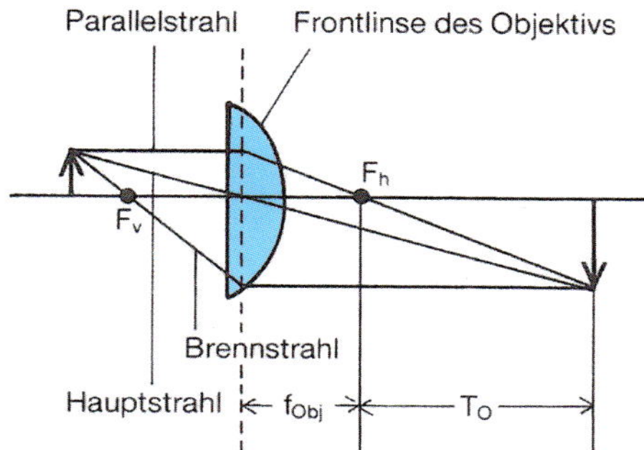

Abb. 30. Abbildung des Objekts durch das Objektiv. T_O = optische Tubuslänge.

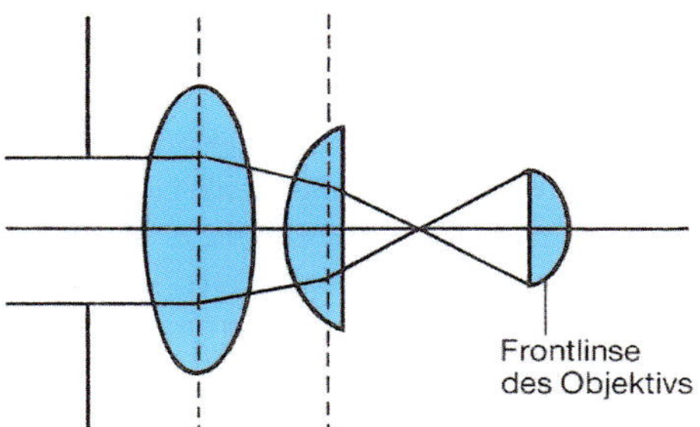

Abb. 29. Auffangen des divergierenden Strahlenbündels durch die Frontlinse des Objektivs.

punkt einer Linse, so erzeugt diese auf der anderen Seite ein austretendes Bündel angenähert parallelen Lichts (Abb. 25).

Durch mehrere Linsen kann man die Güte des Strahlengangs verbessern und die Baulänge des Systems verkürzen. Das bewirken die Hilfslinsen im Mikroskopfuß, die dem Kondensor ein Bündel angenähert parallelen Lichts zuführen (Abb. 26), dessen Durchmesser der unteren (größeren) Kondensorlinse entspricht. Der Kondensor verwandelt dieses in ein konvergierendes Lichtbündel, dessen Brennpunkt im oder nahe dem Objekt liegt. Damit wird das Objekt von gebündeltem Licht hell beleuchtet.

Mit Irisblenden, die man schwächer oder stärker zuziehen kann, lassen sich die Randstrahlen mehr oder minder ausblenden (Abb. 27). So wirken die Leuchtfeldblende über der Lichtquelle und die Aperturblende unter dem bzw. im Kondensor. Es wird noch genügend deutlich gemacht werden (Seiten 42 – 51), wie ausschlaggebend wichtig diese beiden Blenden sind.

Nach dem Durchlaufen des Objekts divergiert das Strahlenbündel wieder (Abb. 28) und muss aufgefangen werden. Dies bewerkstelligt die Frontlinse des Objektivs (Abb. 29).

Das Objektiv (in der Zeichnung symbolisiert allein durch seine Frontlinse, vgl. Abb. 29) bildet nun das Objekt – nehmen wir zunächst einmal an, irgendwo im Tubus, – vergrößert und umgekehrt ab (Abb. 30).

Nimmt man etwa ein Pfeilsymbol für das vor dem Objektiv gelegene Objekt, so kann man den Strahlengang für die Pfeilspitze beispielsweise über den Haupt- und Parallelstrahl konstruieren, wie es die Abbildung 30 zeigt.

Hält man eine kleine Mattscheibe an die Abbildungsstelle, so kann man das vom Objektiv entworfene Bild des Objekts (Zwischenbild) dort auffangen. Es ist ein reelles Bild. Reicht die Vergrößerung nicht, so könnte man dieses Bild mit einer Lupe betrachten. Genau das geschieht im zusammengesetzten Mikroskop. Die Lupe ist beim Mikroskop das Okular. Schauen wir uns also zuerst eine einfache Lupe an.

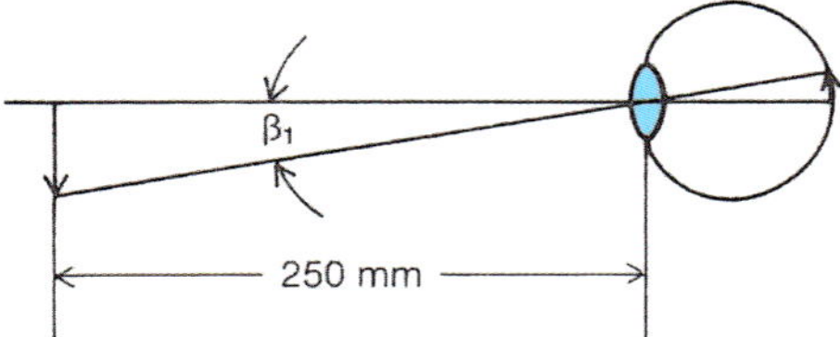

Abb. 31. Das Auge als optisches System.

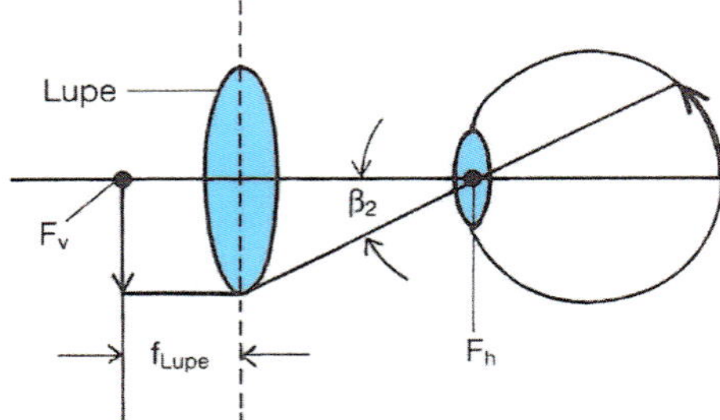

Abb. 32. Der Lupeneffekt beim Zusammenspiel Lupe-Auge.

Lupenoptik

Wie wirkt eine Lupe? Zum Verständnis ihrer Wirkung muss sie zusammen mit der Optik des Auges betrachtet werden. Man sieht das Bild eines Objekts scharf, wenn es die Augenlinse genau auf die Netzhaut projiziert.

Der normalsichtige Mensch kann ohne Mühe ein scharfes Bild eines 250 mm (konventionelle Sehweite) entfernten Gegenstands erzeugen. Der Hauptstrahl der Augenlinse nimmt dabei mit der optischen Achse einen bestimmten Sehwinkel β_1 ein (Abb. 31). Wollte man den Gegenstand größer sehen, müsste man näher herangehen. Da aber versagt die Scharfeinstellung des Auges. Man behilft sich mit einer Sehwinkelvergrößerung durch die Verwendung einer Lupe.

Man lege einmal das Objekt in die (vordere) Brennebene der Lupe. Wie die Betrachtung des Parallelstrahls der Lupe in etwa verdeutlicht, wird das Bild des nun näher gerückten Gegenstands wieder scharf auf der Netzhaut abgebildet und ist größer: Es erscheint dem Auge unter einem größeren Sehwinkel β_2 (Abb. 32). Vergrößert die Lupe beispielsweise 5×, so ist β_2 auch fünfmal so groß wie β_1.

Damit ergeben sich zwei wichtige Erkenntnisse. Zum einen: „Lupenvergrößern" heißt eigentlich nur, einen Gegenstand unter einem größeren Sehwinkel betrachten als es bei der „normalen Sehweite" von 250 mm möglich ist. Zum anderen: Die Vergrößerung V_{Lupe} einer Lupe berechnet sich nach dem Quotienten „konventionelle Sehweite dividiert durch Lupenbrennweite", also das heißt nach $V_{Lupe} = 250\ mm/f_{Lupe}$ (f_{Lupe} ebenfalls in Millimetereinheiten gemessen). Eine Lupe von 25 mm Brennweite vergrößert also 250/25 = 10-fach.

Das Phänomen der Lupenvergrößerung lässt sich zeichnerisch gut so darstellen, dass man außer dem Parallelstrahl einen weiteren einfallenden Strahl betrachtet und die beiden in Richtung vom Auge weg verlängert, bis sie sich schneiden. Man erhält dann ein virtuelles Bild, das man nicht auf einer Mattscheibe auffangen kann, das wir aber sehen bzw. zu sehen glauben (Abb. 33). Im Fall unserer 10×-Lupe ist das virtuelle Bild des Pfeilsymbols auch zehnmal so groß wie das Pfeilsymbol selbst. Bei völlig entspanntem Auge (Einstellung auf Unendlich) entsteht es im Unendlichen.

Optik des zusammengesetzten Mikroskops

Die Betrachtungslupe für das reelle Zwischenbild in einem Mikroskop stellt nun nichts anderes dar als ein Okular, genauer gesagt, dessen augennahe Linse. Kurz ge-

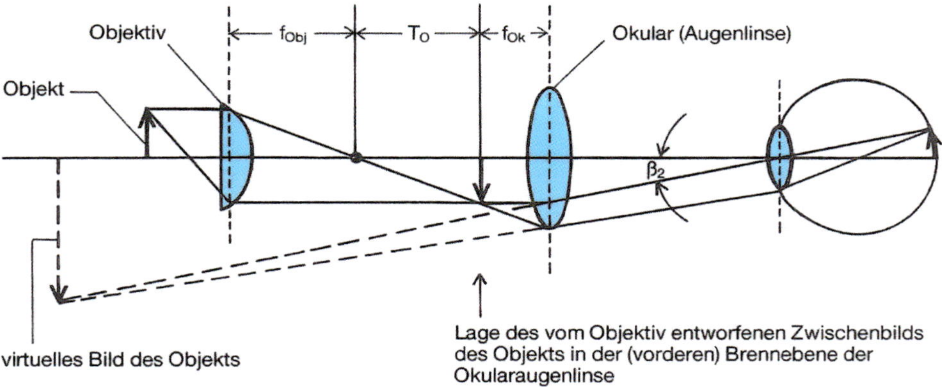

Abb. 33. Strahlengang im sogenannten „zusammengesetzten Mikroskop".

fasst lässt sich die Wirkung des „zusammengesetzten Mikroskops" also wie folgt beschreiben (vgl. Abb. 33):

Das Objektiv (Vergrößerung V_{Obj}) erzeugt ein vergrößertes, reelles Zwischenbild im Tubus, und zwar in der vorderen Brennebene der Augenlinse des Okulars (nach DIN-Norm 10 mm unterhalb des oberen Tubusendes). Dieser Abstand Zwischenbild – Tubusoberkante heißt Okularabgleichlänge. Von der Okularabgleichlänge zu unterscheiden ist die Objektivabgleichlänge. Diese entspricht dem Abstand des scharf fokussierten Objektes von der Auflagefläche des im Objektivrevolver eingeschraubten Objektivs (heutzutage meist 45 mm).

Das reelle Zwischenbild wird mittels der augennahen Linse des Okulars (Vergrößerung V_{Ok}) betrachtet und erscheint uns unter einem V_{Ok}-fach vergrößerten Sehwinkel als virtuelles Bild. (Da in der gleichen Ebene auch die runde Gesichtsfeldblende liegt, die im Okular eingebaut ist, erscheint diese ebenfalls scharf.)

Der Vollständigkeit halber sei an dieser Stelle nochmals erwähnt, dass in den letzten Jahrzehnten auch die Unendlichmikroskope handelsüblich geworden sind, bei denen das reelle Zwischenbild vom Objektiv nicht im Tubus, sondern im Unendlichen entworfen wird. Hierbei kann man praktisch an jeder Stelle des Strahlengangs abgreifen, was für die Laborpraxis Vorteile hat. Damit dieses vom Objektiv im Unendlichen entworfene Bild als Zwischenbild in den Tubus projiziert wird, bedarf es einer zusätzlichen Tubuslinse, die auf das Objektiv abgestimmt ist. Unendlichobjektive und Tubuslinse bilden daher eine optische Einheit. Für den Hobbymikroskopiker ist das nicht so wichtig, es sei denn, er ist ein großer Bastler und liebäugelt mit vielen Zusatzgeräten.

Worauf sollte man bei Objektiven noch achten?

Objektiv-Okular-Kombinationen

Manchmal werden bestimmte Kombinationen von Objektiven und Okularen vorgeschrieben. Bei nicht unendlich korrigierten (älteren) Achromaten und Apochromaten beispielsweise sind zwar alle wesentlichen Farbfehler korrigiert, die nichtkorrigierbaren Restfehler werden aber erst mit Spezialokularen kompensiert (sogenannte „Kompensationsokulare"), die herstellerspezifisch gerechnet, also auf

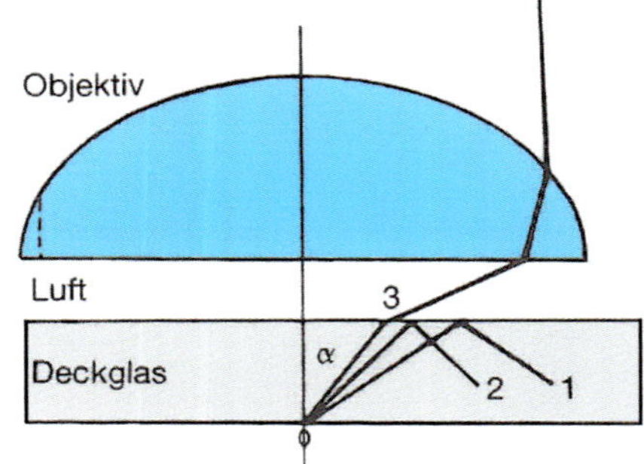

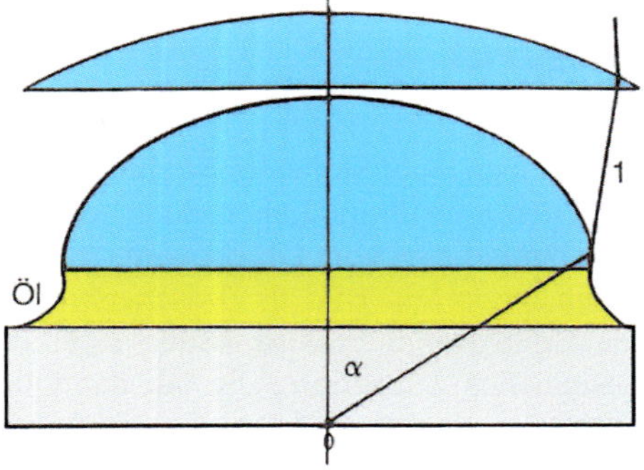

Abb. 34. Prinzipieller Strahlengang bei einem starken Trockensystem (oben) und einem Ölimmersionssystem (unten).

die Objektive des jeweiligen Herstellers genau abgestimmt sind. Werden solche Objektive anstelle der vorgesehenen Kompensationsokulare mit anderweitigen Okularen verwendet, können geringe Einbußen der Bildqualität entstehen. Für den Fachmikroskopiker kann das bedeutsam sein. Neuere unendlich korrigierte Objektive wirken üblicherweise mit der Tubuslinse des Mikroskops so zusammen, dass ein voll auskorrigiertes Zwischenbild im Tubus entsteht. Dieses wird dann logischerweise nicht mit einem Kompensationsokular betrachtet, sondern mit einem nicht kompensierenden Okular.

Immersionsobjektive

Immersionsobjektive heißen so, weil ihre Frontlinse nicht von Luft umgeben ist, sondern in eine Flüssigkeit eintaucht, also „immergiert“ wird. Zu diesen Systemen ist folgendes zu sagen.

Die normalen Trockensysteme können nur ein vergleichsweise enges einfallendes Strahlenbündel nutzen, weil die äußeren Strahlen teils an der Deckglasoberkante reflektiert, teils vom Objektiv weg gebrochen werden (Abb. 34, oben). Es ergibt sich ein relativ kleiner halber Öffnungswinkel α, damit eine geringere numerische Apertur und eine vergleichsweise geringe Auflösung. Etwa ab 40-facher Vergrößerung hängen starke Trockensysteme auch sehr von der exakten Einhaltung einer ganz bestimmten Deckglasdicke ab (Normdicke: 0,17 mm), ansonsten wird keine gute Schärfe erreicht. Dagegen nutzen hochvergrößernde Ölimmersionen ein erweitertes Strahlenbündel, weil sie die Randstrahlen noch auffangen (Abb. 34, unten). Sie weisen folglich einen größeren halben Öffnungswinkel und damit eine höhere Numerische Apertur auf mit der Folge einer höheren Auflösung. Sie sind nicht so stark von der Deckglasdicke abhängig wie starke Trockensysteme.

Ihren Vorteil erkaufen Immersionssysteme aber auch mit Nachteilen. Zum einen ist ihr Arbeitsabstand meist sehr gering (bei 100× Öl üblicherweise weniger als 1/10 mm!), sodass man beim Einstellen sehr vorsichtig sein muss und dickere Präparate oft gar nicht mehr bis zum Grund durchmustern kann. Zum anderen muss man die Frontlinse pfleglich behandeln und je nach Qualität des verwendeten Immersionsöls nach jedem Gebrauch, oder in gewissen Zeitabständen reinigen, was lästig ist. Zur Lösung des Öls können Lösungsmittel notwendig sein, wobei die herstellerseitigen Empfehlungen zu beachten sind. Xylol wurde beispielsweise seitens der Firma Ernst Leitz Wetzlar ausdrücklich empfohlen, bei Ölimmersionen anderer Hersteller kann Xylol hingegen unter Umständen den Linsenkitt auflösen. Moderne Immersionsöle verharzen im Unterschied zu den früher verwendeten nicht, sodass man die Objektive auch einfach mit etwas destilliertem Wasser hinreichend säubern kann. Explizit erwähnt werden soll das Resolve-Immersionsöl von Richard-Allan Scientific, USA. Dieses Öl ist erfreulich dünnflüssig und nicht eindickend; es schwimmt recht gut auf Wasser, und so genügt meist ein feuchtes Tempotaschentuch mit Wasser für die Objektivreinigung.

Neben Ölimmersionen gibt es allerdings auch Wasserimmersionen, die für Untersuchungen des Feinplanktons praktisch und einfacher zu handhaben sind. Weil die Brechkraft des Wassers etwas geringer als die eines Immersionsöls ist, liegen die Aperturen und maximalen Auflösungen bei Wasserimmersionen ein wenig niedriger als bei gleich starken Ölimmersionen.

Weiterhin findet man relativ selten noch Glycerinimmersionen. Der Brechungsindex von Glycerin liegt mit 1,45 zwischen demjenigen von Wasser (1,33) und Öl (1,51), weshalb bei gleichen Objektivvergrößerungen auch die numerischen Aperturen und somit die maximal erreichbaren Auflösungen von Glycerinimmersionen zwischen denen einer Waser- und Ölimmersion liegen. Vorteile des Glycerins (Synonym: Glycerol) ergeben sich speziell bei bestimmten fluoreszenzmikroskopischen Anwendungen.

Zentrierung am Revolver

Es ist nichts lästiger, als wenn ein Objekt beim Einschwenken einer stärkeren Vergrößerung aus dem Gesichtsfeld verschwindet. Gute Optiken und Revolver sind so aufeinander abgestimmt, dass eine ausreichende Zentrierung bei allen Vergrößerungen gewährleistet bleibt, auch nach Objektivwechsel durch Verdrehen des Revolvers. Wenn man ein stärkeres Objektiv einschwenkt, erscheint das vorher mittig liegende Objekt wieder weitgehend in der Mitte (geringfügige Toleranzen sind unvermeidbar). Ob das so ist, sollte man vor dem Kauf unbedingt testen. Man kann sich sein System aber auch durch Einklemmen sehr dünner Papierringe und/oder durch exzentrisches Einklemmen von Sektoren solcher Ringe zwischen Objektivanschlag und Revolveröffnung ganz gut selber justieren. Das ist aber ein kniffliges Geschäft, das viel Geduld braucht, und es verbessert die optischen Eigenschaften des Objektivs auch nicht gerade.

Objektivabgleich am Revolver

Ebenso lästig ist es, wenn beim Wechseln eines Objektivs die zuvor eingestellte Bildschärfe nicht erhalten bleibt. Daher sind systemkonforme Objektivserien eines Herstellers auch in dieser Hinsicht aufeinander abgestimmt. Wenn man von einem schwächeren zum nächststärkeren Objektiv wechselt, braucht man in aller Regel das Objekt nur geringfügig nachzufokussieren. Dieser Abgleich hängt eng zusammen mit der schon erwähnten Objektivabgleichlänge (in der Regel 45 mm). Dies bedeutet, dass die Entfernung des scharf fokussierten Objekts bei allen Objektiven 45 mm zur Gewindeauflage des Objektivs beträgt. Wenn man Objektive unterschiedlicher Abgleichlänge mischt (z.B. 45 mm – mit älteren und kürzer gebauten 37 mm – Objektiven), kann naturgemäß kein Schärfeabgleich erhalten werden. Das macht sich bemerkbar, wenn man Objektive unterschiedlicher Epochen und Baureihen (Beispiel in Abb. 35) am Revolver zusammenbringen will. In solchen Fällen können spezielle Adapter hilfreich sein, die von einigen Herstellern angeboten werden.

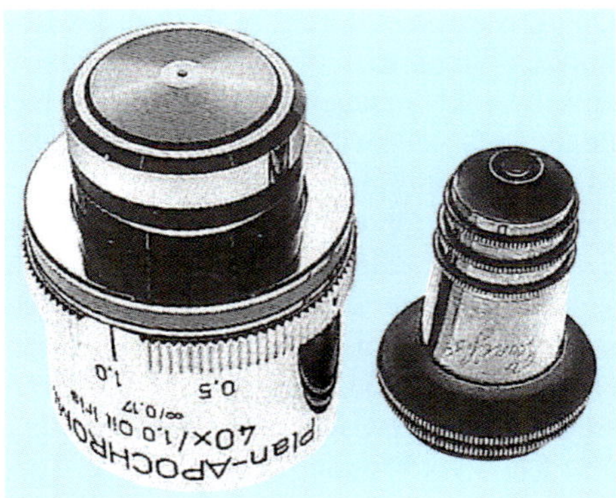

Abb. 35. Klassiker der Firma Zeiss aus der Vorkriegszeit (rechts) neben einem neueren Hochleistungsobjektiv (links).

So gab es von Leitz den Plezy-Adapter, um ältere Objektive mit Abgleichlänge 37 mm auf 45 mm Abgleichlänge anzugleichen. Dieser Adapter enthält auch eine flache, gering brechende Linse, weshalb nach eigenen Erfahrungen kein sichtbarer Qualitätsverlust auftritt, wenn der Adapter eingesetzt wird.

Okulare

Wie der in Abbildung 33 konstruierte Strahlengang zeigt, sieht man mit dem Okular ein vergrößertes, virtuelles Bild des reellen, vom Objektiv entworfenen Zwischenbilds. Diese Lupenwirkung als solche bewirkt alleine die **Augenlinse** des Okulars. Die im Durchmesser wesentlich größere, dem Objektiv zugekehrte **Feldlinse** dient zunächst einmal dazu, das Gesichtsfeld so zu vergrößern, dass das gesamte reelle Zwischenbild überblickbar wird (Abb. 36, oben). Davon kann man sich leicht überzeugen, wenn man die Feldlinse einmal abschraubt: Das Gesichtsfeld ist nun viel kleiner (Abb. 36, unten), wobei die Objektvergrößerung gleich bleibt. Bei dem in Abbildung 36 gezeigten Beispiel wurde von einem Objektmikrometer, also einer feinen, auf einem Objektträger aufgebrachten Skala, mit einem 4-fachen Planobjektiv und einem 6,3-fachen Huygens-Okular eine Mikrofotografie angefertigt, zunächst im Normalbetrieb mit Feldlinse (Bild oben), hernach ohne Feldlinse (Bild unten). Der Teilstrichabstand des fotografierten Mikrometers beträgt 0,1 mm. Es ist ersichtlich, dass die Augenlinse im unteren Bild lediglich ein Objektfeld von etwa 1,2 mm abbildet, wohingegen die Feldlinse im oberen Bild das sichtbare Objektfeld auf etwa 4,5 mm vergrößert, also den Durchmesser des Sehfeldes etwa vervierfacht. Man sieht weiterhin, dass die Vergrößerung in beiden Ansichten weitgehend gleich bleibt, jedoch die Feldlinse im Zusammenwirken mit dem Objektiv noch einige weitere Bildveränderungen bewirkt: Die Bildfeldebnung und damit die Randschärfe nimmt deutlich zu, ebenso die Homogenität der Ausleuchtung.

Die Optik eines einfachen Okulars vom sogenannten **Huygens-Typ** besteht also nur aus diesen beiden Linsen (Abb. 37, links), und so ein Okular ist deshalb recht preiswert. Zwischen den beiden Linsen befindet sich noch eine kreisrunde Lochblende, die **Sehfeldblende**. Wenn man sie herausnimmt, wird das überschaubare Feld zwar größer, aber randlich unscharf. Die Sehfeldblende schneidet also die beim Betrachten lästigen unscharfen Außenbereiche ab. Bei aufeinander abgestimmten Objektiven und Okularen und der vorgeschriebenen mechanischen Tubuslänge liegt das vom Objektiv erzeugte Zwischenbild genau in dieser Blendenebene. Schaut man mit entspannten Augen ins Okular, so sollte man bei ordentlicher Justierung sowohl das Bild als auch den begrenzenden Blendenrand scharf sehen. Den optisch wirksamen Durchmesser der Sehfeldblende, in Millimetern ausgedrückt, bezeichnet man als **Sehfeldzahl**. Diese Zahl gibt also an, wie groß der überschaubare Bereich des Zwischenbilds in Millimetern ist. Ob-

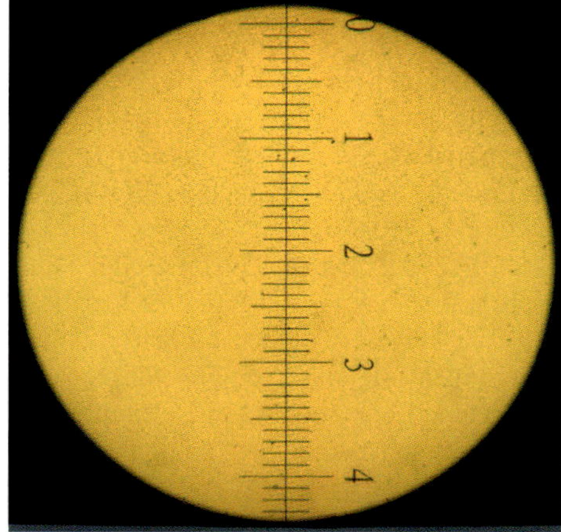

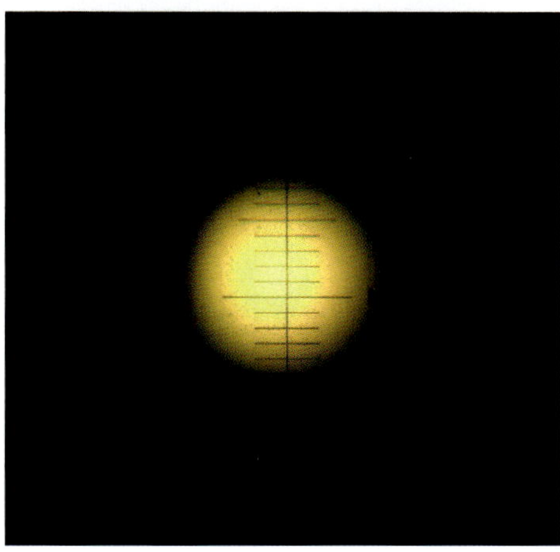

Abb. 36. Gesichtsfeld eines Okulars. Oben: Okular im Normalzustand. Unten: Okular ohne Feldlinse. Sehfeldblende entfernt. Objektmikrometer, Hellfeld, Objektiv Plan 4×, Okular 6,3× (Huygens).

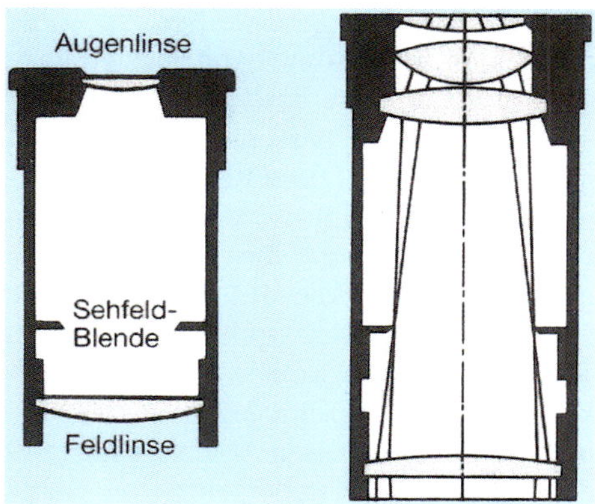

Abb. 37. Beispiele für mikroskopische Okulare. Links: Huygens-Okular. Rechts: Kompensationsokular von Leica (vormals Leitz).

wohl sich die Sehfeldzahl auf eine Durchmesserangabe in Millimetern bezieht, ist sie selbst konventionsgemäß dimensionslos (also ohne eine Hinzufügung von „mm“). Wenn man die Sehfeldzahl eines Okulars mit dessen Vergrößerung multipliziert, erhält man den subjektiv wahrgenommen Durchmesser des beim Blick durch das Okular beobachtbaren Sehfeldes. Huygens-Okulare haben üblicherweise Sehfeldzahlen um die 15. Wenn man ein solches Okular mit 10-facher Vergrößerung verwendet, hat man folglich den Eindruck, beim Hineinblicken einen Kreis von 150 mm Durchmesser zu sehen. Mit einem entsprechenden 5-fach vergrößernden Okular überblickt man nicht eine größere Fläche des Objekts, sondern das Zwischenbild wird nur kleiner abgebildet; hier liegt der Durchmesser des beobachtbaren Sehfeldes lediglich bei 75 mm.

Einfache Huygens-Okulare eignen sich für schwächere bis mittelstarke Achromate. Verwendet man stärker vergrößernde Achromate oder andere Objektivtypen wie Apochromate, so ergeben sich mit Huygens-Okularen manchmal störende Farbsäume. Deren Beseitigung oder Kompensierung (deshalb der Begriff „**Kompensationsokular**“) erfordert es, dass Augen- und Feldlinse des Okulars durch verkittete Linsen oder durch zusammengesetzte Linsensysteme ersetzt werden (Abb. 37, rechts). Solche Okulare sind dann natürlich deutlich teurer.

Zur Beseitigung der Farbsäume und anderer Fehler stimmen die Firmen ihre Objektive und Okulare sehr fein aufeinander ab. Es ist deshalb nicht sehr weise, bei stärkeren Vergrößerungen nicht zusammenpassende Objektiv-Okular-Kombinationen zu verwenden. Konnte man einen guten

Objektivsatz günstig erwerben, so sollte man sich möglichst auch die speziell dazu geeigneten Okulare besorgen (Firmen anschreiben und die passenden Okulartypen mitteilen lassen). Diese Regel kann eventuell vernachlässigt werden, wenn man Unendlichobjektive verwendet, welche im Zusammenwirken mit der Tubuslinse voll auskorrigierte Zwischenbilder in den Tubus projizieren. Solche Zwischenbilder können im Prinzip mit jedem Okular betrachtet werden, dessen Abgleichlänge mit derjenigen des herstellerseitig vorgesehenen Originalokulars übereinstimmt.

Spezialokulare und Okulareinsätze

Neben den genannten Huygens- und Kompensationsokularen gibt es zum Beispiel von Olympus und von PZO spezielle **Fotookulare**, die das Zwischenbild auf die Filmebene projizieren (deshalb bisweilen auch „**Projektive**" genannt). Sie erlauben einen wesentlich gedrängteren Aufbau des Fototubus. Die eigentlichen Projektionsokulare sind für die Projektion des mikroskopischen Bildes auf eine Leinwand optimiert.

Weitwinkel- oder Großfeldokulare sind so konstruiert, dass man einen größeren Teil des Zwischenbildes übersehen kann als beim normalen Huygens-Okular. Sie spielen besonders in der Histologie und Histopathologie eine Rolle, weil man einen mikroskopischen Schnitt durch ein Organ erst einmal ganz übersehen will, bevor man sich interessierende Ausschnitte ins Bildzentrum holt.

Brillenträgerokulare, äußerlich häufig an den großen Augenlinsen erkennbar, erlauben einen großen Augenabstand. Brillenträger können ihre Brille auflassen. Kameras kann man an Brillenträgerokularen oftmals besser adaptieren als an Standardokularen.

Okulareinsätze sind in die Ebene der Bildfeldblende einlegbare Hilfsplättchen (sogenante „Strichplatten") mit Markierungen, Fadenkreuzen, Maßstäben (Okular-Mikrometer, teils verschiebbar), Zählhilfseinrichtungen, Netzen oder Bildfeldmarkierungen für unterschiedliche Fotoformate. Bei solchen Okularen ist die Augenlinse meist in einem Schneckengang verstellbar, sodass der Betrachter auf die Plättchengravur scharf stellen kann.

Gesamt- und leere Vergrößerung

Die Gesamtvergrößerung eines Mikroskops ist gleich dem Produkt aus Objektivvergrößerung V_{Obj} und Okularvergrößerung V_{Ok}. Man kann sie auch aus der oben angesprochenen optischen Tubuslänge T_O und den Brennweiten f_{Obj} und f_{Ok} von Objektiv und Okular berechnen:

$$V_{Mikroskop} = V_{Obj} \times V_{Ok} = \frac{T_O}{f_{Obj}} \times \frac{250}{f_{Ok}}$$

(alle Werte gemessen in Millimetern; vgl. Abb. 33).

Enthält der Tubus weitere Linsen, so ist noch mit einem Tubusfaktor η_{Tubus} zu multiplizieren; der Faktor ist im Allgemeinen auf dem Tubus eingraviert:

$$V_{Mikroskop} = \eta_{Tubus} \times V_{Obj} \times V_{Ok}$$

Ein Objektiv 10× und ein Okular 12× ergeben also bei einem Tubusfaktor von 1,25 also eine 10 · 12 · 1,25 = 150-fache Gesamtvergrößerung.

Okulare gibt es mit unterschiedlichen Vergrößerungen. Als Standard kann man eine Vergrößerung von 10× oder 12,5× annehmen. Gerade geübte Mikroskopiker verzichten in der Regel auf stärkere

Okularvergrößerungen, weil hierdurch das Objekt zwar stärker vergrößert wird, aber keine zusätzlichen Details erkennbar werden. Die Bildschärfe generiert ja das Objektiv, wie wir gesehen haben. Das Okular vergrößert nur das Zwischenbild des Objektivs. Und je stärker es vergrößert, desto unschärfer wird der Gesamteindruck. Die Kombination „Objektiv 20×, Okular 10×" vergrößert 200×. Die Kombination „Objektiv 10×, Okular 20×" vergrößert auch 200×. Doch wirkt das Bild im erstgenannten Fall schärfer.

Okulare mit Vergrößerungen über 10× oder 12,5× sollte man also nur für Sonderfälle einsetzen, etwa zur Blutkörperchenzählung (historische Methode!) oder Vermessung sehr kleiner Distanzen. Man erreicht damit zwar größere Darstellungen, aber keine bessere Auflösung. Auf die Auflösung kommt es letztlich aber an. Wird eine vernünftige Gesamtvergrößerung durch zu starke Okulare überschritten, spricht man auch von „leerer Vergrößerung". In Kenntnis dieser Tatsache sollte man sich auch von den beeindruckenden Vergrößerungsangaben auf Billigmikroskopen nicht blenden lassen. Sie arbeiten im Allgemeinen mit dem Trick sehr hoher Okularvergrößerungen, und der führt schnell zu leeren Vergrößerungen.

Förderliche Vergrößerung

Für jedes Objektiv gibt es einen optimalen Vergrößerungsbereich, der die Qualitäten des Objektivs ausschöpft, ohne eine Leervergrößerung zu produzieren oder Detailerkennbarkeit durch zu schwache Gesamtvergrößerung zu verschenken. Dieser optimale Vergrößerungsbereich wird als „förderliche Vergrößerung" bezeichnet. Die förderliche Vergrößerung eines Objektivs kann aus der werksseitig angegebenen und auf dem Objektivschaft eingravierten Numerischen Apertur NA kalkuliert werden; sie liegt zwischen dem 500- und 1.000-fachen der Apertur. Beispiel: Eine 100-fach vergrößernde Ölimmersion mit einer numerischen Apertur von 1,3 hat einen förderlichen Vergrößerungsbereich von 650- bis 1.300-fach. Folglich sollte dieses Objektiv mit Okularen von 6,5- bis 13-facher Vergrößerung kombiniert werden. Hieraus kann abgeleitet werden, dass es, abgesehen von Sonderfällen, letztlich sinnlos ist, deutlich höhere Vergrößerungen mit Standardobjektiven generieren zu wollen. Wenn ein Discounter- oder Kaufhausmikroskop – meist mit einem umfangreichen Mikroskopierkasten im Angebot – mit maximalen Vergrößerungen von beispielsweise 1.600× oder gar 2.000× beworben wird, kommt dies einer Irreführung nahe. Mit einem solchen Mikroskop kann man bei solchen Vergrößerungen (sofern sie überhaupt formal erreicht werden können), und auch schon bei deutlich geringeren Vergrößerungen, nichts Gescheites sehen.

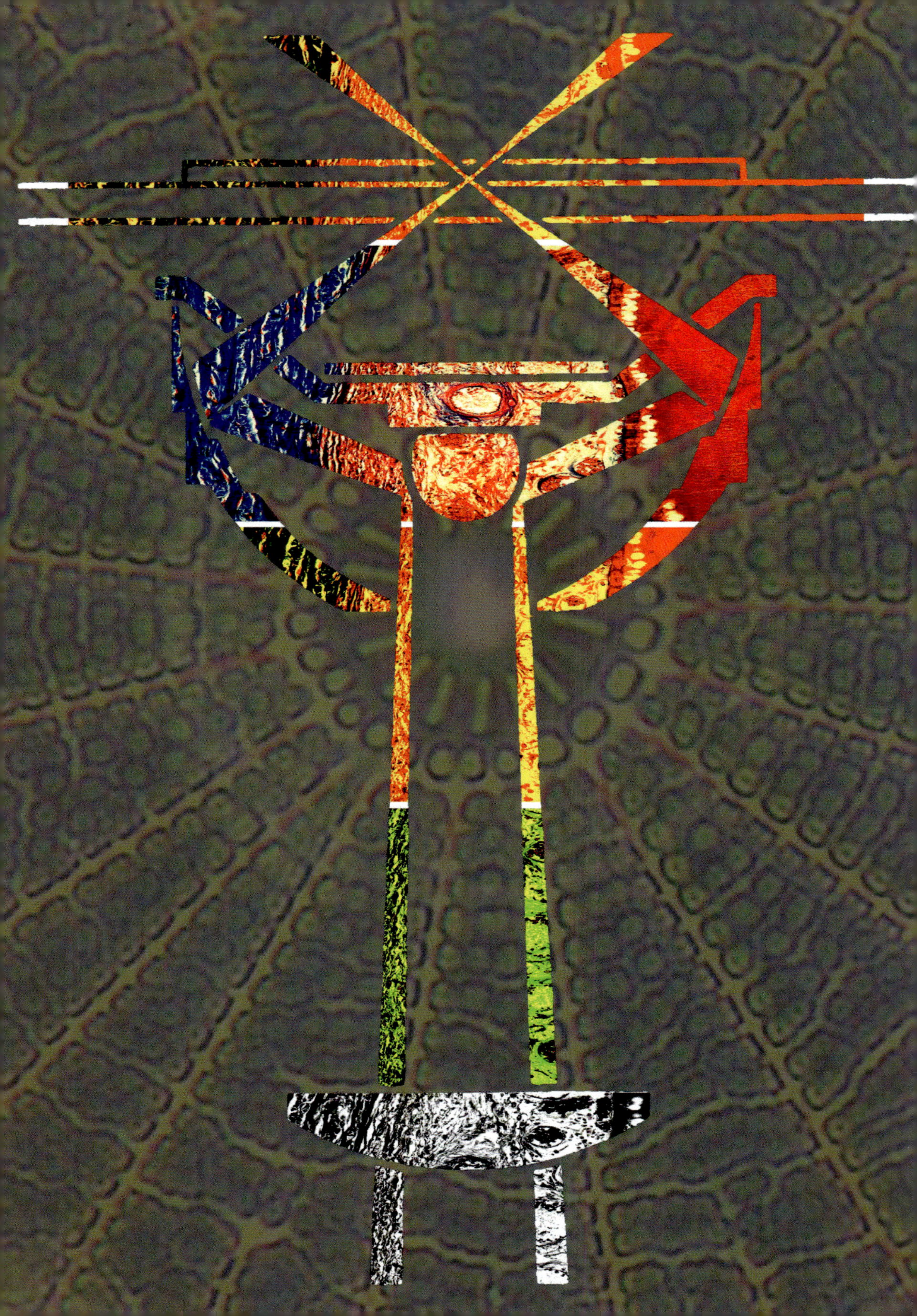

Die Beleuchtung

Die Wahl der jeweils richtigen Beleuchtung und deren richtige Handhabung, insbesondere auch die richtige Bedienung des Kondensors, wirkt sich entscheidend auf Bildgüte und -eindruck aus. Es kann also nicht schaden, hier etwas genauer hinzuschauen.

Lichtquellen

Der Mikroskopiker unterscheidet Durchlicht und Auflicht. Eine Beleuchtung im Auflicht kommt bei teilweise oder vollständig undurchsichtigen Objekten in Frage, etwa bei Insektenpanzern und Gesteinen. Durchlicht-Beleuchtung kann auf Hellfeld oder Dunkelfeld abgestimmt sein. Dazu kommen spezielle Kontrastierungsverfahren (s. unten).

Tageslicht

Man stellt mit dem Planspiegel (nicht mit dem Hohlspiegel!) auf eine helle Stelle des Himmels ein – nicht auf die Sonne, sondern beispielsweise auf eine helle Wolke. Tiefblauer Himmel ist weniger geeignet. Es ergibt sich eine schön ausgeglichene, angenehme Beleuchtung. Bei ganz schwachen Objektiven können Anwender auf einen Kondensor überhaupt verzichten. Ansonsten soll der Kondensor möglichst hoch stehen, höchstens dann etwas gesenkt werden, wenn sich Strukturen, z.B. Wolkenränder, im Gesichtsfeld abbilden. Der Hohlspiegel sollte nur verwendet werden, wenn bei stark vergrößernden Objektiven (40-fach oder mehr) die mit dem Planspiegel erzeugte Bildhelligkeit unzureichend ist.

Ansteckleuchte

Ein 230-V-Lämpchen in einem kleinen Gehäuse mit Mattglas und auflegbarem Blauglas (zum Angleichen des langwelligen, rötlichen Lampenlichts an Tageslichtverhältnisse) wird anstelle des Spiegels aufgesetzt oder aufgesteckt (Beispiel in Abb. 38).

Die Lichtquelle (oder Mattscheibe) wird dabei über den Kondensor nahe der Objektebene abgebildet. Ähnlich wie bei den genannten Tageslichtverhältnissen spricht man hier auch von „kritischer Beleuchtung“. Dafür muss der Kondensor so hoch wie möglich stehen. Die relativ starke Wärmeentwicklung kann man durch Einlegen eines Wärmeschutzfilters in den Filterträger des Kondensors oder auch auf den Lampenträger abmildern. Nur geringe Wärme erzeugt dagegen eine moderne LED-Beleuchtung.

Glühlampenlicht kann weich und angenehm sein und reicht lichtstärkemäßig

Abb. 38. Ansteckleuchte von Hertel & Reuss.

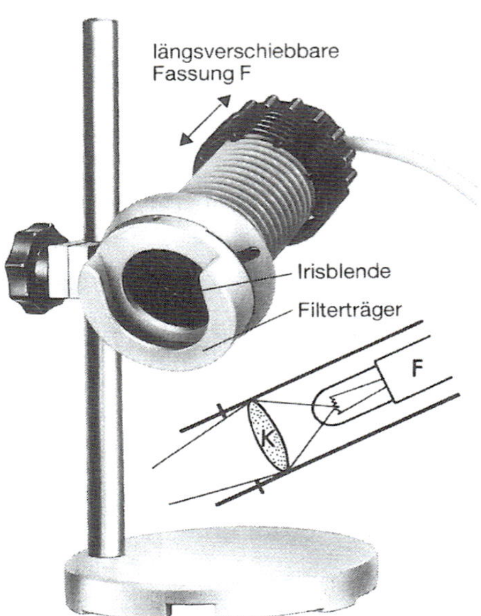

Abb. 39. Niedervoltleuchte auf getrenntem Stativ der Firma Zeiss. F = Fassung; K = Hilfslinse. Klassischer Leuchtentyp.

bis zu mittleren Vergrößerungen aus. Bei schwächeren ist sie sogar oft zu hell und belastet das Auge. Falls die Helligkeit nicht regelbar ist, kann die Beleuchtungsintensität bei Bedarf mit Graufiltern oder auch einfach durch Auflegen von dünnem weißem Schreibpapier (in einer oder mehreren Lagen) verringert werden.

Niedervoltbeleuchtung

Einbaubeleuchtung

Viele Firmen bieten heute für ihre Schul- und Kursmikroskope im Fuß eingebaute, werksseitig festjustierte Niedervoltlämpchen an. Das war bis heute für diese Mikroskope praktisch Standard. Manchmal waren dazu feste Lichtführungen eingebaut (z.B. Leitz -Ellipsoidleuchte, Zeiss-Lucigenleuchte), mit denen man sich das doch etwas zeitaufwendige „Köhlern" (Seite 50, Abb. 46) sparen kann. Heute werden immer mehr Einbaubeleuchtungen mit Leuchtdioden (LED) ausgestattet.

Getrennte Lichtquellen (Ansatzleuchte und Lampenhaus)

Niedervoltbirnen, die in einer getrennten Ansatzleuchte untergebracht sind (Abb. 39), produzieren auch bei geringer Leistung (z.B. 6 V, 5 A und damit 30 W) ein sehr helles Punktlicht. Eine solche Beleuchtung ergibt besonders kontrastreiche und konturscharfe Bilder. Einige Hersteller haben solche Ansatzleuchten so konzipiert, dass sie bei Bedarf als Durchlicht-Leuchten an ein passendes Mikroskopstativ adaptiert werden können, oder, wie hier gezeigt, in Verbindung mit einem separaten Standfuß als externe Lichtquelle für Auflicht-Beleuchtung einsetzbar sind. Sofern das Mikroskop über einen Spiegel verfügt, kann eine Auflicht-Lampe der hier gezeigten Art auch auf den Spiegel gerichtet und so für Durchlicht-Untersuchungen verwendet werden.

Lampen höherer Leistung (z.B. Halogen-Hochleistungsbrenner von 12 V, 8 A und damit rund 100 W und Spezialleuchten von 250 oder 500 W) sind aus Hitzegründen in einem speziellen Lampenhaus zusammen mit Hilfslinsen und Wärmeschutzfiltern untergebracht. Eine solche Vorrichtung kann bei manchen Firmen bedarfsweise auch anstelle der kleinen Lampen mit ihrem Linsenstutzen am Fuß des Mikroskops montiert werden. Bei derartigen Einrichtungen sollte man unbedingt darauf achten, dass die mikroskopseitige Hilfslinse justierbar ist.

Leuchtdioden (LED)

Heutzutage existieren vielfältige Arten von Leuchtdioden (LED), die sich anstelle von regelbaren Glühlampen mit gutem

Erfolg in der Mikrokopie einsetzen lassen. Grundsätzlich haben solche LEDs mehrere Vorteile:

- Die Farbtemperatur bleibt unabhängig von der Helligkeit der Lichtquelle konstant. Dies unterscheidet jede LED von einer Glühlampe; denn letztere strahlt umso langwelligeres, d.h. rötlicheres Licht ab, je dunkler sie brennt, und sie wird umso weißer, je heller sie leuchtet. Glühlampenlicht ist daher relativ rotstichig, was sich speziell in der Mikrofotografie nachteilig auswirken kann. Durch einen Blaufilter kann der Rotstich abgeschwächt werden, aber auch dann ändert sich immer noch die Farbtemperatur in Abhängigkeit von der eingestellten Helligkeit, wenn auch mehr im Blaubereich. Eine LED führt hingegen immer zum gleichen Farbton, unabhängig davon, wie die Helligkeit eingestellt ist.
- Eine LED verbraucht nur einen Bruchteil der Energie und sie erwärmt sich nur sehr wenig. Gerade der letztere Punkt ist von Bedeutung, wenn zum Beispiel Mikroorganismen im Wassertropfen untersucht werden. Je wärmer die Lichtquelle ist, desto schneller wird der Wassertropfen auf dem Objektträger verdunsten. Auch können viele Organismen durch übermäßige Wärme irritiert oder geschädigt werden.
- Je nach erwünschtem Farbeindruck können LEDs nahezu jeden Geschmack abdecken, von warmem bis zu kaltem Licht.
- Die Lebensdauer einer LED ist im Vergleich zu einer Glühlampe quasi unbegrenzt.

Diesen Vorteilen, welche die Befürworter einer LED-Beleuchtung zu Recht anführen, steht ein physikalischer Nachteil gegenüber, der nicht verschwiegen werden soll:

Es gibt bisher keine LED, welche ein kontinuierliches Spektrum nach Art des natürlichen Weißlichtspektrums abstrahlt.

Eine einzelne LED kann grundsätzlich nur Licht einer bestimmten Wellenlänge bzw. Farbe abstrahlen (monochromatisches Licht). Zu Erzeugung von mehrfarbigem Licht können daher mehrere Einzel-LEDs zu einer Gesamtlichtquelle vereinigt werden. So existieren zum Beispiel sogenannte „RGB-LEDs“, welche auf der Zusammenlegung von drei Einzel-LEDs der Grundfarben Rot, Grün und Blau basieren. Bei gleichzeitiger Abstrahlung dieser drei Grundfarben resultiert der Eindruck eines weißen Lichts. Je nach Gewichtung der drei Einzelfarben kann zudem die Farbtemperatur des LED-Lichts variiert werden; je höher die Intensität der roten Komponente ist, desto wärmer wirkt das abgegebene Licht (und desto niedriger die Farbtemperatur), je höher der Blauanteil liegt, desto kälter wird das Licht sein (und desto höher die Farbtemperatur liegen).

Eine andere Variante von LEDs basiert auf monochromatischem Blaulicht, welches in hoher Intensität von einer Einzel-LED erzeugt wird, die mit einer lichtemittierenden Beschichtung versehen ist. Das Blaulicht regt diese Beschichtung zur Emission weiterer Wellenlängen bzw. Farben an (Photolumineszenz). Im Prinzip können die Beschichtungen ein nahezu kontinuierliches Spektrum abstrahlen, allerdings unterscheiden sich die Intensitäten (Amplituden) der einzelnen Wellenlängen bzw. Farben, sodass auch ein solches Spektrum nicht dem natürlichen Weißlicht entspricht. Speziell der Rotanteil ist meist von relativ geringer Intensität, was sich nachteilig auf die Wiedergabe roter Objektstrukturen auswirken kann und diesem LED-Licht ggf. einen leichten Grünstich verleiht. In wieweit diese Effekte in der praktischen Anwendung störend sind, richtet sich einerseits nach der Aufgabenstellung, andererseits aber auch nach der Art der eingesetzten LED.

Jede Glühlampe, Halogenlicht mit eingeschlossen, gibt ein kontinuierliches Spektrum ab. Das bedeutet, dass sämtliche

Wellenlängen des sichtbaren Lichts, also auch alle Regenbogenfarben, vollständig im Spektrum einer Glühlampe enthalten sind. Auch das natürliche Sonnen- beziehungsweise Tageslicht hat ein kontinuierliches Spektrum.

Die volle Vielfalt der sichtbaren Farben und Farbabstufungen kann daher nur erfasst werden, wenn der zu beobachtende Gegenstand mit einem kontinuierlichen Spektrum beleuchtet wird, welches dem natürlichen Weißlicht möglichst nahe kommt. Jedes diskontinuierliche Spektrum hat folgerichtig sozusagen „Farblücken", weil bestimmte Wellenlängen fehlen. Und jedes durch Lichtemission produzierte kontinuierliche Spektrum mit unausgewogenen Farbanteilen kann gewissen Farbstich erzeugen. In der Praxis bedeutet dies, dass manche Präparate bei direktem Vergleich im Glühlampenlicht einen höheren Grad der Farbdifferenzierung erkennen lassen, die Farben oftmals feiner nuanciert, leuchtender und reiner erscheinen, wohingegen dasselbe Präparat bei LED-Beleuchtung je nach Art der verwendeten LED tendenziell blasser, grauer und weniger fein in den Farbtönen abgestuft erscheinen kann.

Jeder Anwender muss letztlich für sich selbst entscheiden, ob er angesichts dieser Vor- und Nachteile zu einer LED- oder zu einer Glühlampenbeleuchtung tendiert. In Würdigung dieses Spannungsfeldes sind manche Hersteller, z.B. Zeiss, dazu übergegangen, bestimmte, ansonsten baugleiche Mikroskope in zwei Varianten anzubieten: mit LED und mit leistungsfähigen Halogenleuchten.

Es gibt auch einzelne Hersteller, die sich auf die Nachrüstung älterer Mikroskope mit LED-Kits spezialisiert haben. Diese Anbieter haben ausgesuchte LEDs in ihren Produkten verbaut, die nach eigener Erfahrung mit sehr guten Resultaten in der Mikroskopie verwendet werden können und auch in der Farbmikrofotografie zu sehr guten Ergebnissen führen. Explizit erwähnt werden sollen die Firmen Retrodiode LLC, USA und B&W-Optik, Limburg. Für weitere Einzelheiten soll auf die Internetauftritte beider Anbieter verwiesen werden.

Der Kondensor

Der Kondensor (Beispiel in Abb. 40) ist ein extrem kurzbrennweitiges Linsensystem von sehr hoher Lichtstärke. Er sammelt das Licht und wirft es von unten auf das Präparat. Seine eigentliche Aufgabe ist aber nicht so sehr die Erhöhung der Bildhelligkeit (das könnte man durch eine hellere Lampe leichter haben); er schafft vielmehr die Möglichkeit für die Ausnutzung einer hohen Numerischen Apertur im Objektiv. So, wie er den Strahl bündelt, gelangt dieser nach Durchlaufen der Objektebene ins Objektiv. Tritt der Strahl unter großem Winkel aus (offene Kondensorblende, Abb. 41, rechts), so läuft er auch unter großem Winkel ins Objektiv: hohe Apertur mit den genannten Vorteilen. Wird die Kondensorblende zugezogen, so verringert sich der Strahlenwinkel, und die tatsächliche Apertur wird kleiner (Abb. 41, links), unbeschadet der nominellen Apertur, die auf dem Objektiv eingraviert ist. Gleichzeitig wird die Bildhelligkeit geringer und die Schärfentiefe größer. Die Bildkontraste nehmen zu.

Die Aperturen von Objektiv und Kondensor sollten sich im theoretischen Idealfall entsprechen. Ist die Kondensorapertur deutlich höher als die Objektivapertur, so kommt es zu Überstrahlungen und zu unbrauchbar flauen Bildern. Ist die Kondensorapertur dagegen deutlich kleiner als die Objektivapertur, so wird dem Objektiv, das zu seiner optimalen Bilderzeugung ja ein Lichtbündel mit einem gewissen Öffnungswinkel α benötigt, ein zu enges Bündel angeboten. Damit wird das Auflösungsver-

Abb. 40. Beispiel eines hochwertigen Hellfeld-Kondensors (Trockenkondensor Leitz 602, NA 0,9) mit ein- und ausschwenkbarer Kopflinsengruppe. Blick von oben auf den Linsenkopf (links), Blick von unten auf die Aperturblende und deren Verstellhebel (rechts). Bei schwacher Vergrößerung kann die Kopflinsengruppe ausgeschwenkt werden, damit ein größeres Objektfeld ausgeleuchtet wird, bei mittleren und starken Vergrößerungen ist der Linsenkopf einzuschwenken, damit das Licht stärker auf das kleinere Objektfeld gebündelt und die Apertur des Objektivs vom Beleuchtungslicht ausgeschöpft wird.

mögen, für das das Objektiv berechnet ist, natürlich nicht erreicht: Die ganze Mühe der Konstrukteure und die hochgezüchtete Optik sind also für die Katz, wenn der Mikroskopiker falsch beleuchtet!

Man sollte sich diese Zusammenhänge immer wieder vergegenwärtigen. Aus Gründen einer Überstrahlung muss man Kondensoren von hoher numerischer Apertur allerdings in der Praxis doch etwas stärker abblenden als die Objektivapertur theoretisch verlangt. Deshalb genügt für fast alle Fälle ein einfacher, zweilinsiger Kondensor, dessen Apertur entweder sowieso ein wenig unter der Objektivapertur liegt, oder dessen Apertur durch Abblenden auf etwa zwei Drittel der Objektivapertur gebracht wird. Eine Kondensorapertur von 0,95 (Immersionsobjektive) oder sogar nur 0,6 (Trockensysteme) reicht aus. Zur Anpassung genügt eine Faustregel, welche besagt, dass man ungefähr das äußere Drittel des Feldes mit der Aperturblende abdeckt. Wenn sehr kontrastschwache Strukturen deutlicher hervorgehoben werden sollen, oder eine weitere Steigerung der Tiefenschärfe (Schärfentiefe) im Vordergrund steht, kann es im Einzelfall sinnvoll

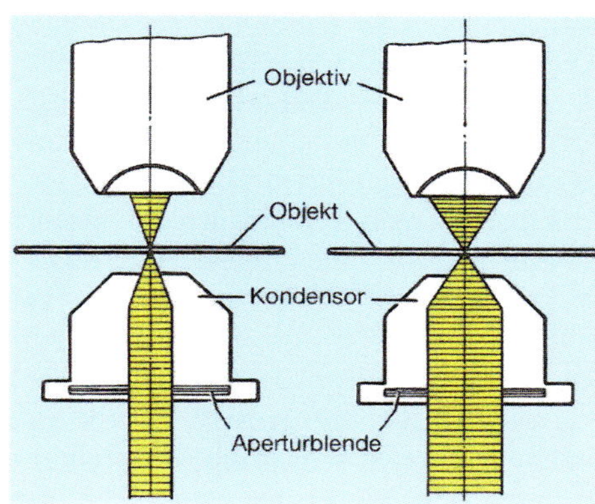

Abb. 41. Optische Effekte der Kondensorabblendung.

sein, den Kondensor stärker abzublenden. Das Prinzip der schrittweisen Kondensorabblendung und hierdurch erreichbaren Effekte veranschaulicht die Abbildung 42.

Man sollte bzw. kann die Aperturblende am Kondensor zunächst ganz öffnen, das Okular entfernen und auf die nun hell beleuchtete Hinterlinse des Objektivs schauen. Sie erscheint als helle Kreisfläche (Abb. 42, oben). Das Objekt wird folgerichtig mit der vollen Kondensorapertur beleuchtet. Dann kann man die Aperturblende langsam schließen, bis sie randständig sichtbar wird. Nun ist die Kondensorapertur gleich der Objektivapertur. Hernach kann die Blende bedarfsweise weiter schrittweise geschlossen werden; für die meisten Anwendungen genügt ein Blendenschluss bis auf etwa zwei Drittel des Durchmessers des ursprünglich erkennbaren Hinterlinsenscheibchens (vgl. Sequenz in Abb. 42).

Schließt man stärker – und die Versuchung dazu ist groß, weil der scheinbare Kontrast und die Schärfentiefe steigen –, so sinkt unweigerlich das Auflösungsvermögen. Schließlich überwiegen zudem Beugungsphänomene (Abb. 42, unten).

Durch Schließen der Kondensorblende erreicht man also auch unerwünschte Effekte, nämlich eine Verringerung der Bildhelligkeit, eine Verminderung der lateralen Auflösung, zunehmende Beugungsartefakte mit künstlicher Verbreiterung und ggf. Mehrfachkonturierung feiner Linien und letztlich eine geringere Bildschärfe. Zudem erreicht man freilich auch erwünschte Effekte, nämlich eine größere Tiefenschärfe und erhöhte Kontraste. Leichtes bis mittleres Schließen ist in den meisten Fällen vorzuziehen. Bei zu starkem Schließen werden die Kontraste meist überbetont, und zudem treten sehr rasch die schon erwähnten Beugungserscheinungen auf, die Doppel- bis Mehrfachränder ergeben und Bildstrukturen vortäuschen. Deshalb die Blende nur dann stark schließen und den Kondensor stärker senken, wenn großer Kontrast unerlässlich ist, etwa bei zarten Protozoen, beispielsweise Amöben und Sonnentierchen.

Die Bildfolge in Abbildung 42 demonstriert die Effekte einer zunehmenden Kondensorabblendung anhand von zwei unterschiedlichen Objekten, einem gefärbten histologischen Routineschnitt (Rattenembryo) und einem ungefärbten und entsprechend schwach kontrastierten Radiolarienskelett. Beide Objekte wurden mit Objektiv 40-fach fotografiert. Im Einzelnen lässt sich folgendes erkennen: Bei voll geöffneter Kondensorblende erscheint der relativ dicke und stark eingefärbte histologische Schnitt in einigen Zonen relativ unscharf, weil die Tiefenschärfe des Objektivs deutlich geringer ist als die Schichtdicke des Schnittes. Die Radiolarie ist überwiegend unscharf abgebildet, weil nur ein sehr geringer Anteil der Strukturen in der Schärfenebene liegt; zusätzlich ist der Kontrast sehr gering, sodass sich die filigranen Konturen nur schwach vom Untergrund abheben. In beiden Fällen werden also die in der Schärfenebene befindlichen Strukturen durch diverse nicht scharf abgebildete Objektanteile überlagert, die teils oberhalb, teils unterhalb der scharf dargestellten Ebene liegen. Bereits durch moderates Abblenden (Ausblenden des äußeren Felddrittels) ergibt sich eine deutliche Zunahme der Tiefenschärfe, die sich bei beiden Objekten insgesamt vorteilhaft auswirkt. Der Anteil unscharf abgebildeter Überlagerungen verringert sich, auch ist eine Kontrastanhebung sichtbar, vor allem bei der Radiolarie. Insgesamt können die vorhandenen Details besser erkannt und im Foto dokumentiert werden. Durch weitere dosierte Abblendung kann zunächst der Kontrast noch weiter angehoben werden, wodurch speziell bei der Radiolarie auch die Tiefenschärfe noch weiter gesteigert wird, ohne dass es zu störenden Beugungserscheinungen kommt. Wird noch weiter abgeblendet, treten hingegen zunehmend Beugungserscheinungen in den Vordergrund, die zu einer sichtbaren Vergröberung feiner Details führen, auch wenn die Tiefenschärfe nun maximiert ist (Abb. 42 unten).

Bei sehr feinen, optisch dünnen Objekten können vorhandene Details andererseits im Einzelfall nur bei starker Abblendung des Kondensors im Hellfeld erkannt werden. Die in Abbildung 43 gezeigte Kieselalge erscheint bei offener Kondensorblende nahezu strukturlos, und erst bei

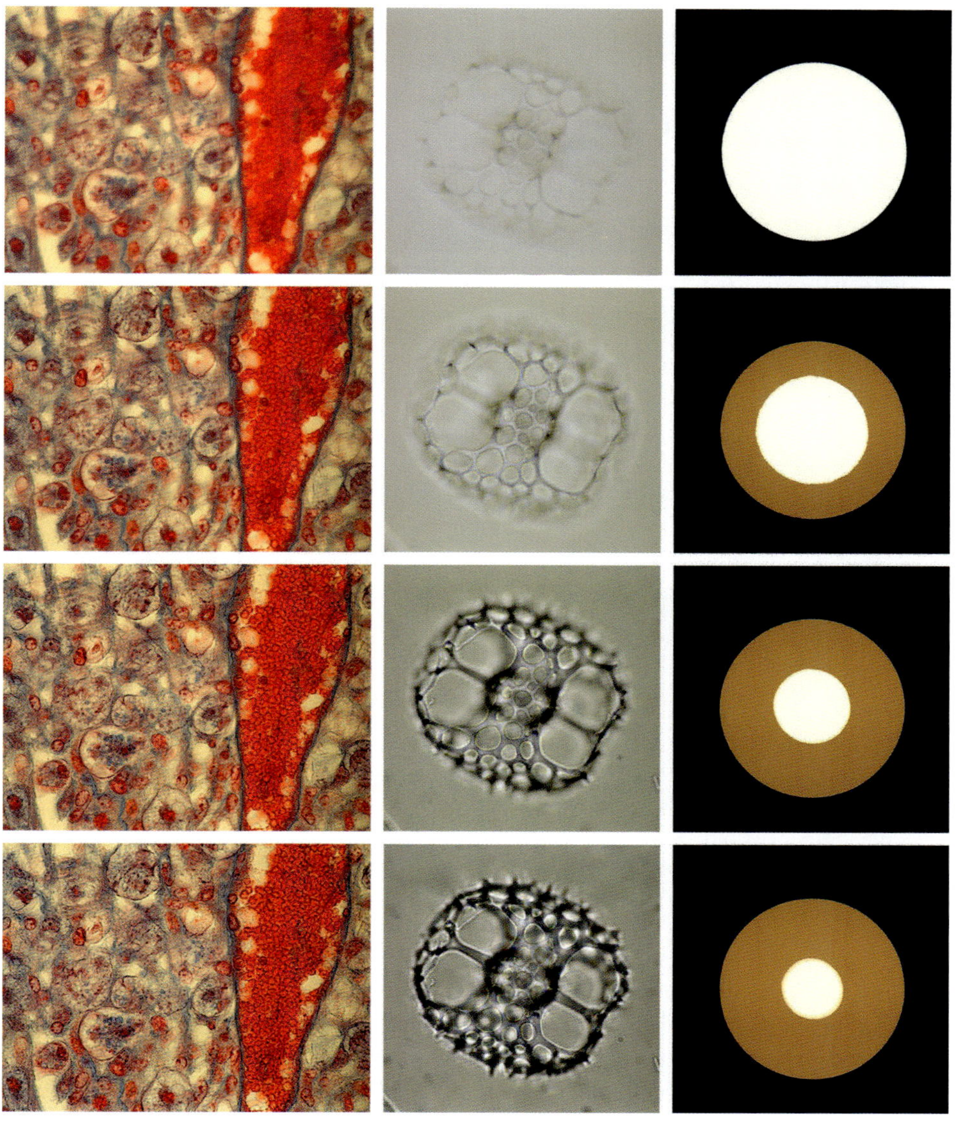

Abb. 42. Visuelle Effekte einer schrittweisen Kondensorabblendung. Hellfeld, Planobjektiv 40/0,65, Okular 10×, Präparate: Rattenembryo, gefärbter Übersichtsschnitt (links), Radiolarienskelett unter Deckglas (Mitte), Ansichten der hinteren Objektivbrennebene mit der Aperturblende, fotografiert durch ein Einstellfernrohr (rechts). Weitere Erläuterungen im Text.

fortgeschrittenem Abblenden treten vorhandene feine Texturen der dünnen Schale zutage.

An dieser Stelle soll Abbildung 44 einen kurzen, vorauseilenden Exkurs zum Phasenkontrast und monochromatischen Licht geben, worauf an späterer Stelle noch näher eingegangen wird. Die fein strukturierte, sehr dünne Kieselalge von Abbildung 43 wurde hier mit demselben

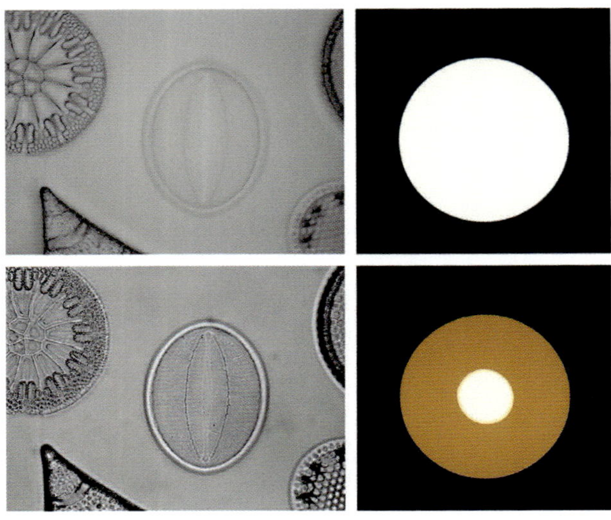

Abb. 43. Sonderfall einer erforderlichen starken Kondensorabblendung bei kontrastschwachen und farblosen Objekten von sehr geringer optischer Dichte. Hellfeld, Planobjektiv 40/0,65, Okular 10×, Kieselalgen-Legepräparat, *Cocconeis* sp, Aperturblende offen (oben) und stark geschlossenen (unten), weitere Erläuterungen im Text. Präparat: Eberhard Raap, Sangerhausen.

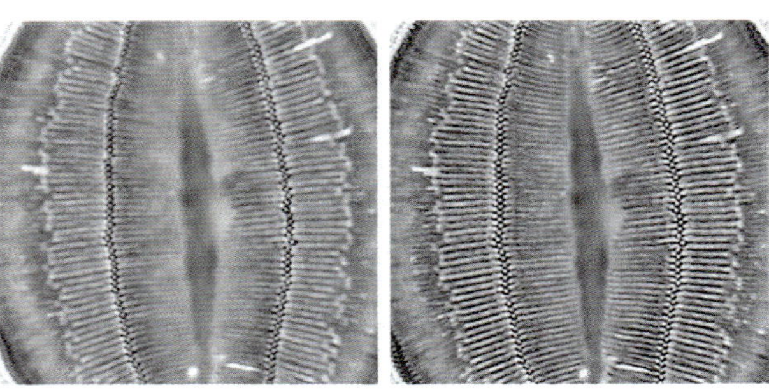

Abb. 44. Kieselalge aus Abbildung 43, Phasenkontrast, Planobjektiv 40/0,65, Okular 10×, Ausschnittvergrößerung, ungefiltertes Weißlicht (Halogenglühlampenlicht, links), monochromatisches Blaulicht, 500 nm (rechts).

Objektiv, nur in der Phasenkontrastvariante, aufgenommen, einmal im ungefilterten Weißlicht (Halogenglühlampenlicht, Bild links) und einmal im streng monochromatischen Blaulicht (Wellenlänge $\lambda = 500$ Nanometer (nm), Bild rechts). Anschließend wurden die feinen Texturen in beiden Aufnahmen stark heraus vergrößert. Es ist klar ersichtlich, dass der Phasenkontrast dem Hellfeld bei diesem optisch dünnen Objekt schon als solches überlegen ist und die Bildqualität nochmals durchgreifend gesteigert werden kann, wenn mit kurzwelligem monochromatischem Licht beleuchtet wird.

Ein Zuziehen der Kondensorblende verringert selbstredend auch die Bildhelligkeit. Keineswegs sollte man deshalb aber die Blende als Helligkeitsregler nehmen! Ist die Helligkeit zu stark, so fährt man den Lampenstrom herunter. Dabei wird das Licht bei Niedervoltlampen (kaum bei Leuchtdioden) meist durch Spektralverschiebung auch etwas rötlicher; nur eine Phasenanschnittsteuerung (vorschaltbarer Dimmer) vermeidet diesen Effekt. Nachteil einer solchen Steuerung ist der Umstand, dass die Lichtquelle bei einer üblichen Wechselstromfrequenz von 50 Hz 100-mal pro Sekunde (bei jeder Halbwelle) ein- und ausgeschaltet wird, sodass die subjektiv wahrgenommene geringere Helligkeit durch ein hochfrequentes Flackerlicht erkauft wird. Dies mag für die visuelle Beobachtung hinnehmbar sein, kann aber zu Problemen in der Mikrofotografie und bei der Erstellung von Mikrofilmen führen, speziell im Zeitlupenmodus. Stört dies, so dämpft man die Helligkeit besser durch Auflegen von Neutralgraufiltern, oder man legt einige Blatt weißes Schreibpapier auf.

Bei sehr schwachen Objektiven muss die obere Frontlinse des Kondensors herausgeschraubt oder ausgeschwenkt werden, weil sonst die Bildränder nicht ausgeleuchtet werden. Für Planktonuntersuchungen, bei denen man öfters mit geringen Vergrößerungen arbeiten muss, um ein Objekt ganz ins Bildfeld zu bekommen, ist ein Kondensor mit ausklappbarer Frontlinse ein wahrer Segen. Allerschwächste Vergrößerungen (1× bis ca. 5×) werden entweder ohne Kondensor oder, besser, mit speziellen „Brillenglaskondensoren" gefahren. Solche Kondensoren bestehen aus einer flachen bikonvexen oder plankonvexen Linse, deren Aussehen einem Brillenglas ähnelt. Eine Aperturblende fehlt bei diesem Kondensortyp.

Kondensoren können in eingefetteten Schiebefassungen auf und ab bewegt werden, wobei man sie etwas drehend bewegen muss. Bessere Stative erlauben eine Höhenverstellung mit Zahn und Trieb. Das ist in der Praxis sehr viel bequemer und geht schneller und genauer. Außerdem sollte man den Kondensor über eine Zentrierfassung zentrieren können. Das ist wichtig für die Einstellung nach dem Köhler-Beleuchtungsprinzip.

Das Köhlersche Beleuchtungsprinzip

Dieses nach August Köhler (1866 – 1948) benannte Verfahren zur Idealbeleuchtung mit Niedervoltlampen besteht aus 2 ineinander geschachtelten bzw. verflochtenen Abbildungsschritten (Strahlengängen):

1. Abbildung der Glühwendel der Niedervoltlampe in der Blendenebene des Kondensors (Aperturblende) mittels Kollektorlinsen.
2. Abbildung der Leuchtfeldblende durch den Kondensor in der Präparateebene.

Der Schritt 1 dient zur optimalen Lichtführung und besten Lichtausnutzung; der Schritt 2 zur Begrenzung des Leuchtfelds im Präparat auf den gerade nötigen Durchmesser und damit zur Verhinderung sonst ggf. störender Reflexe bzw. Randüberstrahlungen.

Wir haben nach dem Köhlerschen Beleuchtungssystem also 2 Blenden zu betrachten: Die Kondensorblende dient, wie ausgeführt, in erster Linie zur Anpassung an die Objektivapertur; die Leuchtfeldblende dient der Verkleinerung des Leuchtfeldes und damit zur Vermeidung von Überstrahlungen. In wieweit sich das korrekte Schließen der Leuchtfeldblende qualitätsverbessernd auswirkt, hängt von der jeweiligen Beobachtungssituation ab. So kann ein Schließen der Leuchtfeldblende bei Dunkelfeld (in Abhängigkeit vom Kondensor und der Objektivapertur) den Bildkontrast ggf. durchgreifend verbessern und den Grad der Hintergrundschwärzung sichtbar steigern, aber auch bei anderen Beleuchtungsarten wie Phasenkontrast, Interferenzkontrast und Hellfeld kann das Bild kontrastreicher und brillanter wirken, vor allem bei stark vergrößernden Trocken-Objektiven und Ölimmersionen.

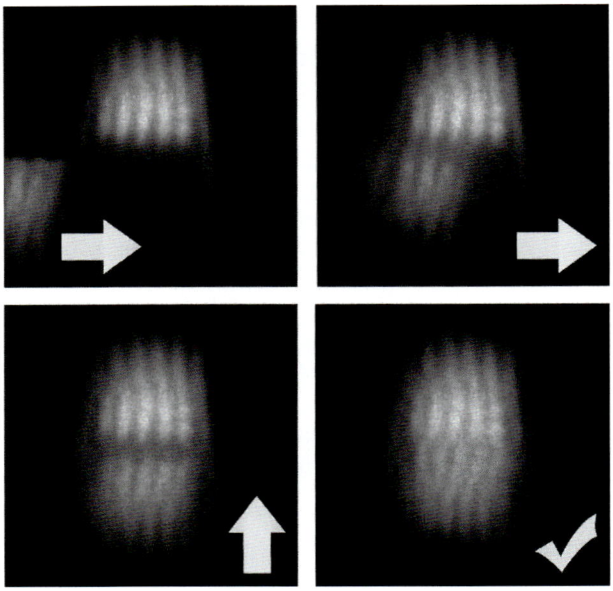

Abb. 45. Birnenjustierung in mehreren Schritten (Leserichtung von links oben nach rechts unten): 1. Mittiges Einstellen des Lampenwedels, 2. Positionierung des Lampenwedel-Spiegelbildes unter dem Lampenwedelbild, 3. Parallelisierung beider Bilder, 4. Verzahnung beider Bilder.

Zur Praxis des „Köhlerns"

...so nennt man im Fachjargon die richtige Einstellung der Köhlerschen Beleuchtung. Man sollte, insbesondere wenn man eine eingebaute Niedervoltbeleuchtung hat, diesen mehrstufigen Vorgang einüben, bis er in Fleisch und Blut übergegangen ist.

1. Zentrieren der Birne

Ist die Birne im Gehäuse nicht schon vorzentriert oder werkseingestellt, so muss man sie zentrieren. Bei getrennter Mikroskopierlampe projiziert man die Glühfäden an die Wand und dreht die Lampe um ihre optische Achse. Durch Verstellung von 2 Justierschrauben werden die Glühfäden in die optische Achse gebracht, also mittig zentriert. So bleibt das projizierte Bild bei Lampendrehung am Ort und beschreibt keine Kreisbahn mehr.

Bei im Mikroskopfuß eingebauten Leuchten legt man ein Stück Schreibmaschinenpapier auf die Lichtaustrittsöffnung des Fußes und verstellt die Zentrierschrauben so lange, bis der Leuchtfleck zentrisch steht und rundherum gleichmäßig erscheint. Besitzt das Lampengehäuse einen hinter der Birne angeordneten Hohlspiegel, so sollten sich Bild und Spiegelbild der Glühwendel flächendeckend verzahnen. Die Prozedur der Lampenwedeljustierung (Bild des Originalwendels und dessen Spiegelbild) wird in Abbildung 45 gezeigt. Diese Justierung ist in vielen Anleitungen beschrieben und führt meist auch zu einem guten Ergebnis. In Einzelfällen kann diese Einstellung aber unbefriedigend sein, wenn sich die wechselnd hellen und dunklen Streifen, welche durch die Lampenwedel und ihre Zwischenräume entstehen, so in den Bilduntergrund projizieren, dass dieser periodisch wechselnde hellere und dunklere Zonen erkennen lässt und fleckig erscheint. Man kann Abhilfe schaffen, indem man das Bild des Originalwendels mit seinem Spiegelbild überlagert, beide in die Bildmitte justiert und so verschiebt, dass die Zwischenräume des einen Wendelbilds von den Wendeln des anderen Bildes ausgefüllt werden. Diese Justierungsvariante lässt ggf. eine verbesserte Homogenität des Untergrunds erreichen.

2. Abbilden der Glühwendel

Man stellt auf ein Flächenpräparat ein, etwa auf einen mikroskopischen Schnitt. Dann schließt man die Aperturblende so weit wie möglich, während die Leuchtfeldblende ganz geöffnet wird. Daraufhin justiert man den Strahlengang durch Verschieben der Kollektorlinse am Lampenhaus (Verdrehen in ihrem Schneckengang) – bzw. durch Verstellen des Spiegels bei Verwendung einer getrennten Leuchte – sodass ein scharfes Bild der Glühwendel in Höhe der Kondensoraperturblende entsteht. Um dies zu prüfen, entfernt man den Kondensor und fügt in ungefährer Höhe der Aperturblende stattdessen ein kleines Papierblatt horizontal ein, auf dem der Lampenwedel scharf abgebildet wird. Man kann auch den Kondensor an Ort und Stelle lassen und unterhalb seiner Blende ein rund ausgeschnittenes Papierblättchen einklemmen, auf das man von schräg unten oder über einen Spiegel gucken kann. Das Bild der Glühwendel auf diesem Blättchen sollte die Blendengrenze nicht überschreiten, aber auch nicht kleiner als etwa 2/3 des Blendendurchmessers sein. Bei Verwendung einer LED würde analog zum Wedel der Emitter abgebildet werden.

3. Zentrieren des Kondensors

Man öffnet die Aperturblende des Kondensors völlig und schließt dafür die Leuchtfeldblende, bis sie auf dem Präparat an irgendeiner Stelle des Gesichtsfelds als zunächst verwaschene helle Scheibe erscheint (Abb. 46, oben).

Nun muss man den Kondensor ein klein wenig auf- und abdrehen, bis die Ränder der Leuchtfeldblende scharf sind (Abb. 46, 2. Bild von oben). Dann verstellt man den Kondensor über die beiden Stellschrauben seiner Zentrierfassung, bis die Scheibe der Leuchtfeldblende genau zentrisch liegt (Abb. 46, 3. Bild von oben).

Weisen die Ränder des Leuchtfeldblendenbilds aber starke, einander gegenüberliegende, einerseits rote, andererseits blaue Farbsäume auf, was bei getrennter Mikroskopierlampe leicht der Fall sein kann, so liegt irgendwo noch eine störend starke Exzentrizität im Strahlengang vor, die beseitigt werden muss. Man wiederholt die Einstellprozedur mehrmals, und verfeinert die Einstellung dabei. Lassen sich diese Farbsäume nicht beseitigen, können sie auch durch eine mangelnde Farbkorrektur der beleuchtenden Linsen bedingt sein. Speziell manche älteren Kondensoren waren nicht achromatisch korrigiert.

4. Einstellen der Leuchtfeldblende

Die Leuchtfeldblende wird nun weiter geöffnet, bis sich ihre Ränder der Sehfeldbegrenzung weiter nähern (Abb. 46, 4. Bild von oben). Gegebenenfalls kann man nun noch feine Nachjustierungen vornehmen. Wenn man Mikrofotos anfertigt, bei denen nur der mittlere Anteil des Sehfelds aufgenommen wird, die Bildecken des Fotos also nicht den Rand des Sehfelds erreichen, kann man die Leuchtfeldblende auch so weit geschlossen lassen, dass nur die fotografierte Objektfläche freigegeben wird. Ansonsten wird die Leuchtfeldblende weiter geöffnet, bis sie gerade aus dem Gesichtsfeld verschwindet (Abb. 46, un-

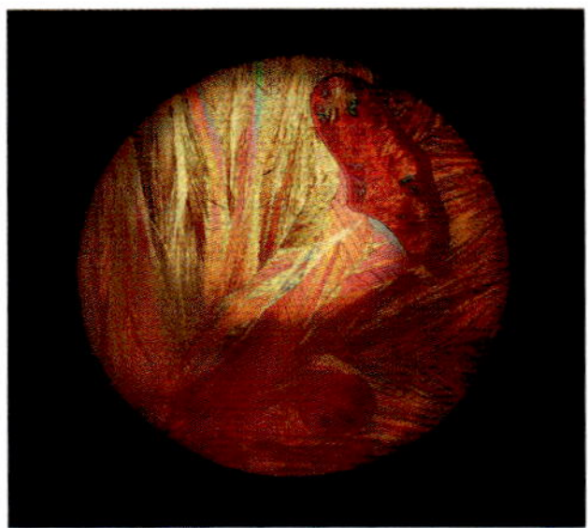

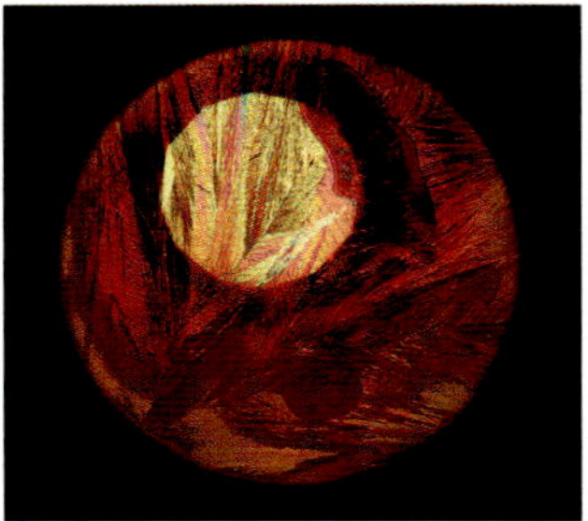

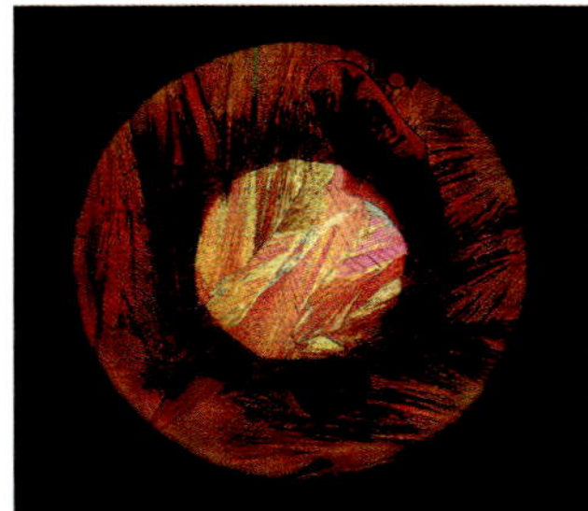

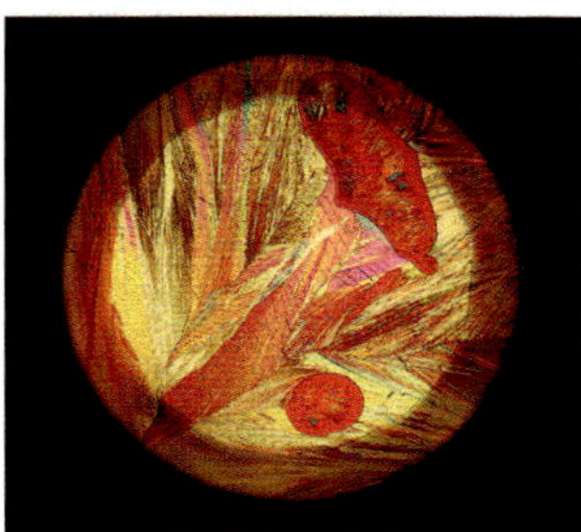

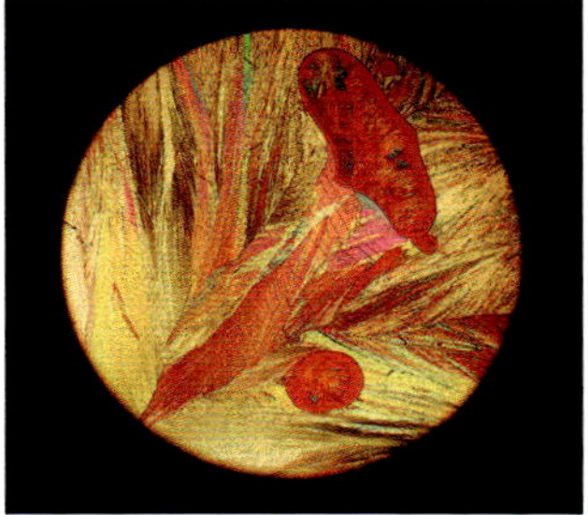

Abb. 46. Zentrieren des Kondensors. Von oben nach unten: Leuchtfeldblende exzentrisch und unscharf abgebildet. Leuchtfeldblende exzentrisch und scharf abgebildet. Leuchtfeldblende zentriert. Leuchtfeldblende weiter geöffnet. Nach Öffnen der Leuchtfeldblende ist das Präparat vollständig und gleichmäßig ausgeleuchtet.

ten). Damit ist die Justierarbeit beendet. Man kann somit durch Einstellung der Leuchtfeldblende alle Lichtanteile aus dem Beleuchtungskegel nehmen, die außerhalb des Gesichtsfelds liegen. Sie können damit auch kein Streulicht mehr erzeugen, und der Bildkontrast wird somit – je nach Beleuchtungsart und Vergrößerung – mitunter verblüffend stark verbessert. Das ist einer der beiden Grundtricks der Köhler-Beleuchtung.

5. Einstellen der Aperturblende

Die Aperturblende des Kondensors wird schließlich ein wenig geschlossen und zwar etwa so weit, dass 2/3 des Objektiv-Hinterlinsendurchmessers sichtbar bleiben. Dies lässt sich, wie erwähnt, bei herausgezogenem Okular leicht kontrollieren (vgl. Abb. 42). Damit wäre die Beleuchtung vollständig eingestellt.

Durch leichtes Heben und Senken, Auf- und Abblenden des Kondensors (wobei die oben genannten Grenzen berücksichtigt werden sollten) kann der Mikroskopiker nun den Bildkontrast noch ein wenig nach seinen speziellen Wünschen variieren. Will man wirklich optimale Beleuchtung, so sind die Prozeduren 3 – 5 bei jedem Objektivwechsel (Drehen am Revolver) zu wiederholen. Ganz besonders wichtig ist das bei Dunkelfeld- und Phasenkontrasteinstellungen, über die weiter unten zu sprechen sein wird. Freilich wird man Punkt 1 nach sorgfältiger Justierung für einige Zeit vergessen können.

Die richtige Höheneinstellung des Kondensors

Gerade weil man den Kondensor so leicht verstellen kann und weil sich die Bildeindrücke dabei so stark ändern, hält ihn der weniger geübte Mikroskopiker für das geeignete Mittel zur Helligkeits- und Kontrasteinstellung.

Doch sollte man, wie angeführt, diese Möglichkeit nur feinfühlend und sparsam nutzen und den Kondensor im Allgemeinen in oder nahe der Stellung belassen, wie sie die Köhlersche Beleuchtung verlangt. In Zweifelsfällen sollte er stets so hoch wie möglich stehen. Nur wenn nahe dem oberen Anschlag Überstrahlungserscheinungen mit Bildverflauung auftreten oder wenn irgendwelche störenden Strukturen im Bildfeld erscheinen (z.B. Staub auf der unteren Kondensorlinse oder dem Staubschutzglas des Lichtaustritts), hebt oder senkt man den Kondensor so weit, dass diese Partikel nicht mehr abgebildet werden

Beleuchtungsarten

Es gibt mehrere Arten, sein Objekt zu beleuchten. Die klassische ist die Durchlicht-Hellfeld-Beleuchtung, die man aber variieren kann. Hier wird das Objekt folgerichtig auf hellem Untergrund durchleuchtend dargestellt, wobei der Bildkontrast seitens des Objekts von dessen optischer Dichte bestimmt wird.

Durchlicht-Hellfeld

Das ist die Beleuchtungsart, die wir bisher besprochen haben, und die am saubersten mit der Köhlerschen Beleuchtungsmethode einzustellen ist.

Durchlicht-Schrägbeleuchtung

Bei einem Abbeschen Beleuchtungssystem, wie es bessere ältere Mikroskopstative besitzen, kann man Schräglicht auf folgende Weise erzeugen: Mit Zahn und Trieb wird die Irisblende des Kondensors dezentriert, das heißt seitlich aus der optischen Achse des Mikroskops herausgeschoben.

Den gleichen Effekt kann man aber auch auf folgende, höchst einfache Weise erreichen: Aus einem schwarzen Papierstreifen schneidet oder stanzt man Löcher im Durchmesser zwischen etwa 0,5 bis 1,5 cm aus. Auf den Filterträger unter den Kondensor mit völlig geöffneter Aperturblende gelegt, lässt sich diese Lochblende sehr leicht in jede gewünschte Stellung bringen. Man versuche zuerst leichtere und stärkere Exzentrizitäten in eine bestimmte Richtung (zum Beispiel Auslenkung nach vorne oder hinten) mit mehreren Blendendurchmessern, bis sich ein ansprechender Bildeindruck eingestellt hat. Dann verändere man die Richtung der Exzentrizität weiter (Auslenkung nach links, rechts oder schräg). Dabei beobachte man die Änderung des pseudoräumlichen Eindrucks. Steht ein Universalkondensor für Phasenkontrast und Dunkelfeld mit verschiedenen Ringblenden zur Verfügung, können auch dessen Ringblenden zur Erzeugung von Durchlicht-Schrägbeleuchtung in Kombination mit einem Hellfeld-Objektiv (ohne Phasenring!) verwendet werden. Wenn ein Lichtring von geeigneter Größe zentriert ist, ergibt sich eine konzentrische Schrägbeleuchtung aus allen Raumrichtungen (COL, weitere Erläuterungen: siehe unten), wenn man den Lichtring durch Drehen der Revolverscheibe dezentriert, entsteht eine zunehmende Schrägbeleuchtung aus einer Richtung.

Das Präparat wird nun bei allen Varianten im Hellfeld schräg, also streifend beleuchtet, und in diesem Schräglicht sieht

Abb. 47. Kieselalgen-Legepräparat, Objektiv 40x, Hellfeld (oben), streifende Schrägbeleuchtung (unten). Präparat: Eberhard Raap, Sangerhausen.

man unter Umständen Einzelheiten, die bei direktem Durchlicht schlecht sichtbar wären, z.B. feine Borsten eines Plankters, aber auch feine Oberflächentexturen von Kieselalgen und anderen Mikroskeletten oder Fischschuppen. Der bildmäßige Eindruck kann jedenfalls sehr hübsch sein, und man kann damit Mikrofotos mehr Aussage geben.

Fallbeispiel (Abb. 47): Kieselalgen (Diatomeen) wirken im normalen Hellfeld relativ flach und kontrastschwach, im modifizierten Hellfeld mit streifender Schrägbeleuchtung aber plastischer und kontrastreicher.

„Circular Oblique Lighting" (COL) und variabler Hell-Dunkelfeld-Kontrast (VHDK)

Eine weitere Schrägbeleuchtungsvariante stellt das vorerwähnte konzentrische Schräglicht dar, welches im Englischen als „Circular oblique lighting" (COL) bezeichnet wird. Hier befindet sich ein Lichtring im Kondensor (analog zu einem Beleuchtungsring für Phasenkontrast), dessen Durchmesser so bemessen ist, dass sämtliches Ringlicht die äußeren Anteile des Objektivquerschnitts durchläuft. Das Objekt wird folglich hellfeldartig beleuchtet, wobei die zentralen (mittleren) Anteile im Beleuchtungsstrahlengang abgeschattet bzw. ausgeblendet sind. Feine Dichteunterschiede und Oberflächentexturen können in dieser Beleuchtungsvariante klarer kontrastiert sein, und die laterale Auflösung liegt etwas höher als im konventionellen Hellfeld. Der Effekt ähnelt der in Abbildung 47 gezeigten Schrägbeleuchtung, mit dem Unterschied, dass das Beleuchtungslicht aus keiner bevorzugten Richtung einfällt. Wenn das Objektiv über eine Irisblende verfügt, kann es zusätzlich in feinen Stufen abgeblendet werden, sodass ein äußerer Teil des beleuchtenden Ringlichts nicht mehr in das Objektiv gelangt. Dies führt zu einer moderaten Abdunkelung des Untergrundes und bewirkt fließende Übergänge zu einem Dunkelfeld-Bild (Grenzdunkelfeld). Ähnliche Effekte können ggf. auch durch moderate Höhenverstellung des Kondensors erreicht werden; je tiefer oder höher der Kondensor gestellt wird, desto größer oder kleiner projiziert sich ein dort befindlicher Lichtring in den Strahlengang. Wenn man den beleuchtenden Lichtring mit Fingerspitzengefühl ein wenig dejustiert, entstehen zusätzliche

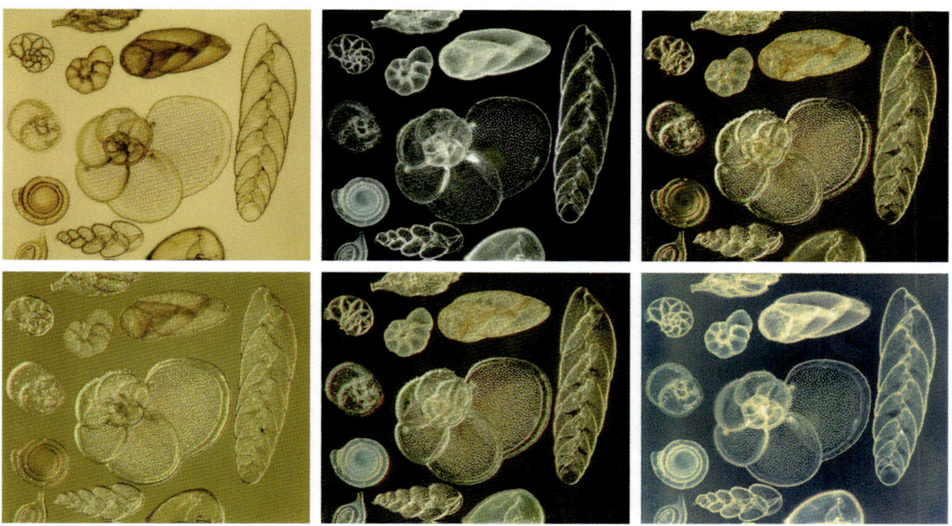

Abb. 48. Foraminiferen-Legepräparat, Objektiv 10x, Hellfeld (oben links), konventionelles Dunkelfeld (oben Mitte), Grenzdunkelfeld (oben rechts), digitale Überlagerungen von Hellfeld und Grenzdunkelfeld (unten links) sowie normalem Dunkelfeld und Grenzdunkelfeld (unten Mitte), invertiertes Hellfeld (unten rechts).

Seitenbetonungen der Schrägbeleuchtung, wird also das zuvor konzentrisch einfallende Schräglicht zunehmend aus nur einer Richtung einstrahlen. Abbildung 48 zeigt ein Beispiel verschiedener Einstellungsvarianten anhand eines Legepräparats von Kammerlingen (Foraminiferen). Mittels geeigneter Software zur Bildüberlagerung, speziell auch HDR-Software wie Photomatix Pro, können bei Bedarf digitale Überlagerungsbilder von Einzelfotos erstellt werden, die in unterschiedlichen Beleuchtungsvarianten aufgenommen wurden. Auf diese Weise können einander ergänzende Bildinformationen in einer Bildansicht vereinigt werden. Zusätzlich hat bei dem hier gezeigten Objekt auch eine Invertierung des Hellfeld-Bilds zu einem verblüffend aussagekräftigen „digitalen Dunkelfeld" geführt.

Eine Weiterentwicklung des COL stellt der „Variable Hell-Dunkelfeld-Kontrast" (VHDK) dar, bei welchem ein besonders breiter Lichtring so weitgehend in seiner Projektionsgröße veränderbar ist, dass kontinuierliche Übergänge zwischen reiner konzentrischer Hell- und Dunkelfeld-Beleuchtung realisierbar sind. Hierdurch können optimale Anpassungen an die Objekteigenschaften realisiert werden (Beispiele in Abb. 49 und 50).

Bei Objekten von sehr geringer optischer Dichte können im COL und VHDK auch Phasenkontrast-ähnliche Ansichten erzeugt werden. Abbildung 51 veranschaulicht dies am Beispiel einer Kieselalge, aufgenommen im VHDK.

Im Vergleich zu entsprechenden Standardansichten im Hell- bzw. Dunkelfeld ist ersichtlich, dass sowohl komplexe Oberflächentexturen bei plastischen Objekten als auch feine Innenstrukturen von geringer optischer Dichte in überlegener Deutlichkeit herausgearbeitet werden können.

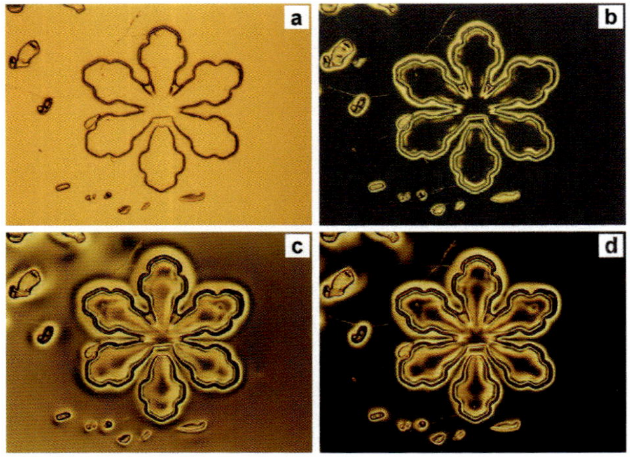

Abb. 49. Effekte des variablen Hell-Dunkelfeld-Kontrasts (VHDK). Schneekristall-Abdruck im Schnelleinschlussmittel Entellan, Objektiv 4×, Hellfeld (a), Standard-Dunkelfeld (b), VHDK mit relativer Dominanz von Hellfeld (c) und Dunkelfeld (d). Fotos: Timm Piper.

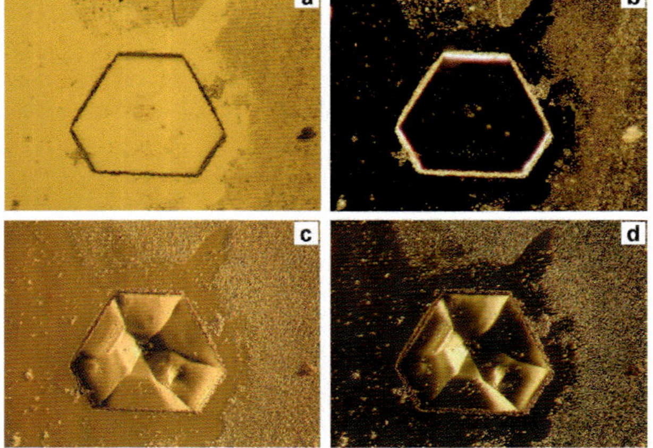

Abb. 50. Effekte des variablen Hell-Dunkelfeld-Kontrasts (VHDK). Alaun-Kristallisation, Objektiv 10x, Hellfeld (a), Standard-Dunkelfeld (b), VHDK mit relativer Dominanz von Hellfeld (c) und Dunkelfeld (d). Fotos: Timm Piper.

Durchlicht-Dunkelfeld

Im Selbstbau kann ein Hellfeld-Kondensor für schwache bis mittlere Objektivvergrößerungen wie folgt umgerüstet werden: Kondensorblende und Leuchtfeldblende werden ganz geöffnet. Dann wird in die Filterfassung des Kondensors ein ungefärbtes Glasplättchen oder ein entsprechendes, mit der Laubsäge ausgesägtes dünnes Plexiglasplättchen eingelegt, auf das vorher genau konzentrisch eine Kreisfläche aus dunklem Papier (auf Heftumschlag mit Zirkel vorzeichnen und mit der gebogenen Nagelschere ausschneiden) aufgeklebt worden ist. Am besten richtet man sich drei bis vier solche Scheiben vor, bei denen die zentrale, schwarze Kreisfläche im Durchmesser etwa halb so groß wie das gesamte Plättchen ist und dann kleiner wird. Eine dieser Kombinationen wird die richtige sein. Man hebt und senkt den Kondensor so weit, bis die Objekte hell glänzend auf knallig dunklem Grund erscheinen. Besonders Präparate von Diatomeen und Radiolarien, aber auch Rädertiere, Ciliaten und andere Objekte von geringer Dichte kann man so mit Vorteil beobachten

Abb. 51. Kieselalge (*Navicula* sp.). Oben zu sehen: Hellfeld; unten: phasenkontrastähnliche Ansicht im VHDK. Fotos: Timm Piper.

und aufnehmen. Zusätzlich kommen vorhandene Eigenfarben von Objekten besonders zur Geltung.

Abbildung 52 erläutert den Strahlengang, wie man ihn im Selbstbau mit einer passend dimensionierten schwarzen Pappscheibe erzeugen kann, die sich unter einem Hellfeld-Kondensor befestigen lässt. Die Numerische Apertur des Kondensors muss viel größer sein als die des Objektivs: Kondensorblende ganz öffnen! Die nach zentraler Abblendung übrigbleibenden „Randstrahlen" beleuchten nun zwar das Objekt hell, gelangen aber nicht direkt ins Objektiv. Die Zentralstrahlen wiederum sind ja ausgeblendet, und deshalb erscheint der Untergrund schwarz. Dies sieht oft nicht nur sehr ansprechend aus, sondern kann in Sonderfällen tatsächlich mehr Information geben. So erscheinen zarte, häutige Strukturen oder Schleimhüllen (beispielsweise bei Blau- oder Kieselalgen) oft überhaupt erst im Dunkelfeld. Auch ungefärbte Bakterien, die im Hellfeld unsichtbar sind, werden im Dunkelfeld klar erkennbar. So einfach die Beleuchtung ist: Sie bedarf einigen Herumprobierens.

<ins>Fallbeispiel (Abb. 53):</ins> Eine Zuckmücke (Chironiomidae) erscheint im Dunkelfeld knalliger als im Hellfeld; man erkennt mehr die natürlichen Farben und feinen Details, z.B. im Bereich der Behaarung und Flügelkonturen.

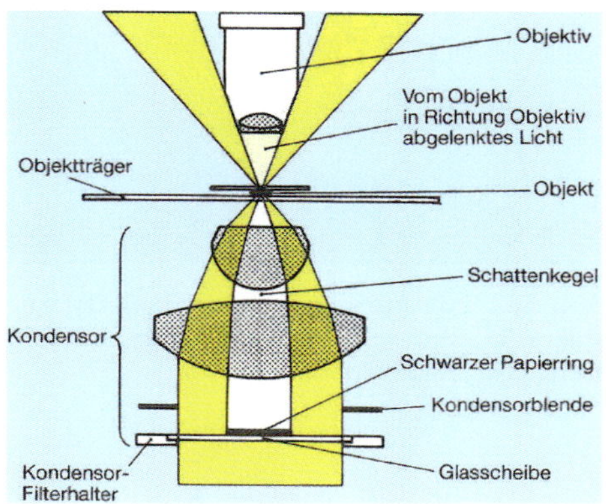

Abb. 52. Strahlengang bei einer Durchlicht-Dunkelfeldbeleuchtung, erzeugt im Selbstbau mit einer schwarzen Pappscheibe unter einem Hellfeldkondensor.

Es gibt auch kommerzielle Dunkelfeld-Kondensoren, Trockenkondensoren und Immersionskondensoren. Trocken-Dunkelfeld-Kondensoren werden von einigen Herstellern in mehreren Varianten angeboten, mit niederer und höherer Numerischer Apertur. Die ersteren kann man sich im Allgemeinen sparen, da man bis zu Objektivvergrößerungen von 20× recht gut mit der Papierscheibchenmethode improvisieren kann. Für höhere Vergrößerungen, etwa 40× oder 60×, braucht man dann doch einen Dunkelfeld-Kondensor von höherer numerischer Apertur. Der Strah-

Abb. 53. Zuckmücke (Chironiomidae), Objektiv Plan 2,5×, Okular 5×, oben im Hellfeld, unten im Dunkelfeld aufgenommen.

lengang verläuft zwischen einer kleinen, außen verspiegelten Kugelfläche und einer großen, innen verspiegelten Kugelfläche (Abb. 54). Auch ein solcher Spiegelkondensor ist nur für Objektive zu gebrauchen, deren numerische Apertur deutlich niedriger liegt als die Kondensorapertur. So können mit einem Dunkelfeld-Kondensor der Apertur 0,9 in der Regel Objektive bis zu einer Apertur von etwa 0,65 eingesetzt werden. Bei höheren Objektivaperturen kommt es zu störenden Aufhellungen und Überstrahlungen im Randbereich des Sehfelds.

Etwas Spezielles ist der Stufenspiegelkondensor. Er ist in der Legende zur Abbildung 55 kurz charakterisiert.

Neben den erwähnten Trockenkondensoren gibt es auch spezielle Immersions-Dunkelfeld-Kondensoren, deren Frontlinse mit Immersionsöl zu versehen ist, sodass der Raum zwischen Kondensorfront und Objektträgerunterseite von Immersionsöl ausgefüllt wird. Die Apertur solcher Kondensoren liegt bei 1,2 bis 1,4, sodass Objektive bis zur numerischen Apertur von etwa 0,9 oder 1,0 eingesetzt werden können. Vorteilhaft sind für solche Anwendungen Ölimmersions-Objektive mit eingebauter Irisblende, sodass sich, wie bei einem Foto-Objektiv geläufig, durch Verstellen der Irisblende die Apertur stufenlos nach unten regulieren lässt, bis sich ein sauberes und überstrahlungsfreies Dunkelfeldbild ergibt. Für die meisten hobbymäßigen Anwendungen wird aber ein Trocken-Dunkelfeld-Kondensor, kombiniert mit mittleren Objektiven im Aperturbereich von etwa 0,65 hinreichend sein, zumal die Handhabung der erwähnten Immersionssysteme diffizil und relativ umständlich ist.

Neben speziellen Dunkelfeld-Kondensoren bieten die maßgeblichen Hersteller auch sogenannte „Universalkondensoren" an, bei denen durch Verstellen einer Ringblendenscheibe zwischen Hellfeld- und Dunkelfeldbeleuchtung rasch gewechselt werden kann, ohne dass der Kondensor ausgewechselt werden muss. Zusätzlich erlauben solche Kondensoren auch die Realisierung von Phasenkontrastbeleuchtung, auf die an späterer Stelle näher eingegangen wird.

Zwei weitere Beleuchtungsbeispiele für Dunkelfeld zeigen die Abbildungen 56 und 57. Die hier präsentierten Objekte zeigten sehr rasche Bewegungen, sodass sie nur mit einem Elektronenblitz fotografiert werden konnten.

Zentrales bzw. axiales Dunkelfeld (Zentralabschattung)

Bei dieser Dunkelfeldvariante werden durch einen Lichtstopper im Objektiv oder hinter dem Objektiv zentrale Strahlen abgedeckt. Es kann sich hierbei um kreisför-

Abb. 54. Strahlengang in einem Dunkelfeldkondensor (Zeiss). Beachte die Lichtreflexion an zwei verspiegelten Flächen.

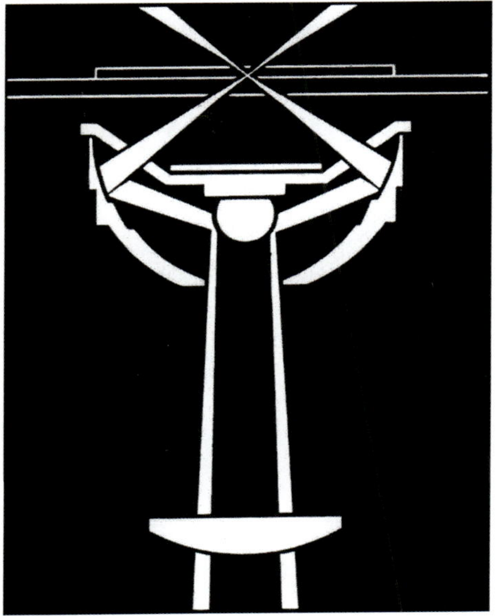

Abb. 55. Strahlengang im Stufenspiegelkondensor der Firma Hund (vormals Will). Der große Innenspiegel ist getreppt ausgeformt. Deshalb reflektiert – je nach Höheneinstellung – jeweils ein anderer Sektor das Lichtbündel auf das Objekt.

Abb. 56. Salzkrebschen (*Artemia franciscana*), Objektiv 10×, Dunkelfeld, Mikroblitz. Foto: Timm Piper.

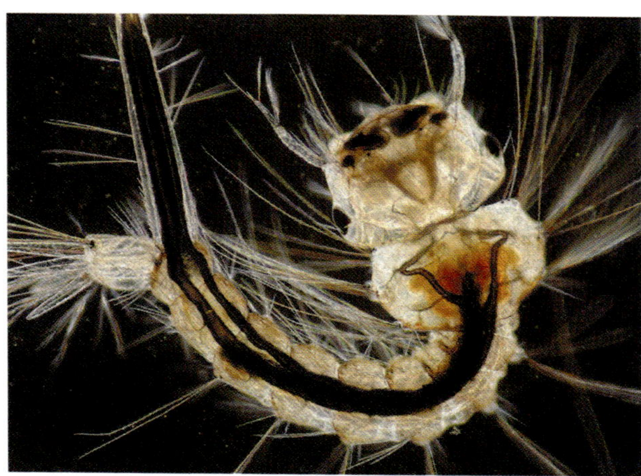

Abb. 57. Bild einer Mückenlarve (*Culex* sp.), Objektiv 4×, Dunkelfeld, Mikroblitz. Foto: Timm Piper.

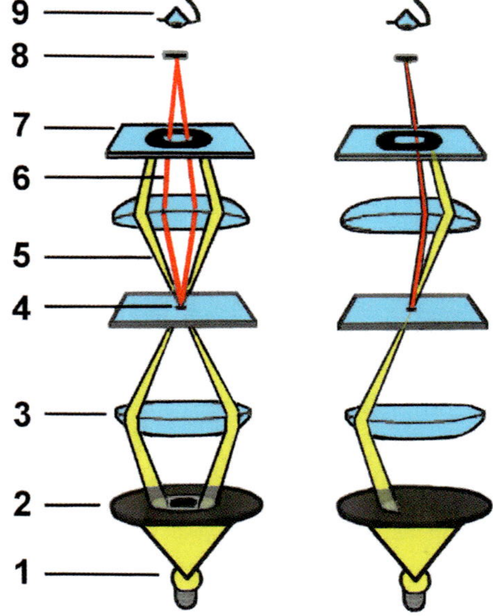

Abb. 58. Prinzipskizze des zentralen Dunkelfelds, ausgeführt mit ringförmigem Lichtstopper und Linsenobjektiv (Okular nicht eingezeichnet). 1 = Lichtquelle, 2 = ringförmige Lichtmaske im Kondensor, 3 = Kondensor, 4 = Objekt, 5 = beleuchtende Strahlen, 6 = abbildende Strahlen, 7 = ringförmiger Lichtstopper auf planparalleler Platte, 8 = Zwischenbild, 9 = Auge.

mige Lichtstopper handeln, die mittig im Verlauf der optischen Achse in den Strahlengang eingelassen werden, oder auch um ringförmige Lichtstopper, die hinsichtlich ihrer Auslegung und Positionierung einem Phasenring entsprechen –, mit dem einzigen Unterschied, dass der Dunkelfeldring kein Licht passieren lässt.

Wiederum in Analogie zum Phasenkontrast muss der Kondensor mit einer punkt- oder ringförmigen Lichtmaske bestückt werden, welche in Projektion auf den Lichtstopper vollständig von diesem abgedeckt wird. Abbildung 58 zeigt Prinzipskizzen des Strahlenganges am Beispiel eines ringförmigen Lichtstoppers. Wenn das gesamte ringförmige Beleuchtungslicht konzentrisch durch das Objekt verläuft und von dem hiermit optisch kongruenten Lichtstopper abgedeckt wird, ergibt sich eine konzentrische zentrale Dunkelfeldbeleuchtung (Bild links). Alternativ kann aber auch ein Teil des Lichtringes abgedeckt werden, sodass nur ein sektoral begrenztes Lichtbündel aus einer Richtung zum Objekt verläuft, welches nach dem Objektdurchgang von dem Lichtstopper blockiert wird (Bild rechts); dies führt zu einer Schrägbeleuchtung im zentralen

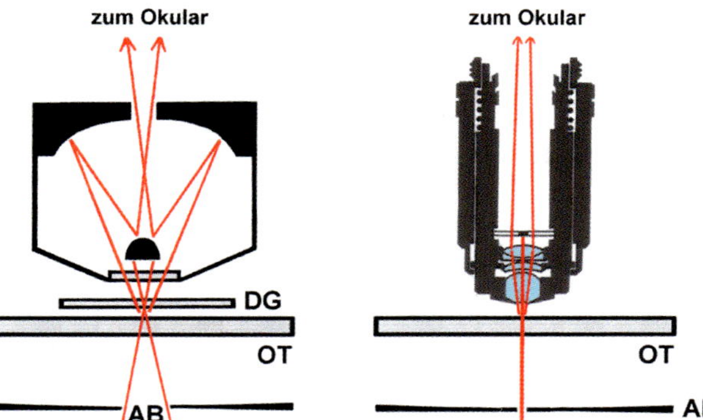

Abb. 59. Prinzipskizzen des axialen Dunkelfelds, ausgeführt mit einem Spiegelobjektiv (links) bzw. einem Linsenobjektiv mit integriertem zentrischem Lichtstopper (rechts). AB = Aperturblende, OT = Objektträger, DG = Deckglas.

Dunkelfeld. Spiegelobjektive sind konstruktiv für dieses Verfahren prädestiniert, weil sie ohnehin einen zentrisch gelegenen kleinen Auffangspiegel enthalten, dessen matt schwarz lackierte Rückfläche als Lichtstopper fungieren kann (Abb. 59, linkes Bild). In Linsenobjektive kann bedarfsweise ein entsprechender Lichtstopper eingefügt werden, vorzugsweise in der hinteren Objektivbrennebene (Abb. 59, rechtes Bild); dieser ist dann aber prinzipiell ein optischer Fremdkörper, weil das Linsenobjektiv nicht hierfür konstruiert wurde. Hierin begründet sich in Bezug auf zentrales Dunkelfeld ein grundsätzlicher technischer Nachteil von Linsenobjektiven im Vergleich zu einem Spiegelobjektiv. Mittig platzierte scheibenförmige Lichtstopper haben den Vorteil, dass man mit jedem Hellfeldkondensor ohne weitere kondensorseitigen Umbauten axiales Dunkelfeld erzeugen kann. Man muss nur die Aperturblende des Kondensors so weit schließen, dass sämtliche Anteile des schmalen, nahe der optischen Achse verlaufenden Beleuchtungslichts von dem Lichtstopper abgedeckt werden. Durch feinfühliges weiteres Öffnen der Aperturblende können im Randbereich des Lichtstoppers schmale Außenanteile des Beleuchtungslichts am Lichtstopper vorbeigehen, sodass dem Dunkelfeld-Bild eine Hellfeldkomponente beigemischt wird. Durch einseitiges Abdecken des Beleuchtungslichts kann zudem bei allen Ausführungsvarianten eine Schrägbeleuchtung erzeugt werden. Es ergeben sich folgerichtig variabel ausführbare Beleuchtungen im axialen Strahlengang. Da die Objekte hier wie Selbstleuchter in überlegener Auflösung, Tiefenschärfe und maximiertem Kontrast hell aufleuchten, hat JP diese Methoden zusammenfassend mit der Bezeichnung „Luminanzkontrast" belegt; weiteres hierzu findet sich im Internet unter **www.luminanzkontrast.de**.

Die Abbildungen 60, 61 und 62 demonstrieren das Potenzial der Methode anhand mehrerer Beispiele.

Von der pyramidenförmigen Kristallisation in Abbildung 60 wird im konventionellen Hell- und Dunkelfeld jeweils nur der Grundriss erfasst; die schräg zur Spitze hin verlaufenden Seitenkanten und Seitenwände sowie die Pyramidenspitze sind weitgehend unsichtbar. Erst im variabel ausgeführten axialen Strahlengang (Luminanzkontrast) offenbart sich die tatsächliche dreidimensionale Gestalt in deutlicher Weise.

Die mit zahlreichen Poren versehenen Foraminiferen in Abbildung 61 lassen nur im axialen Dunkelfeld, also bei lotrechter Beleuchtung und Zentralabschattung, die genaue Verteilung der Poren ersehen; im konventionellen Dunkelfeld bleiben dieje-

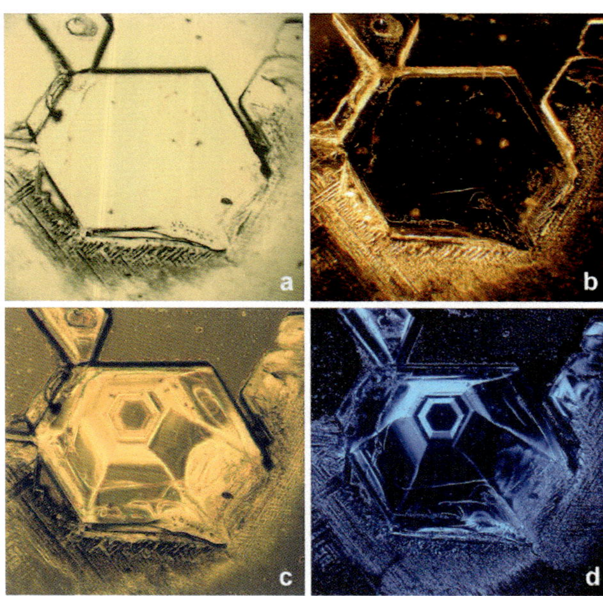

Abb. 60. Pyramidaler Alaunkristall, Spiegelobjektiv 16×, Hellfeld (a), Dunkelfeld (b), variable axiale Beleuchtung (Luminanzkontrast) mit relativer Dominanz von Hellfeld (c) und Dunkelfeld (d).

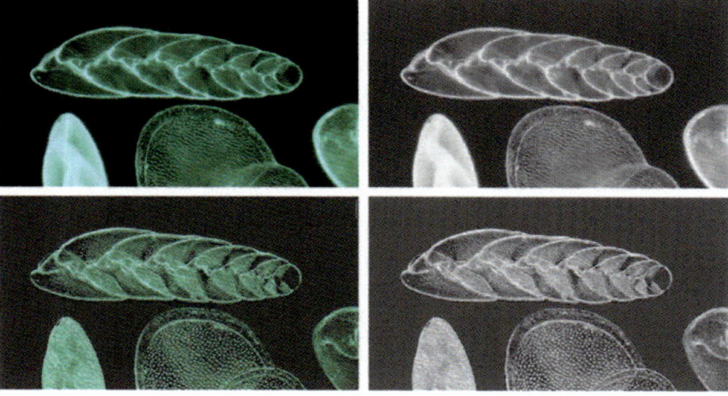

Abb. 61. Foraminiferen, Linsenobjektiv 10×, monochromatisches Licht (500 nm), konventionelles Dunkelfeld (oben), axiales Dunkelfeld, erzeugt mit Lichtstopper, eingeschoben oberhalb des Objektivs (unten), monochrome Farbbilder (links) Schwarz-Weiß-Konversionen (rechts). Fotos: Timm Piper.

nigen Feinstrukturen, die von dem schräg einfallenden Beleuchtungslicht nicht erfasst werden, unsichtbar.

Die exzellente Detailauflösung des mit Spiegelobjektiven ausgeführten axialen Dunkelfelds bzw. Luminanzkontrasts demonstriert Abbildung 62. Die kleinsten getrennt abgebildeten punkt- oder strichförmigen Aufhellungen in der Teilabbildung d sind etwa 0,2 µm groß, liegen somit im theoretisch berechenbaren Grenzbereich der üblichen lichtmikroskopisch erreichbaren Auflösung.

Zentrales Dunkelfeld kann, wie oben erwähnt, auch mit einer Hellfeldkomponente gemischt werden, wodurch das Beugungsmaximum der ersten Ordnung, welches bei reiner Dunkelfeldbeleuchtung ausgeblendet wird, zusätzlich zur Bildentstehung beiträgt. Hierfür muss der Querschnitt des beleuchtenden Strahlenbündels so bemessen werden, dass ein winziger Anteil des Beleuchtungslichts an dem dunkelfelderzeugenden Lichtstopper vorbeiläuft und dem bildgebenden Strahlengang hinzugefügt wird. Die Bildtafel von Abbildung 63

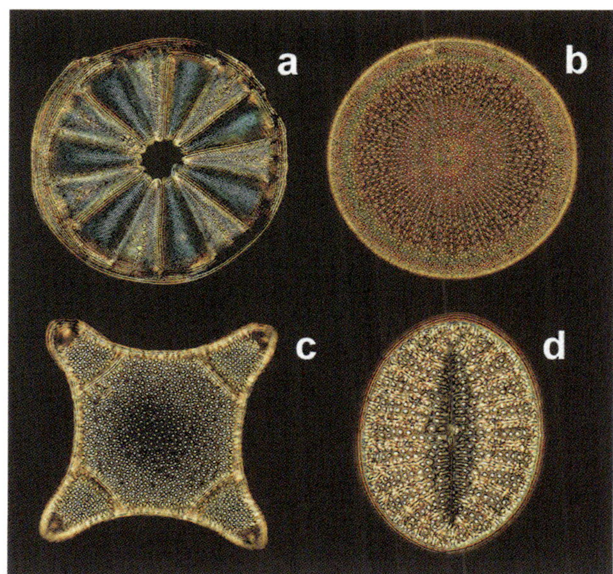

Abb. 62. Kieselalgenskelette in Legepräparat, Spiegelobjektiv 100×, axiales Dunkelfeld, digitales Arrangement von vier Objekten unterschiedlicher Größe (a: 0,11 mm, b und c: 0,10 mm, d: 0,05 mm).

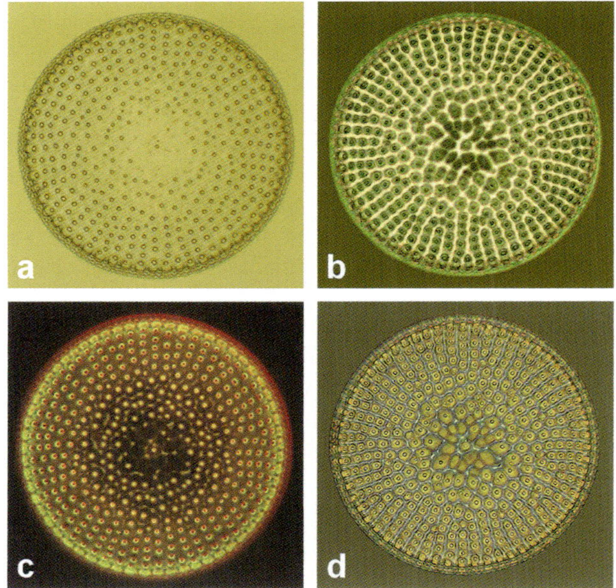

Abb. 63. Kieselalge im Hellfeld (a), Phasenkontrast (b), konventionellem Dunkelfeld (c) und zentralem Dunkelfeld (d), ausgeführt unter Beimischung einer Hellfeldkomponente von sehr geringer Intensität. Fotos: Timm Piper.

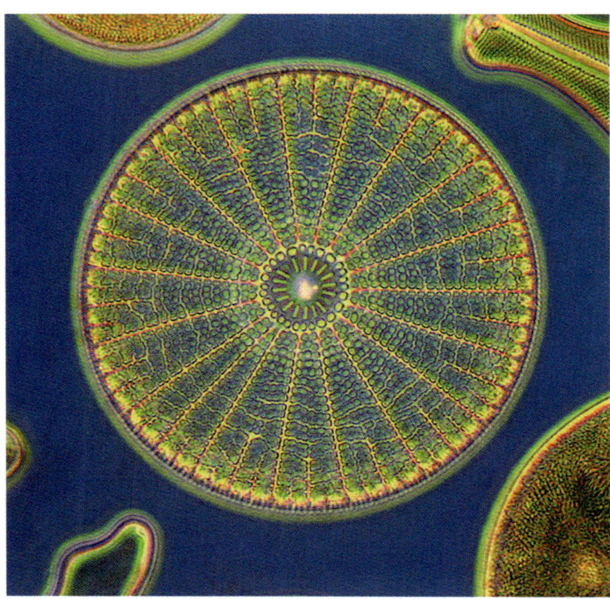

Abb. 64. Kieselalge im kombinierten zentralen Dunkelfeld, ausgeführt im grünen und roten Spektrum, und zusätzlichem Hellfeld, ausgeführt im blauen Spektrum. Fotos: Timm Piper.

demonstriert die erreichbaren Effekte. Es ist evident, dass die hier beschriebene Beleuchtungsvariante im Vergleich zu reinen Beleuchtungen im konventionellen Hell-, Dunkelfeld und Phasenkontrast zu einer überlegenden Detaildarstellung führt. Sehr gut aufgelöste Bilder ergeben sich auch, wenn das beleuchtende Lichtbündel auf Kondensorebene in seine Spektralfarben zerlegt wird, sodass ein mit Blaulicht erzeugtes Hellfeldbild mit einem zentralen Dunkelfeldbild kombiniert wird, welches auf den verbleibenden grünen und roten Spektralanteilen basiert (Abb. 64).

Auflicht

Undurchsichtige Objekte, etwa Mineralien, Gesteinsanschliffe, Metalloberflächen, dicke Chitinpanzer, Schneckenschalen, Rindenstücke, muss man im Auflicht betrachten. Aber auch die speziellen Oberflächentexturen von transparenten oder teiltransparenten Objekten können mitunter im Auflicht besser erkannt werden. Wie für fast jedes mikroskopische Spezialverfahren gibt es auch dafür hochspezialisierte (und teure) Einrichtungen zu kaufen, sogenannte „Auflicht-Illuminatoren“, bestehend aus einem speziellen Beleuchtungsapparat und speziellen Auflichtobjektiven, durch welche das beleuchtende Licht geführt wird. Beim Auflicht-Hellfeld verläuft das Beleuchtungslicht durch dieselben Linsen, welche auch das bildgebende Licht zum Okular weiterleiten. Geeignet ist dieses Verfahren daher nur für Objekte mit spiegelnden oder glatten, stark reflektierenden Oberflächen (Beispiele: Metallschliffe und bestimmte Kristalle). Ansonsten wesentlich ergiebiger ist das Auflicht-Dunkelfeld, bei welchem das Objekt von oben durch einen schräg einfallenden Lichtkranz homogen und allseitig beuchtet wird und auf dunklem Untergrund in seiner natürlichen Farbe hell aufleuchtet. Um dies zu erreichen, wird das Licht durch ein ringförmiges Beleuchtungssystem um die bildgebende Optik des

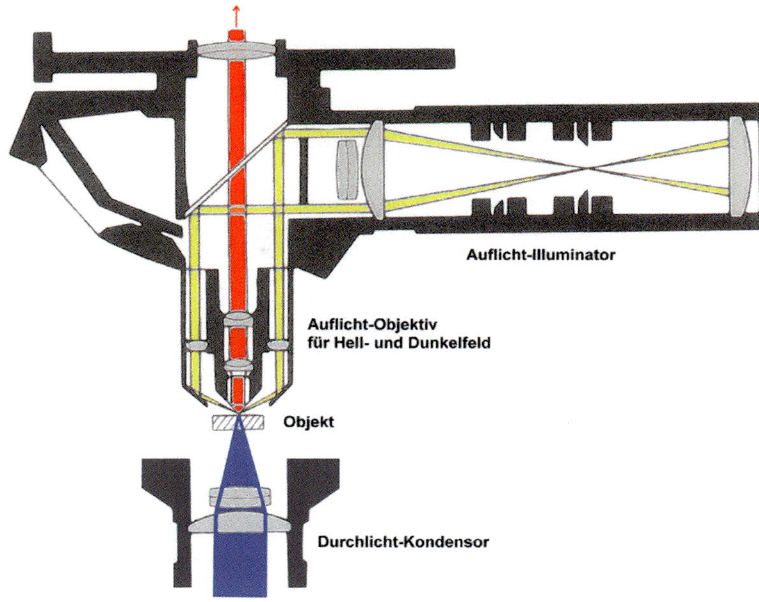

Abb. 65. Strahlengang in einem Auflicht-Illuminator mit HD-Objektiv zur Auflicht- Hell- und Dunkelfeldbeleuchtung, Darstellung des Dunkelfeldstrahlengangs im Auflicht. Beleuchtendes Auflicht in Gelb, zusätzlich beimischbares Durchlicht in Blau, bildgebende Strahlen in Rot (Abbildung modifiziert nach Werksskizzen von E. Leitz Wetzlar).

Objektivs herum geführt, sodass die beleuchtenden und die abbildenden Lichtanteile räumlich getrennt sind. Nach diesem Prinzip arbeiten zum Beispiel Halbleitermikroskope (Wafer-Mikroskope) mit sog HD-Objektiven (HD = Hell-Dunkelfeld). Wenn gleichzeitig auch Durchlicht realisiert werden kann, können Objekte auch im kombinierten Strahlengang betrachtet werden (Schema in Abb. 65). Auch das klassische Ultropak-System von Leitz erzeugt Auflicht-Dunkelfeld mit speziellen Objektiven (UO-Objektiven) nach dem hier gezeigten Prinzip. In Abbildung 65 wird das Objekt mittels eines speziellen Auflicht-Illuminators, ausgestattet mit einem halbdurchlässigen Teilerspiegel, allseitig beleuchtet (beleuchtende Auflichtstrahlen: gelb). Im Spezialobjektiv (HD-Objektiv) verläuft das Beleuchtungslicht ringförmig im äußeren Bereich und wird im Randbereich des Objektivs zum Objekt umgeleitet. Gleichzeitig erfolgt eine Durchlichtbeleuchtung (beleuchtende Durchlichtstrahlen: in Blau). Das bildgebende Licht (in Rot) verläuft durch den Illuminator und den Tubus geradlinig nach oben zum Okular (nicht eingezeichnet).

Bei schwachen bis mittleren Vergrößerungen und hinreichend großem Arbeitsabstand (= Distanz zwischen Objektivfrontlinse und Objekt), lässt sich eine Auflichtbeleuchtung aber auch leicht selbst einstellen. Statt von unten wie beim Durchlicht wird von seitlich oben beleuchtet. Recht gut geht das mit einer konventionellen Niedervoltlampe auf getrenntem Stativ (vgl. Abb. 39). Man erhält dann halt einseitige Beleuchtung mit starker Schattenwirkung. Wo das nicht erwünscht ist, kann man ein Stückchen Styropor, das man möglichst nahe an das Objekt legt, als Aufheller benutzen, oder mehrere

Abb. 66. Basaltisches Ergussgestein (Limburgit) aus dem Kaiserstuhl im Auflicht bei schwacher Vergrößerung, horizontale Feldweite: 15 mm.

Lichtquellen einsetzen, die das Objekt aus unterschiedlichen Richtungen beleuchten. Gut geeignet sind auch billige Mini-Taschenlampen mit einer hellen LED, die man ganz nahe ans Objekt bringen kann. Mit zwei bis drei solcher Lämpchen lassen sich gezielte Schattenwürfe oder Aufhellungen bewerkstelligen, und man kann auch mit unterschiedlichen Farbfiltern (Stücken farbiger Transparentfolien aus dem Bastelgeschäft) experimentieren. Alternativ kann man auch eine oder mehrere LED-Schreibtischlampen mit biegsamem Schwanenhals verwenden, welche für wenig Geld zu haben sind. Es ist darauf zu achten, dass die LED dem Tageslicht ähnliches Licht ausstrahlt.

Fallbeispiel: Die Bruchkante eines Stückchens Limburgit aus dem Kaiserstuhl mit den drusenartigen Einsprengseln kommt im Auflicht gut heraus. Fotografiert wurde mit einem schwach vergrößernden Objektiv (2,5×) und improvisierter Vorsatzblende zur Erhöhung der Schärfentiefe. Die Bildbreite liegt unter 10 mm (Abb. 66).

Speziell bei Objekten, die aus durchscheinenden und reflektierenden bzw. nicht transparenten Anteilen bestehen, kann es vorteilhaft sein, Auflicht und Durchlicht miteinander zu kombinieren. In diesem Fall werden die durchscheinenden Anteile im durchfallenden Licht und die reflektierenden Anteile im Auflicht gleichzeitig in einem Bild sichtbar (vgl. weiter unten: Mischlicht).

Reliefbeleuchtung

Wenn man Auflicht-Beleuchtung nur in einer Richtung ausführt, kann das Oberflächenrelief eines Objektes plastisch zur Darstellung kommen, wobei der Schattenwurf die Wirkung verstärkt. Ein Beispiel zeigt Abbildung 67. Durch den Neigungswinkel der Lichtquelle kann der Einfallwinkel des Beleuchtungslichts und hiermit das Ausmaß einer Schattenbildung variiert werden.

Wenn man zwei Lichtquellen gegenüberstellt und in unterschiedlichen Farben filtert, werden die jeweiligen Schatten farbig aufgehellt und die Oberflächentexturen des Objekts in Farbdoppelkontrasten akzentuiert; zusätzlich können mehrfache Farbfilterungen manche farblosen Objekte im Einzelfall ästhetisch aufwerten (was natürlich Geschmacksache ist); Beispiele in den Abbildungen 68, 69, 70, und 71.

Abb. 67. Seeigel-Skelett, Auflichtbeleuchtung im einseitig einfallenden Schräglicht, fotografiert mit dem Stereomikroskop von Abbildung 8.

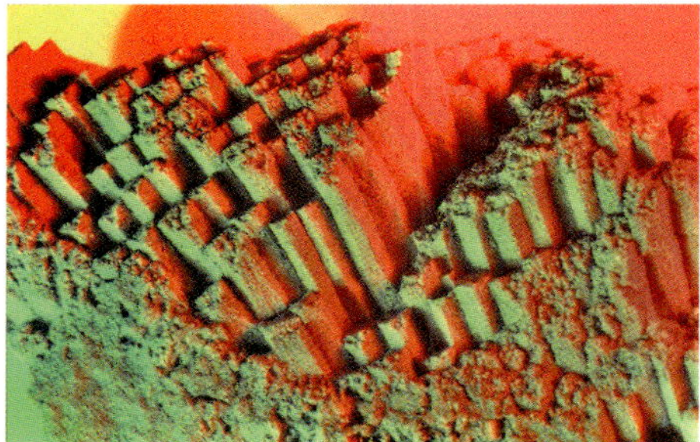

Abb. 68. Fossile Koralle (*Favosites basalticus*, Devon), deutlich erkennbare basaltähnliche Formationen, horizontale Feldweite: zirka 4 cm, komplementäre Auflicht-Schrägbeleuchtung im Rot- und Grünlicht, dosierte Beimischung von Gelborange-Licht (Einstrahlung von links oben).

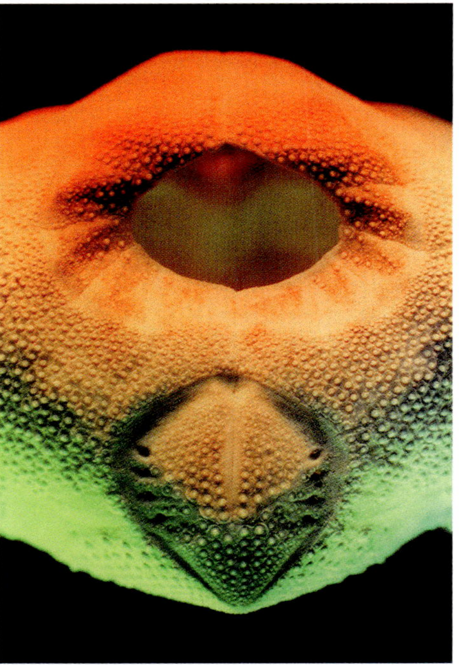

Abb. 69. Herzigel-Skelett, horizontale Feldweite: zirka 3 cm, sektorale Auflicht-Schrägbeleuchtung im Rot- und Grünlicht.

Mischlicht

Sehr gut wirkt bei geeigneten Vorlagen kombiniertes Auflicht und (farbiges) Durchlicht. Die Objekte stehen damit völlig schattenfrei gegen farbigen Hintergrund. Es können sich aber auch Erhebungen in einer Kontrastfarbe herausformen.

Fallbeispiel: Mit kombiniertem Auflicht und Durchlicht (Hellfeld) ergibt sich auch dann eine besonders einprägsame Darstellung, wenn das Gesichtsfeld völlig vom durchscheinenden Objekt bedeckt ist. Das Ende einer Ahornfrucht („Nasenzwicker") wurde bei schwacher mikroskopischer Vergrößerung (Olympus 1× Objektiv) im kombinierten blauen Durchlicht und roten, streifenden Auflicht fotografiert (Abb. 72). Damit ist die Spreite bläulich eingefärbt und die Adern werden im roten Licht deutlich hervorgehoben.

Fallbeispiel: Seifenblasenlösung wird auf einen Objektträger gebracht und mit einem feinen Rührstab solange gerührt, bis zahlreiche kleine Blasen entstanden sind, die sich nach Art eines Netzwerks zusammenfügen. Beleuchtet wird im ungefilter-

Abb. 70. Abgangsbereich dreier Seestern-Arme im Auflicht, horizontale Feldweite: 2 cm, komplementäres Rot- und Grünlicht, zarte Beimischung von Blaulicht (Einstrahlung von links oben).

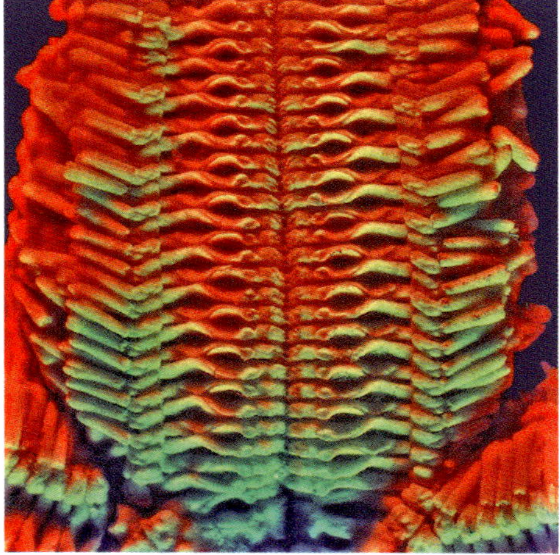

Abb. 71. Objekt und Equipment von Abbildung 70, Detailansicht, horizontale Feldweite: 1 cm, komplementäres Rot- und Grünlicht, zarte Beimischung von Blaulicht (Einstrahlung von rechts unten).

Abb. 72. Endteil einer Ahornfrucht („Nasenzwicker") im Mischlicht (blaues Durchlicht-Hellfeld plus rotes streifendes Auflicht). Umfeld digital geschwärzt, Lupenobjektiv 1×.

ten Auflicht, gegenkontrastiert im bläulich oder rötlich gefärbtem Hellfeld. Die Auflichtkomponente bewirkt zahlreiche feine Lichtreflexe in den Randbereichen der Seifenblasen (Abb. 73).

Bei bestimmten Objekten kann auch eine Kombination von Auflicht-Dunkelfeld mit Durchlicht-Dunkelfeld sinnvoll sein, speziell dann, wenn die beiden beleuchtenden Strahlenanteile in unterschiedlichen Farben gefiltert sind.

Abbildung 74 zeigt eine Alaun-Kristallisation, aufgenommen mit 10-fachem HD-Objektiv. Hier wurde das Auflicht-Dunkelfeld nicht gefiltert. Zusätzlich wurde aber das Objekt auch im Durchlicht-Dunkelfeld beleuchtet, wobei das durchfallende Licht monochromatisch grün oder blau gefiltert wurde. Speziell die vorhandenen zentralen kleinen Kristalleinschlüsse wurden vom durchfallenden Licht erfasst, sodass diese farbig hervorgehoben werden.

Spezielle Farbeffekte

Filter zur Beobachtung

Zur Optimierung der visuellen Beobachtung, aber auch zur Verbesserung von Mikrofotografien können unterschiedliche Filter eingesetzt werden. Diese sollen nur thematisch gestreift werden, weil ansonsten der Rahmen dieser einführenden Darstellung gesprengt würde.

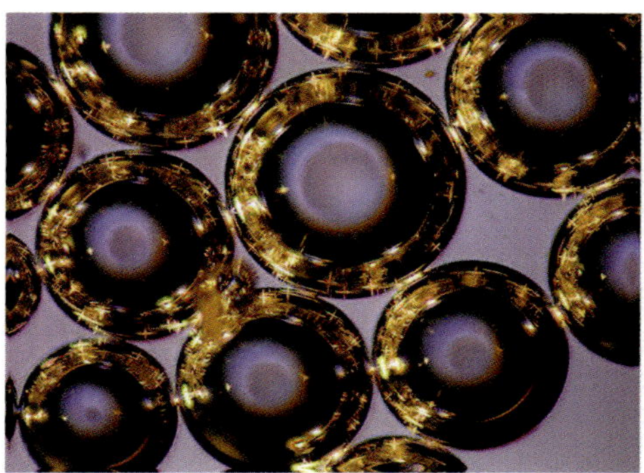

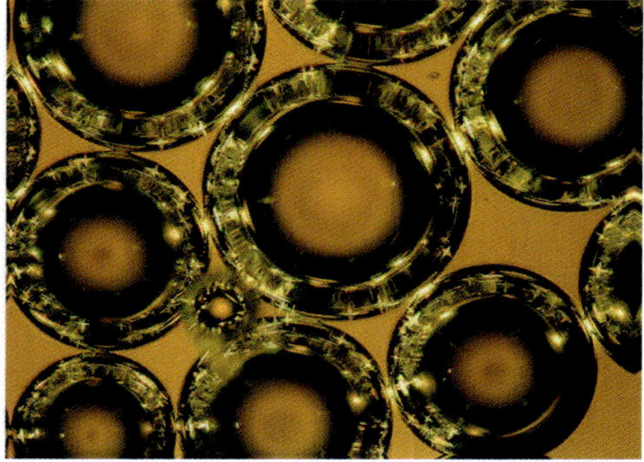

Abb. 73. Seifenblasen auf Objektträger, Objektiv 2,5×, Auflichtbeleuchtung mit externer Kaltlichtquelle, zusätzliche Durchlicht-Hellfeldbeleuchtung mit Blaulicht (links) und ungefiltertem Glühlampenlicht (rechts).

Abb. 74. Alaun-Kristall, HD-Objektiv 10x, Halbleitermikroskop (Leitz SM-Lux HL), Auflicht-Dunkelfeld im ungefilterten Weißlicht, zusätzlich Durchlicht-Dunkelfeld im monochromatisch gefilterten Grünlicht (links) bzw. Blaulicht (rechts).

Filter für Einsteiger und Basisanwendungen

Einige Vergleichsaufnahmen werden in Abbildung 75 präsentiert. **Tageslichtfilter**, z.B. CB 12 oder CB 16,5, sind Blaufilter, welche bei Kombination mit einer Glühlampenbeleuchtung den ansonsten vorhandenen relativen Rotstich abschwächen oder beseitigen. Im Hellfeld wirkt der Untergrund weißlicher, in Farbmikrofotos erscheinen die Farben natürlicher und differenzierter.

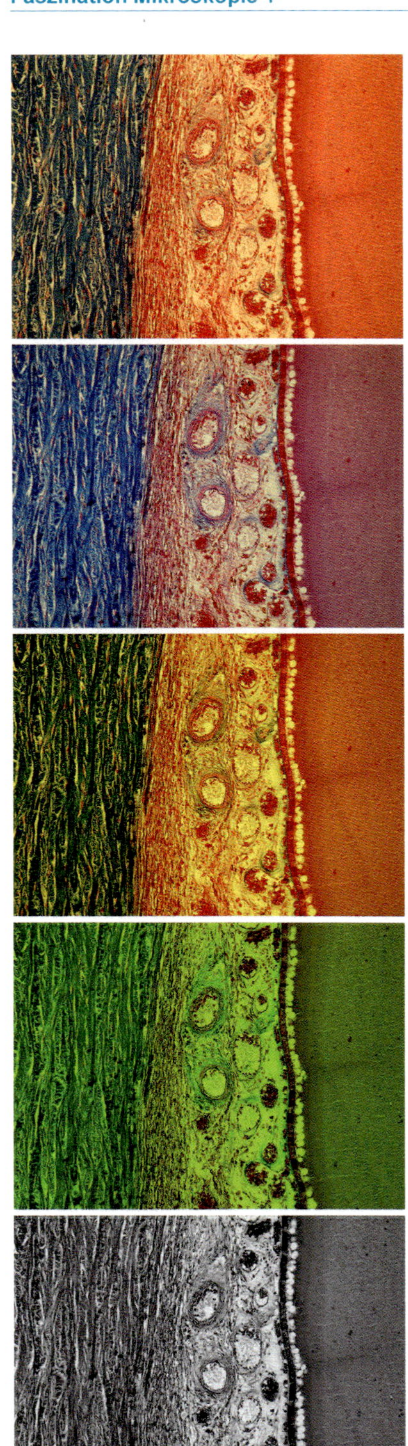

Gelbgrünfilter mildern den Rotstich einer Glühlampe ab, ohne die originalen Farben gänzlich zu beseitigen. **Strengere Grünfilter**, z.B. VG 9, wirken kontrasterhöhend, verleihen aber allen Farben einen Grünstich. Sie können sich unter anderem vorteilhaft auswirken, wenn sehr feine und relativ farblose Strukturen im Kontrast angehoben bzw. feine Tonwertdifferenzen herausgearbeitet werden sollen. Hierbei ist zu berücksichtigen, dass das menschliche Auge die meisten Tonwertdifferenzen im Grünlicht wahrnimmt und gängige, auch einfach konstruierte Mikroskop-Objektive für den grünen Wellenlängenbereich optimiert sind. Wenn es also nicht auf natürliche Farben ankommt, sondern auf feine Konturen, Strukturen und Tonwerte, kann ein Grünfilter hilfreich sein. Auch bei Schwarz-Weiß-Mikrofotos kann sich ein Grünfilter qualitätsverbessernd auswirken.

Diffusorfilter (Mattscheiben) können verwendet werden, um die Homogenität der beleuchtenden Lichtfläche zu steigern, also die gesamte Ausleuchtung gleichmäßiger zu gestalten. Speziell bei sehr schwachen Vergrößerungen kann ein Kondensor an seine Grenzen stoßen, das recht große Objektfeld gleichmäßig zu beleuchten, und auch, wenn man den Kondensor entfernt, können die äußeren Zonen des Sehfeldes abgedunkelt erscheinen. Diese Ungleichmäßigkeiten können durch Auflegen eines Diffusors abgemildert werden. Dieser wirkt wie eine Milchglasscheibe. Ein zurechtgeschnittenes Blatt dünnen weißen Schreibpapiers erfüllt diesen Zweck auch.

Abb. 75. Vergleichsaufnahmen zur Basisanwendung von Farbfiltern. Auge des Menschen, Objektiv 16×, Okular 5×, Hellfeld, Lederhaut (blau), Aderhaut rot, Spaltraum (violett). Von oben nach unten: Ungefiltertes Halogenlicht, „Tageslicht"-Blaufilter CB16,5, Gelbgrünfilter, Grünfilter VG 9 (Farbbild), Grünfilter VG 9 (Schwarz-Weiß-Bild).

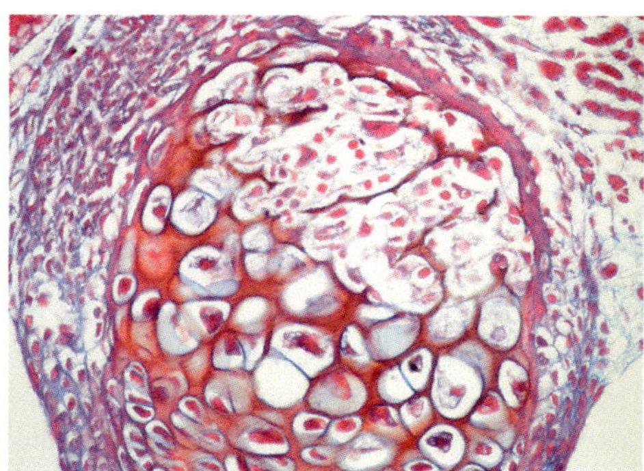
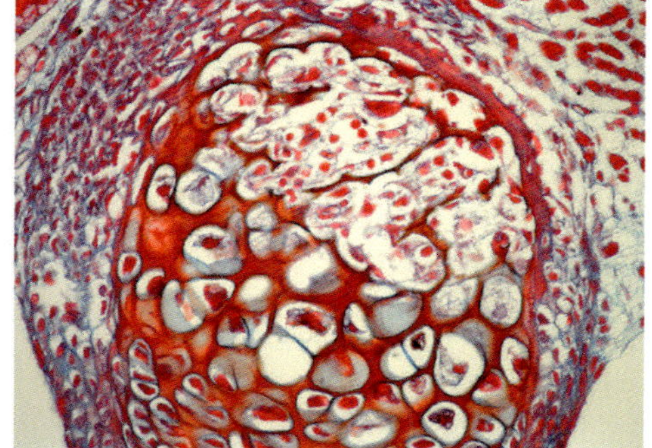

Abb. 76. Effekt der Farbbereinigung durch Blitzlicht-Filterung. Histologischer Routineschnitt, embryonaler Knorpel, Hellfeld, Blitzlicht, Planobjektiv 40/0,65, Okular 10×, ungefiltert (links), mit RGB-Verstärker (Baader-Contrast-Booster-Filter, rechts).

Filter für Fortgeschrittene bzw. Spezialanwendungen

RGB-Verstärker, z.B. die Kontrast-Booster-Filter und Semi-Apo-Filter von Baader-Planetarium, sind aufwendig gefertigte Interferenzfilter, welche die drei Grundfarben Rot, Grün und Blau selektiv verstärken und Zwischentöne herausfiltern. Gängige Farbfotos basieren auf diesen drei Grundfarben, welche den sog. RGB-Farbraum bilden. Auch Mikroskop-Objektive sind schwerpunktmäßig so korrigiert, dass diese drei Grundfarben möglichst fehlerfrei zum mikroskopischen Bild beitragen, sodass farbabhängige Abbildungsfehler (infolge der chromatischen Aberration) auf ein Minimum reduziert werden. Violett wird bei der optischen Berechnung weniger berücksichtigt, kann also Abbildungsfehler begünstigen. In eingeschränkterem Maß gilt dies auch für sonstige Farben außerhalb von Rot, Grün und Blau, also Orange, Gelb, Indigo bzw. Magenta. Indem RGB-Verstärker die drei Grundfarben des RGB-Farbraumes selektiv passieren lassen und sonstige Farben herausfiltern, kann eine Farbbereinigung, verbesserte Farbsättigung und qualitative Verbesserung des beobachtbaren und fotografierbaren Farbbilds erreicht werden. Auch einfach gerechnete Optiken können qualitativ aufgewertet werden. Wenn Mikrofotos mit Blitzlicht erstellt werden, beseitigen diese Filter den ansonsten entstehenden typischen Blaustich der Blitzlichtquelle. Anwendungsbeispiel in Abbildung 76.

Monochromatische Filter: Für spezielle Anwendungen (in der Regel außerhalb hobbymäßiger Aufgabenstellungen) kann das Beleuchtungslicht in einem sehr engen Wellenlängenbereich gefiltert werden, sodass das Objekt in einem extrem strengen Blau-, Grün- oder Rotlicht beleuchtet wird. Hierdurch können jegliche farbbedingten Restabbildungsfehler eines Objektivs ausgeschaltet werden, sodass Auflösung, Schärfe und Kontrast maximiert sind. Auch diese Filter sind meist als Interferenzfilter gefertigt. Beispielhaft sollen einige monochromatische Filter von Baader-Planetarium erwähnt werden, die bei astronomischen Fernrohrbeobachtungen gebräuchlich sind und erfolgreich für mikroskopische Anwendungen getestet werden konnten (Angabe der hindurch gelassenen Kenn-Wellenlänge in Nanometern): H-beta (blau, 480 nm), O-III (blaugrün, 500 nm), Solar Continuum (grün,

540 nm), H-alpha (rot, 656 nm). Ein Anwendungsbeispiel, welches den Zuwachs an Kontrast, Auflösung und Schärfe bei relativ kurzwelliger monochromatischer Beleuchtung erkennen lässt, wurde schon in Abbildung 44 gegeben.

Sperrfilter dienen dem Augenschutz, speziell bei Verwendung sehr heller Lichtquellen. UV- Sperrfilter blocken das schädliche UV-Licht, Infrarot-Sperrfilter wirken als Wärmeschutzfilter und blocken Anteile des Infrarotlichts. Der UV-IR-Cut-Filter von Baader-Planetarium blockt z.B. sehr effektiv den UV-Bereich und den kurzwelligen Infrarotbereich. Durch Kombination mit einem speziellen Infrarotblocker, z.B. Calflex B1/K1, der auch das langwellige Infrarot blockiert, kann der Augenschutz optimiert werden; denn langwelliges Infrarotlicht wärmt nicht nur, sondern es kann auch die Augen schädigen und Linsentrübungen verursachen.

Diese Hinweise sollen keinesfalls Grund zur Panik geben. Bei den üblichen Anwendungen, durchgeführt mit den üblichen Lichtquellen, geht vom Mikrokopieren keine Gefahr für das Auge aus. Hinzu kommt, dass alle Markenhersteller ihre Lampenhäuser mit den erforderlichen IR-Schutzfiltern ausstatten und dass UV-Licht von Standardglasoptiken weitgehend absorbiert wird. Daher kann man sich ja auch nur schwer einen Sonnenbrand holen, wenn man sich hinter einer Glasscheibe sonnt.

Optische Färbung des Objekts im Dunkelfeld

Wählt man bei der Dunkelfeld-Beleuchtung statt eines farblosen Glases gefärbtes Glas, also z.B. ein Rotfilter, auf das man das schwarze Papierscheibchen aufklebt, so erscheint das Objekt in der Filterfarbe, zum Beispiel Rot, auf tiefschwarzem Grund.

Man kann sich auch Farbfilter auf einfache Weise selbst basteln, wenn man ein Diarähmchen zur Hand nimmt und dieses anstelle eines Kleinbilddiapositivs mit entsprechend zurecht geschnittenen transparenten Farbfolien bestückt. Dieses Diarähmchen kann man anschließend einfach auf den Lichtdurchlass des Mikroskops legen. Gegebenenfalls kann man noch den Randbereich des Diarähmchens mit einem rund ausgeschnittenen schwarzen Papierscheibchen bedecken, um den Durchmesser des Beleuchtungslichts einzugrenzen.

Fallbeispiel (Abb. 77): Eine farblose Kristallisation (z.B. Alaun), erscheint im Dunkelfeld ggf. gleißend hell auf schwarzem Grund; der Hell-Dunkel-Kontrast ist maximal, das Auge bei der Beobachtung entsprechend gefordert, ebenso ein Kamerachip bei Anfertigung einer Fotografie. Im streng gefilterten Rotlicht (hier: monochromatischer H-alpha-Filter, 656 nm) können feine Konturen auf dunklem Untergrund ggf. besser und ermüdungsfreier erkannt werden, und in einer Mikroaufnahme sind die Hell-Dunkel-Kontraste abgeschwächt.

Farbhintergrund im Dunkelfeld

Geht man umgekehrt vor und ersetzt das schwarze Papierscheibchen beispielsweise durch ein sehr starkes, farbtiefes Blaufilter (mehrere Filterfolien schlierenfrei übereinander kleben!), so erscheint das Objekt hell auf tiefblauem Grund. Das ergibt einen besonders hydrobiologischen Eindruck, der auch einen gewissen Zauber ausstrahlt.

Fallbeispiel (Abb. 78): Eine Alaun-Kristallisation wurde im ungefilterten Halogenlicht im Dunkelfeld beleuchtet, zusätzlich wurde der Bilduntergrund mit blau gefiltertem Licht gegengefärbt.

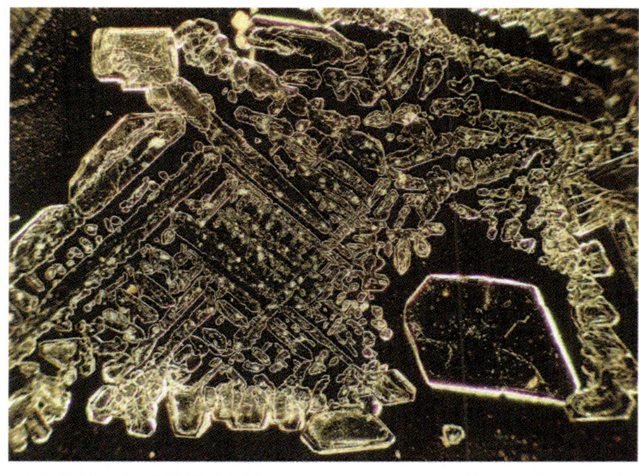

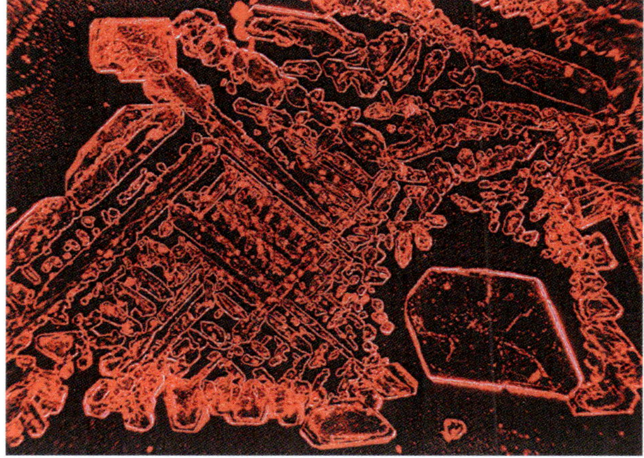

Abb. 77. Einfärben eines Objekts im Dunkelfeld. Hier: Farblose Kristallisation (Alaun), aufgenommen im ungefilterten Weißlicht (oben) und im monochromatischen Rotlicht (unten).

Fallbeispiel (Abb. 79): Lebende Wasserflöhe und andere aquatische Kleinlebewesen leuchten in blaugrundiger Dunkelfeld-Beleuchtung in ihrer Eigenfarbe auf.

Der Hell-Dunkel-Kontrast kann über die Lichtdurchlässigkeit der verwendeten blauen Filterfolie variiert werden. Die Wasserflöhe von Abbildung 79 erscheinen in einem stärkeren, Dunkelfeld-ähnlichen Kontrast, weil die hier verwendete Blaufilterfolie weniger lichtdurchlässig war als im Falle der Alaun-Kristalle von Abbildung 78, bei denen die Blaufilterfolie mehr Licht hindurch ließ und der blaue Untergrund heller geraten ist.

Rheinberg-Beleuchtung

Die vorbeschriebene einfache, aber wirkungsvolle Dunkelfeldbeleuchtung für schwache Vergrößerungen mit einer Zentralblende aus schwarzem Papier ergibt, wie ausgeführt, farbige Leuchtobjekte auf dunklem Grund, wenn man mit farbigem Ringlicht beleuchtet (vgl. Abb. 77). Sie zeigt leuchtende Objekte auf Farbgrund, wenn man statt der schwarzen Zentralblende ein farbtiefes Filter verwendet (vgl. Abb. 78 und 79).

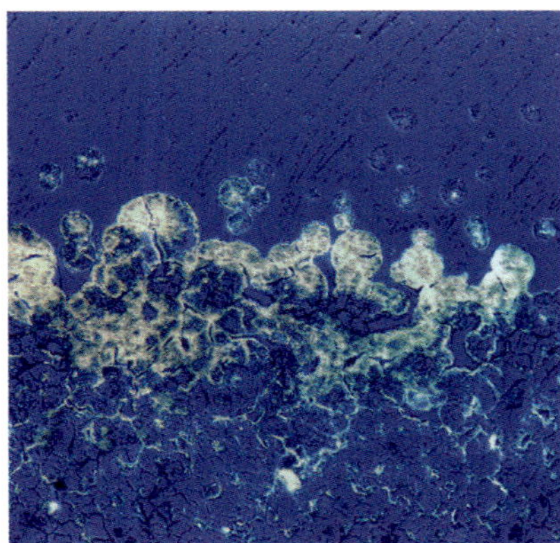

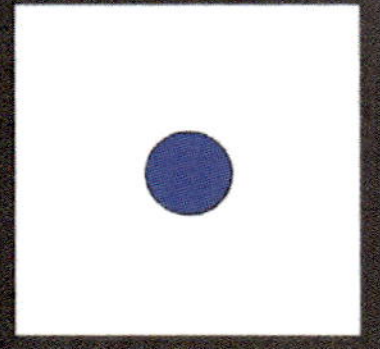

Abb. 78. Einfärben des Hintergrunds im Dunkelfeld, farblose Kristallisation (Alaun), aufgenommen im ungefilterten Weißlicht (Halogenlicht) bei Dunkelfeldbeleuchtung, zusätzlich optische Gegenfärbung des Bilduntergrundes mittels intensiv gefiltertem Blaulicht (blaugrundiges Dunkelfeld). Objektiv 10×, Okular 10×. Objektansicht links, zugehöriger Farb-Dunkelfeld-Filter rechts.

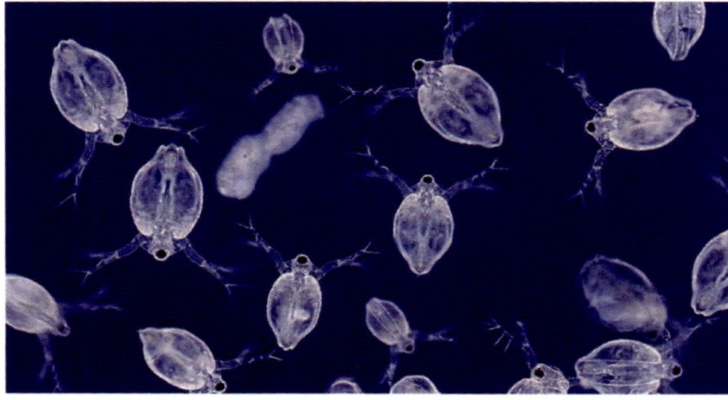

Abb. 79. Wasserflöhe im blaugrundigen Dunkelfeld gemäß Abb. 78, Standbild, extrahiert aus einem HD-Videoclip, weitere Erläuterungen im Text.

Diese beiden Beleuchtungsvarianten lassen sich kombinieren, und damit eröffnet sich dem bastelnden Mikroskopier eine ganze Welt von Möglichkeiten für eine unkonventionelle Farbgestaltung seiner Mikroaufnahmen. Das bringt zwar keinen wissenschaftlichen Gewinn, aber das muss ja auch nicht immer sein; die ästhetische Farbvariation hat auch ihre Daseinsberechtigung.

Man schneidet beispielsweise die zentrale Filterscheibe aus tiefblauer oder tiefroter Farbfolie (evtl. mehrere Lagen übereinander kleben, bis der gewünschte, sehr tiefe Farbton erreicht ist) und umgibt ihn dann mit einem nahtlos anschließenden Ring, einer Ringblende, von grüner Farbe. Nach vollständiger Blendenöffnung erscheint das Objekt nun grün beleuchtet auf blauem oder rotem Grund. Jede beliebige Farbkontrastierung zwischen Zentralblende und Ringblende kann man ausprobieren. Solche Doppelfilter sind leicht gefertigt, wenn man die beiden Farbfolien zwischen zwei Diagläschen klemmt und das Dia nach klassischer Art rahmt (Ansichten in Abb. 80, rechts). Zum Einlegen in die Filterfassung des Kondensors ist dieses Dia freilich zu sperrig. Man lässt sich zirka 5 mm darunter einen Metallring zum Auflegen dieses Dias anfertigen, das man darauf hin und her schieben kann (oder klebt das Diarähmchen zentriert mit etwas Tesafilm vorsichtig an der Unterseite des Kondensors fest). Es sollte nur immer darauf geachtet werden, dass die Zentralblende sehr viel farbtiefer ist, sonst kommt der Dunkelfeld-Effekt nicht zum Tragen. Die Ansichten in Abbildung 80, links zeigen zwei Beispielsaufnahmen; die Alaun-Kristallisation von Abbildung 78 wurde auf zwei Arten zweifarbig gefiltert.

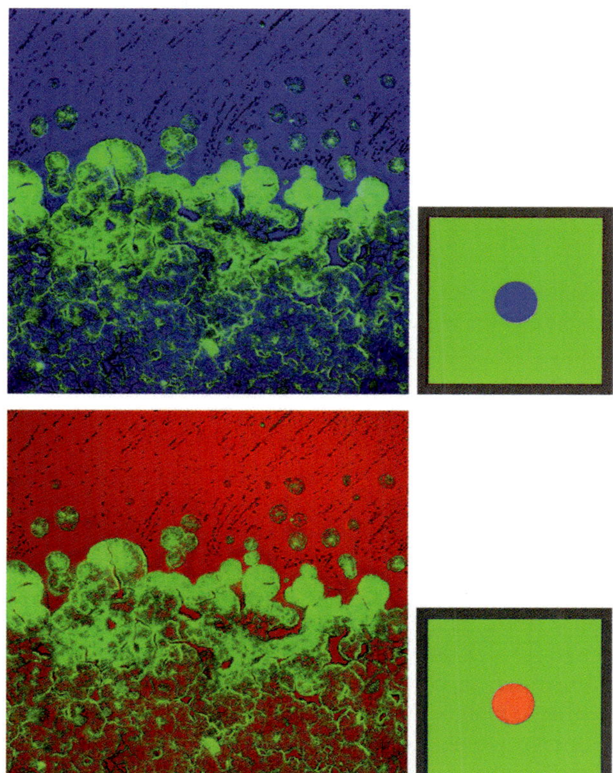

Abb. 80. Beispiele für zweifarbige Rheinberg-Beleuchtungen, grün auf blauem Grund (oben), grün auf rotem Grund (unten). Objektansichten links, zugehörige Rheinberg-Filter, z.B. mit Farbfolien versehene Diarähmchen (rechts). Objekt: Alaun-Kristallisation, Objektiv 10×, Okular 10×.

Man kann aber noch weiter gehen, etwa die Ringblende aus 2 oder 4 gegenüberliegenden Sektoren mit den Farben Blau und Grün aufbauen. Dann erscheint das Objekt rot mit teils blauen, teils grünen Farbsäumen. Schließlich lassen sich auch um eine schwarze Zentralblende (sollte man etwas zu klein wählen – ausprobieren!) zwei konzentrische Ringblenden unterschiedlicher Farbe anordnen. Das Objekt erscheint dann günstigenfalls in der Farbe des Innenfilters gegen dunklen Grund, umspielt von Säumen in der Farbe des Außenfilters.

Aus lauter Freude am Farbenrausch sind natürlich auch drastische Knalleffekte und Farbverfremdungen möglich. Nirgendwo in der Mikroskopie ist dem spielerischen Ausprobieren so sehr Tür und Tor geöffnet. Nirgendwo allerdings ist die Grenze zum Kitsch so rasch überschritten. Aber was Kitsch ist, ist bekanntlich Ansichtssache. Außerdem verfolgen wir ja, wie gesagt, nicht immer wissenschaftliche Zwecke mit unserem Hobby.

Der visuelle Eindruck eines mikroskopischen Objekts hängt jedenfalls sehr stark von der verwendeten Beleuchtung ab. Man kann damit zwei Effekte erreichen. Zum einen erlaubt es jede Beleuchtungsart, bestimmte Einzelheiten besonders gut herauszuheben, andere zu unterdrücken. Zum anderen lassen sich durch Spiel mit der Beleuchtung besonders einprägsame bildmäßige und grafische Effekte erzielen.

Eine der wichtigsten Möglichkeiten, die eine sorgfältige Beleuchtungseinstellung bietet, ist die Änderung des Bildkontrastes. Hierfür gibt es weitere Kontrastierungsverfahren, unter denen das Phasenkontrastverfahren das bekannteste ist. Im nächsten Abschnitt werden wir uns mit den Grundlagen dieser Verfahren beschäftigen.

Optische Kontrastierungsverfahren

Schon bei der normalen Durchlicht-Beleuchtung kann man den Kontrast durch geschickte Lichtführung beeinflussen und günstigenfalls auch verbessern, wie wir gesehen haben. Ansonsten besteht die Möglichkeit, farblose und optisch dünne, gering kontrastgebende Objekte für eine Beobachtung im Hellfeld künstlich anzufärben, wodurch sie besser erkennbar werden.

Die zahlreichen zur Verfügung stehenden Färbetechniken stellen eine Wissenschaft für sich dar. Andererseits kann jedes Färbemittel zu strukturellen Veränderungen des Objekts führen, speziell auch bei lebenden Objekten, wenn diese mit einer Vitalfärbung versehen werden. Letztere kann sich auch schädigend auf lebende Objekte auswirken.

Als Alternative zur chemischen Anfärbung von Objekten gibt es aber auch spezielle optische Kontrastierverfahren für die Mikroskopie. Sie werden hier angesprochen, können aber nur im Prinzip erläutert werden, weil man sonst zu tief einsteigen müsste in die zugrunde liegenden physikalischen Theorien. Gut improvisieren kann man mit der Polarisation, und das sollte jeder Mikroskopiker mal versuchen. Er erreicht damit große Effekte mit geringem Aufwand.

Für spezielle Verfahren der Polarisation und für die anderen Kontrastierungsmethoden wie Phasenkontrast, Interferenzkontrast und Fluoreszenz ist man auf kostspielige käufliche Zusatzeinrichtungen angewiesen. Von diesen ist das Phasenkontrastverfahren das älteste und bekannteste.

Polarisation

Man kennt aus der Fotografie Polarisationsfilter (Polfilter) vorzugsweise zur Entspiegelung von Wasseroberflächen und Reflexionsbeseitigung auf fotografierten Glasflächen. Solche Filter kann man in der Mikroskopie improvisiert einsetzen. Es gibt aber auch fertig justierte Polarisationsmikroskope.

Improvisierte Polarisationsmikroskopie

Setzt man unter den Kondensor ein erstes Polfilter **(Polarisator)** und zwischen Objektiv und Okular, notfalls auch direkt auf das Okular, ein zweites Polfilter **(Analysator)** und verdreht den Polarisator so, dass seine Durchlassrichtung senkrecht ($\alpha = 90°$; Abb. 81, oben) zu der des Analysators steht, so spricht man von „gekreuzten Polfiltern“. Jetzt kommt kein Licht mehr durch (Abb. 81, oben), und man erhält einen dunklen Untergrund. Befindet sich dazwischen aber ein Objekt, das selbst gewisse Polarisationseigenschaften aufweist, indem es „doppelbrechend“ (auch „anisotrop“ oder „optisch aktiv“ genannt) ist und die Schwingungsebene des hindurchtretenden Lichts verändert, so ergeben sich Aufhellungen (Abb. 81, unten). Nun erscheinen Bildstrukturen solcher Objekte auf dunklem Untergrund hell und kontrastreich aufleuchtend.

Auf einfache Weise kann man sich mit der Wirkungsweise von polarisiertem Licht vertraut machen, wenn man einen kleinen Fetzen von Zellophanfolie auf einen Objektträger bringt und diesen bei schwacher Vergrößerung im Polarisationsmikroskop betrachtet. Durch Verstellen des drehbar gelagerten Polarisators und bedarfsweise zusätzliche farbige Filterung des Beleuchtungslichts können ästhetisch reizvolle Animationen erzeugt werden (Abb. 82). Weitere optisch aktive Objekte

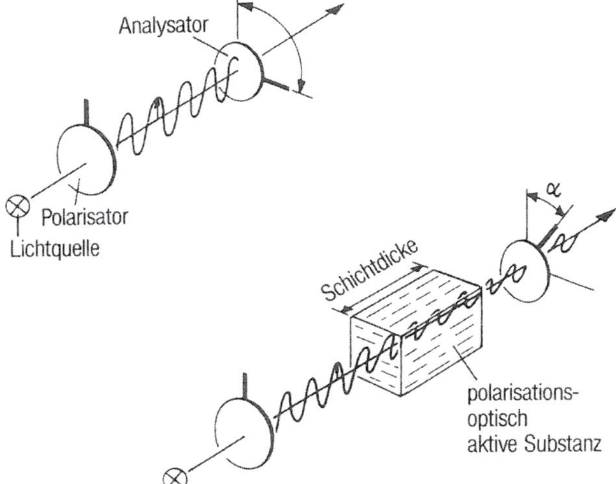

Abb. 81. Optischer Polarisationseffekt. Oben: Gekreuzte Polfilter lassen kein Licht durch. Unten: Polarisationsoptisch aktive Substanzen im Strahlengang sorgen dafür, dass ein Teil des Lichts durchkommt.

sind zum Beispiel geschichtete und gerichtete biologische Strukturen wie quergestreifte Muskelfasern, Kollagenfasern des Bindegewebes, Sehnen, Knochengewebe, aber auch Kartoffelstärke, welche man polarisationsoptisch anfärben kann. Sehr eindrucksvoll wirken Kristallstrukturen, etwa Kristalldrusen in einer Zelle, aber auch selbst erzeugte Kristalle wie zum Beispiel eingetrocknetes Vitamin C. Diese kann man durch Polfilterverstellung in vielfältigen Farben hell aufleuchten lassen.

Fallbeispiel: Kartoffelstärke zeigt im polarisierten Licht ausgeprägte Kontraste, wenn die Polfilter gekreuzt werden (Abb. 83), zusätzliche Farbeffekte entstehen durch Einfügen eines Lambdaplättchens (Abb. 84). In ähnlicher Weise kann auch Bananenstärke sichtbar gemacht werden, wenn eine kleine Probe aus einer Banane in Wasser verrührt und mit Deckglas bedeckt wird (Abb. 85).

Fallbeispiel: In Pflanzenzellen werden als Abfallprodukte gelegentlich Kalzium-

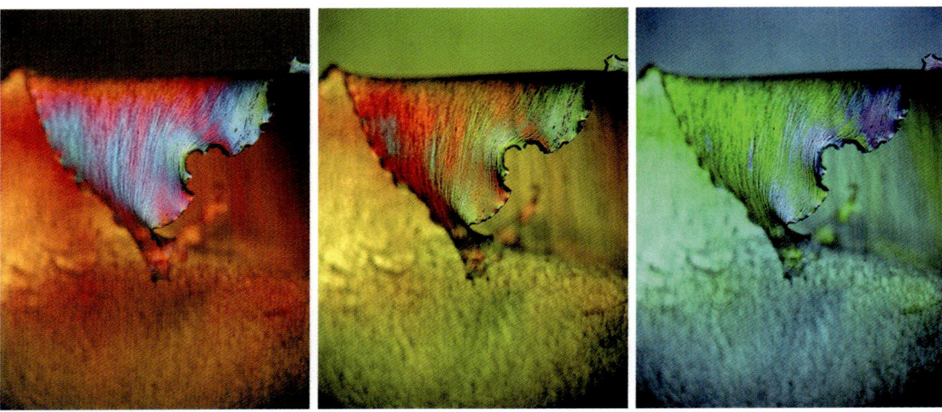

Abb. 82. Zellophanfolie im polarisierten Licht, Übersichtsobjektiv, aufgenommen mit unterschiedlichen Polfilterstellungen und farbigen Lichtfilterungen. Fotos: Timm Piper.

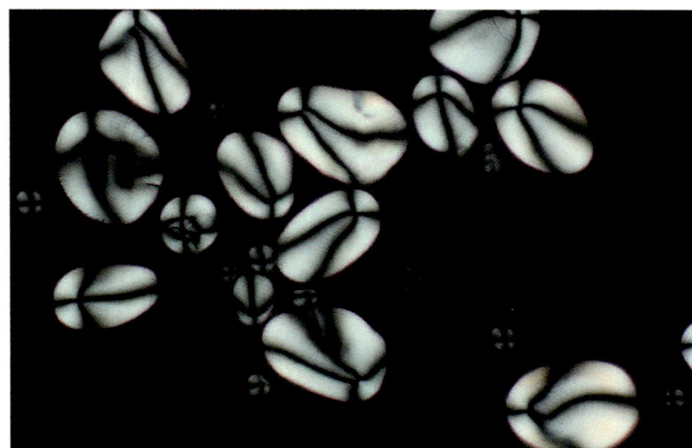

Abb. 83. Kartoffelstärke im polarisierten Licht bei gekreuzten Polarisatoren (Dunkelstellung).

Abb. 84. Kartoffelstärke im polarisierten Licht bei partiell gekreuzten Polarisatoren mit zusätzlichem Kompensator (Lambda-Plättchen).

oxalatkristalle in Bündelform abgelagert. Im polarisierten Licht kann man sie hell aufblitzen lassen (Abb. 86).

Fallbeispiel: In histologischen Schnitten, aber auch Quetschpräparaten von Muskelgewebe, ergibt die quergestreifte Muskulatur im polarisierten Licht typische Streifenmuster (Abb. 87). In Querschnitten von Knochen zeigen sich im polarisierten Licht charakteristische Knochenlamellen, wobei regelmäßig helle und dunkle Lamellen aufeinanderfolgen (Abb. 88).

Zusätzlich zu den erwähnten beiden Polfiltern, dem Polarisator und Analysator, kann man auch ein sogenanntes „Hilfsobjekt“ in den Strahlengang bringen. Dieses muss oberhalb des Polarisators, aber unterhalb des Objektes eingebracht werden. Ein einfaches Stück Tesafilm, Einmachfolie, oder der farblose Kunststoffdeckel einer CD-Hülle tut es bereits. Besser sind sogenannte „Kompensatoren“, z.B. Lambda- oder Viertellambdaplättchen; diese bestehen aus optisch aktivem Material, wel-

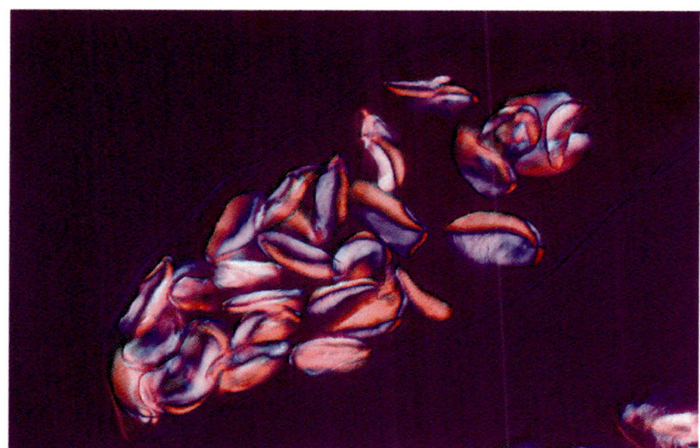

Abb. 85. Bananenstärke, Quetschpräparat, polarisiertes Licht mit Lambda-Kompensator.

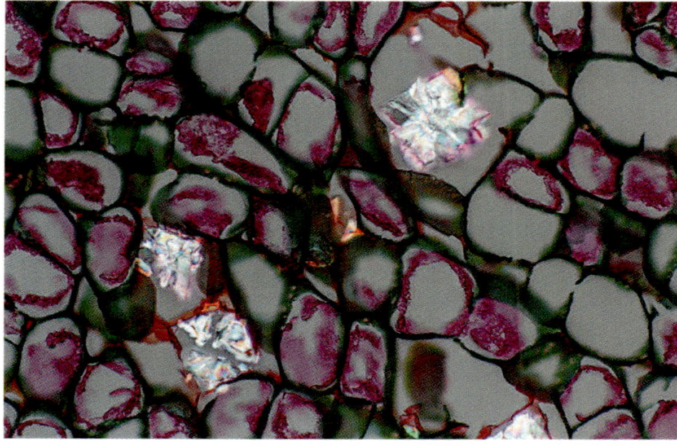

Abb. 86. Kalziumoxalat-Kristalle als Zellablagerungen im Wilden Wein (Gattung *Parthenocissus*). Helles Aufblitzen der Kristalle im polarisierten Licht.

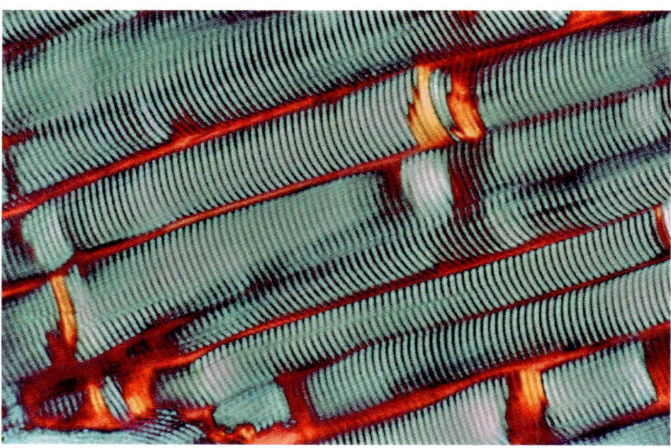

Abb. 87. Quergestreifte Muskulatur (Skelettmuskulatur), Objektiv 40×, Polarisation mit Lambda-Plättchen.

ches hindurchtretendes polarisiertes Licht um einen definierten Anteil seiner Wellenlänge verzögert; sie wirken als „Verzögerungsplatten“. Hierdurch lassen sich in der ästhetisch ausgerichteten Polarisationsmikroskopie erweiterte Kontrast- und Farbeffekte erzeugen (Abb. 89). Aber auch wenn man kein Hilfsobjekt einsetzt, erhält man im ungefilterten Weißlicht wunderschöne Interferenzfarben. Wenn man die

Abb. 88. Knochenlamellen, quer getroffene Haverssche Kanäle, Objektiv 10×, Polarisation mit Lambda-Kompensator.

Abb. 89. Beispiel für die polarisationsoptische Wirkung eines Hilfsobjekts. Farblose Kristallisation (Xylit) unter Deckglas. Polarisiertes Licht ohne Kompensator (links), zusätzliche Farbeffekte durch Einfügen eines Lambda-Kompensators (rechts).

beiden Polarisatoren um einen bestimmten Winkel gegeneinander verdreht, kann man den Bilduntergrund aufhellen, vorhandene optisch nicht aktive (isotrope) Begleitstrukturen sichtbar machen, welche bei gekreuzten Polarisationsfiltern nicht aufleuchten, zusätzlich den Farbeindruck und die Farbtiefe einstellen und unterschiedliche Effekte erzielen. Ein Beispiel zeigt die Abbildung 90.

Geologische und industrielle Anwendungen der Polarisationsmikroskopie

Außerhalb der Biologie, Medizin und ästhetischen Gestaltung mit Kristallen spielt die Polarisationsmikroskopie eine tragende Rolle in der Geologie. In den Geowissenschaften leistet die Polarisationsmikroskopie auch einen Beitrag zur zerstörungsfreien Bestimmung der stofflichen Zusammensetzung von Mineralien und Erzen. Ein Beispiel einer geologischen Anwendung zeigt die Abbildung 91.

In der Kristallografie dient das Polarisationsmikroskop als Messinstrument, welches in mikroskopischen Dimensionen verschiedene Parameter quantitativ erfassen kann, so zum Beispiel kristalloptische Daten. Kristallachsen können hierbei in konoskopischen Bildern erfasst werden. Hierbei wird nicht das Objekt selbst betrachtet, sondern ein Interferenzbild (Überlagerungsbild) der Lichtquelle, welches vom polarisierten Licht nach dem Objektdurchgang in der hinteren Objektivbrennebene erzeugt wird.

In industrieller Anwendung können mittels Polarisationsmikroskopie zum Beispiel mechanische Spannungen erfasst werden (Spannungsdoppelbrechung).

Phasenkontrast

In der Lichtmikroskopie unterscheidet man Amplitudenobjekte und Phasenobjekte.

Amplitudenobjekte schwächen das durchstrahlende Licht: Die Schwingungshöhe oder Amplitude der Lichtwelle (A in der Abb. 92 oben), das heißt, deren Intensität bzw. Helligkeit, wird beim Durchlaufen eines solchen Objektes geringer und ist nach dem Objekt kleiner als vorher, jedenfalls kleiner als eine am Objekt vorbeilaufende ungeschwächte Welle gleicher Ausgangsamplitude. Unser Auge, der fotografische Film und der Sensor einer Digitalkamera können solche Amplitudendifferenzen gut als Helligkeitsdifferenzen wahrnehmen. Typische Amplitudenobjekte sind dicke Schnitte und gefärbte Präparate.

Phasenobjekte, wie dünne, ungefärbte Schnitte, zarte Mikroorganismen und Ähnliches, schwächen hingegen die Amplitude kaum; man sieht sie deshalb bei Hellfeld-Beleuchtung nicht in ausreichendem Kontrast zur Umgebung. Sie verschieben allerdings die Phase der durchstrahlenden

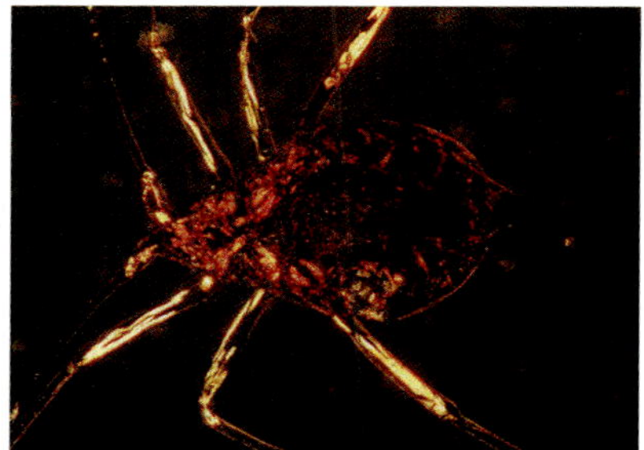
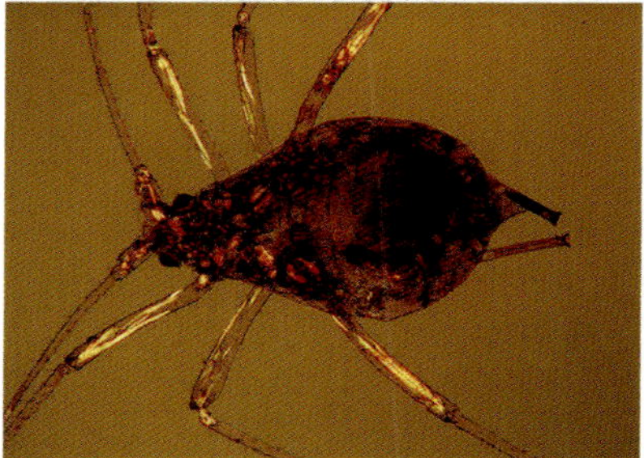
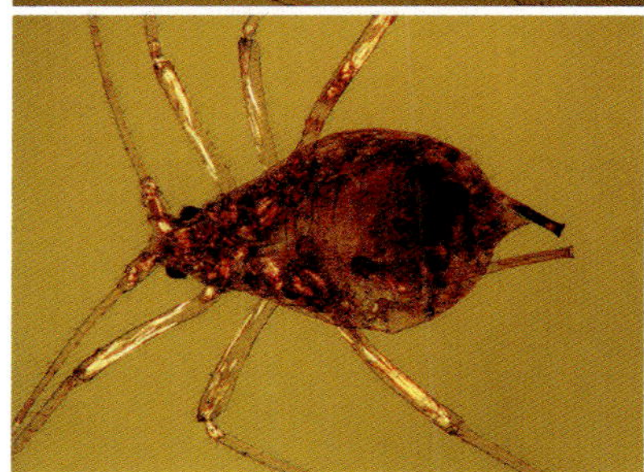
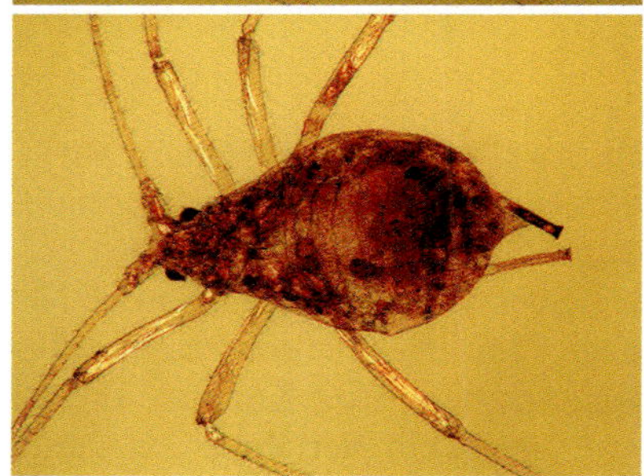
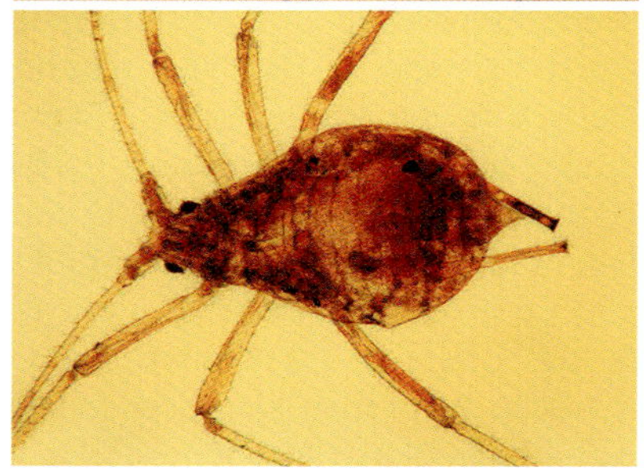

Abb. 90. Blattlaus, Objektiv 2,5×, Polarisation ohne Kompensator, maximale Abdunkelung des Untergrundes und nahezu selektive Darstellung der optisch aktiven Muskelstränge bei gekreuzten Polarisatoren (Bild oben), schrittweise Aufhellung des Untergrunds und sukzessive Beimischung eines Hellfeldbilds durch fortgesetztes Drehen des Polarisators aus der Kreuzstellung heraus (folgende Bilder), ausschließliches Hellfeld bei parallel gestellten Polarisatoren (Bild unten).

Abb. 91. Beispiel für den Einsatz eines Polarisationsmikroskops in der Geologie. Darstellung von Einschlüssen in einem Gesteinsschliff (Shonkinit, Shonkin Sag, Mantana, USA), Objektiv 2,5×, Okular 5×, polarisiertes Licht mit Lambda-Kompensator.

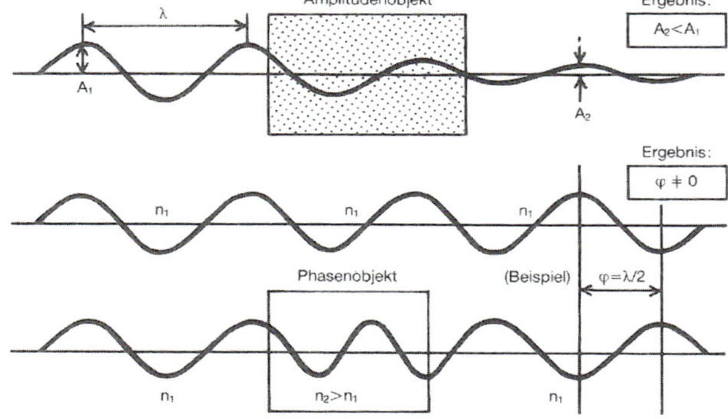

Abb. 92. Amplituden- und Phasenverhältnisse bei der Durchstrahlung von Objekten. Oben: Amplitudenobjekt. Mitte und unten: Phasenobjekt.

Lichtwelle gegenüber einer am Objekt vorbeistrahlenden Welle (Phasendifferenz φ in Abb. 92 Mitte und unten).

Leider können weder unsere Netzhaut noch Film oder Sensor Phasendifferenzen wahrnehmen. Ein Kontrast ergäbe sich erst, wenn ein Verfahren existierte, Phasendifferenzen so in Amplitudendifferenzen umzuwandeln, dass sich sekundär ein Helligkeitsunterschied ergibt. Diese Methode heißt Phasenkontrast(-verfahren). Eine ausführliche theoretische Erläuterung kann hier nicht erfolgen, doch gibt es genügend mikrotechnische Literatur darüber (s. das Literaturverzeichnis). Das Grundsätzliche kann man sich aber anhand der Abbildung 93 klar machen.

Die notwendige Schwächung und Phasenverschiebung des Hintergrundlichts gegenüber dem bildgebenden Licht erreicht man in der Praxis durch einen Phasenring, eine auf ein Glasplättchen, ggf. auch einer Objektivlinse direkt aufgedampfte, sehr dünne ringförmige Metallschicht in der hinteren Brennebene des Objektivs. Man muss das beleuchtende Lichtbündel, welches den Hintergrund erzeugt, nun ebenfalls ringförmig ausgestalten, und zwar so, dass sämtliches Ringlicht von dem Phasenring bedeckt wird. Dies erreicht man durch eine Ringblende in der Aperturblendenebene des Kondensors, deren Bild sich in die hintere Objektivbrennebene projiziert und sich dem dortigen Phasenring überlagert. In der hinteren Brennebene des Objektivs kann man die beiden Ringstrukturen nun zur Deckung bringen. Dies geschieht durch eine Verschiebung des Ringblendenblättchens in der Aperturblendenebene über zwei Zentrierschrauben. Über ein Hilfsmikroskop (ein spezielles Einstellokular, auch Einstelllupe genannt) kann man die Prozedur des Justierens leicht verfolgen (vgl. die Fotos von Einstelllupenbildern in der Abb. 94). Decken sich die beiden Ringfelder (untere Teilabbildung), so ist der Phasenkontrast richtig eingestellt.

Die meisten Firmen liefern Einrichtungen für zwei Arten von Phasenkontrast, den positiven und den negativen. Beim gebräuchlicheren positiven Phasenkontrast ist das Bildfeld relativ hell, und die Umrisse eines Objekts werden dunkler konturiert. Dies ist das übliche Verfahren, und solche Bilder sieht man häufig in Publikationen. Im negativen Phasenkontrast verhält es sich umgekehrt; hier leuchten die Objekte auf relativ dunklem Untergrund hell auf. Eine Sonderform, die nur von Carl Zeiss Jena realisiert wurde, ist der farbige Phasenkontrast, bei welchem Phasenstrukturen einer bestimmten optischen Dichte bzw. eines bestimmten Gangunterschieds in einer bestimmten Farbe dargestellt werden.

Fallbeispiele: Die Amöbe in Abbildung 95 erscheint im positiven Phasenkontrast in Umriss und Details dunkler konturiert als der Hintergrund (Abb. 95 rechts), beim negativen Phasenkontrast verhält es sich umgekehrt; hier ist das Bildfeld eher dunkel, die Konturen erscheinen darin heller, und der Eindruck nähert sich dem eines Dunkelfeld-Bildes an (Abb. 95 links).

Eine weitere Gegenüberstellung von positivem und negativem Phasenkontrast zeigt Abbildung 96 anhand von ungefärbten Mundschleimhautzellen in einem Speichelfrischpräparat.

Eine Besonderheit stellt der vorerwähnte farbige Phasenkontrast dar (Carl Zeiss Jena). Hier leuchten Phasenobjekte in Abhängigkeit von ihrer lokalen optischen Dichte in unterschiedlichen Farben auf, wie das rechte Teilbild in Abbildung 97 zeigt.

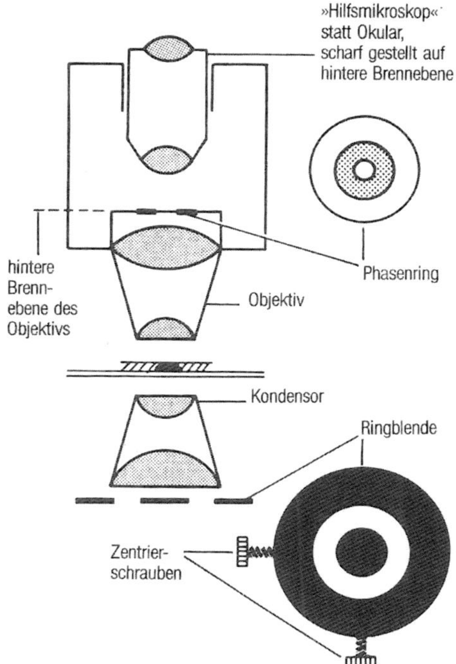

Abb. 93. Prinzip einer Phasenkontrasteinrichtung, nähere Erläuterungen im Text. Die Phasenring-Ringblenden-Anordnung ist hier schematisch dargestellt. Sie kann mit den Fotos von Abbildung 94 verglichen werden.

Speziell bei Lebendbeobachtungen von filigranen durchscheinenden Kleinlebewesen leistet der Phasenkontrast Hervorragendes, siehe Beispiele in den Abbildungen 98 – 101.

Auf der anderen Seite ist der konventionelle Phasenkontrast mit zwei typischen Artefakten behaftet, dem „Haloing“ und „Shade-off“. Im positiven Phasenkontrast können die Randkonturen von Objekten oder Objektteilen, z.B. Zellkernen, von hellen Randsäumen umgeben sein (Halo-Artefakte), und in größeren Flächen von gleichbleibender optischer Dichte können

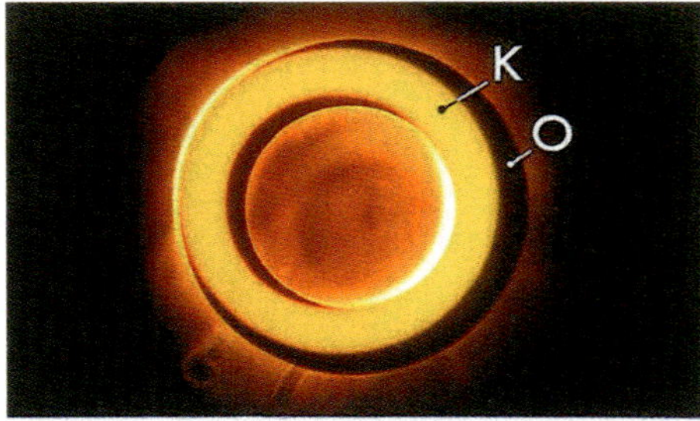

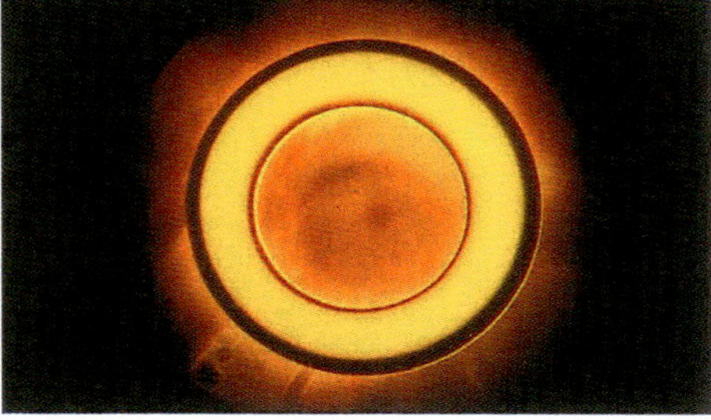

Abb. 94. Eine Abbildung der Kondensor-Ringblende K und des Phasenrings O in der hinteren Brennebene des Objektivs, über ein Hilfsmikroskop anstelle des Okulars fotografiert. Oben: nicht exakt justiert; unten: präzise konzentrisch justiert. Man sollte diese Eichprozedur bei jedem Objektiv- oder Kondensorwechsel wiederholen, da man bei schlechter Einstellung weniger sieht.

die mittigen Anteile aufgehellt erscheinen (Shade-off-Phänomen). Im negativen Phasenkontrast verhalten sich auch diese Artefakte umgekehrt; hier sind die Randsäume dunkel und zentrale Flächenanteile homogener Objekte können abgedunkelt sein.

Kombination von Phasenkontrast und Polarisation

Grundsätzlich kann Phasenkontrast auf einfache Weise mit Polarisation kombiniert werden, indem ein Polarisator und Analysator und bedarfsweise auch Kompensatoren an den üblichen Stellen in den Strahlengang integriert werden. Dies kann nützlich sein, wenn Phasenstrukturen und optisch aktive, also doppelbrechende (anisotrope) Objektanteile in einem Bild betrachtet werden sollen.

Abbildung 102 gibt hierfür ein Beispiel. Ein technisch ausgezeichnet angefertigtes und gut erhaltenes historisches Präparat, mehr als 100 Jahre alt, zeigt einen histologischen Schnitt durch die menschliche Haut mit typischen Vater-Pacinischen Lamellenkörperchen. Diese Sinneskörperchen dienen unter anderem der Vibrationswahrnehmung („Tiefensensibilität"); sie sind gekennzeichnet durch zwiebelschalenartig angeordnete Zellen, welche in ihrem Zentrum einen kolbenförmigen Nervenfortsatz einschließen. Wohl aufgrund des hohen Alters ist die Färbung dieses Präparats sehr blass, sodass es nahezu einem ungefärbten Phasenpräparat entspricht. Im Phasenkontrast können die feinen Schichtungen eines Lamellenkörperchens sehr gut erkannt werden. Umge-

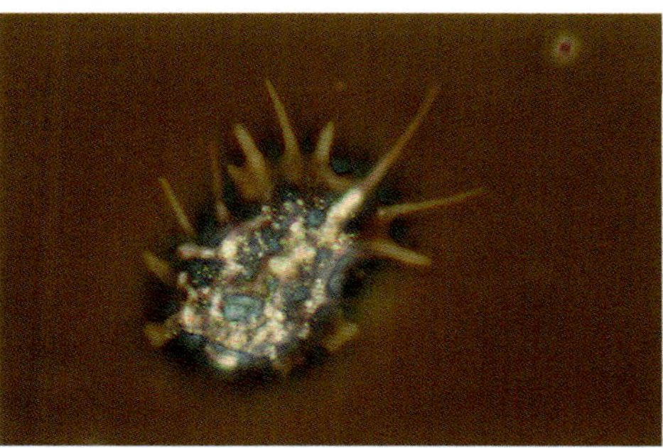

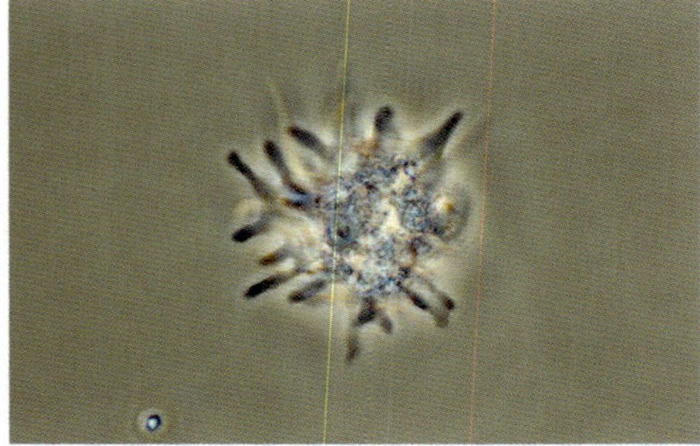

Abb. 95. Lebende Amöbe im Phasenkontrast; links: negativer Phasenkontrast; rechts: positiver Phasenkontrast.

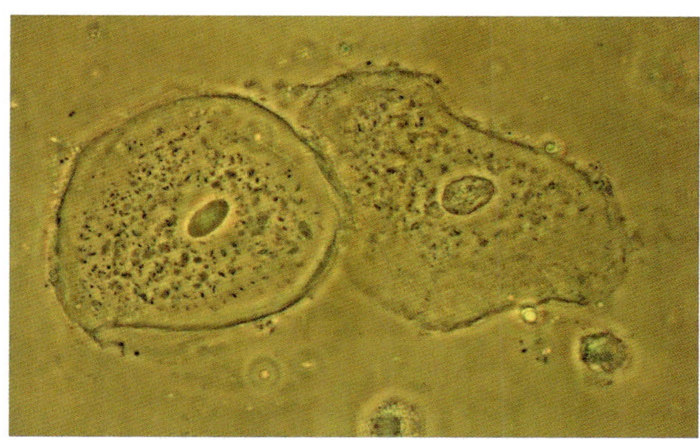

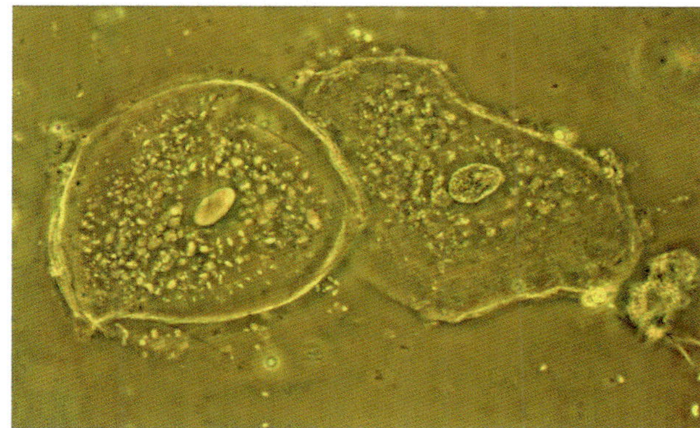

Abb. 96. Beispiele für Phasenkontrast-Aufnahmen von ungefärbten Mundschleimhautzellen; oben: positiver Phasenkontrast; unten: negativer Phasenkontrast.

Abb. 97. Beispiele für Phasenkontrast-Aufnahmen von Kieselalgen; links: positiver Phasenkontrast; Mitte: negativer Phasenkontrast; rechts: farbiger Phasenkontrast.

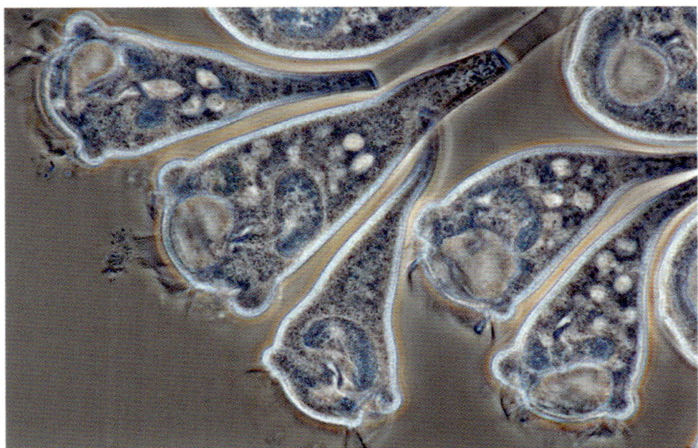

Abb. 98. Glockentierchen (*Vorticella* sp), Phasenkontrast.

Abb. 99. Kieselalgen in diademartiger Anordnung (*Meridion circulare*), Phasenkontrast.

Abb. 100. Jochalge (Malteserkreuz, *Micrasterias crux melitensis*), Phasenkontrast.

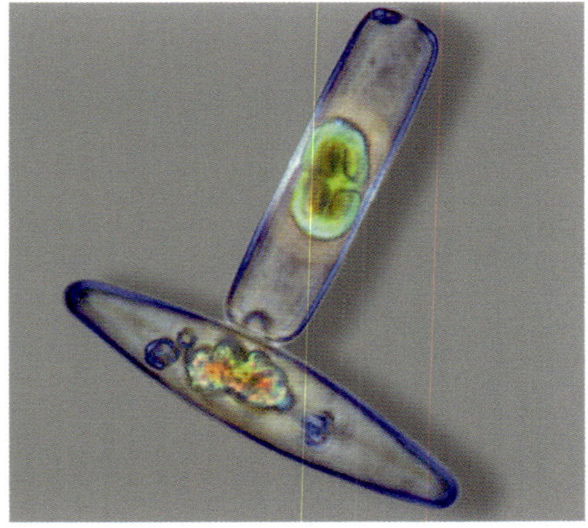

Abb. 101. Winzige Kieselalgen, Gattung *Navicula*, Länge zirka 20 µm, in Aufsicht und Seitansicht, Objektiv Öl 100×, Phasenkontrast.

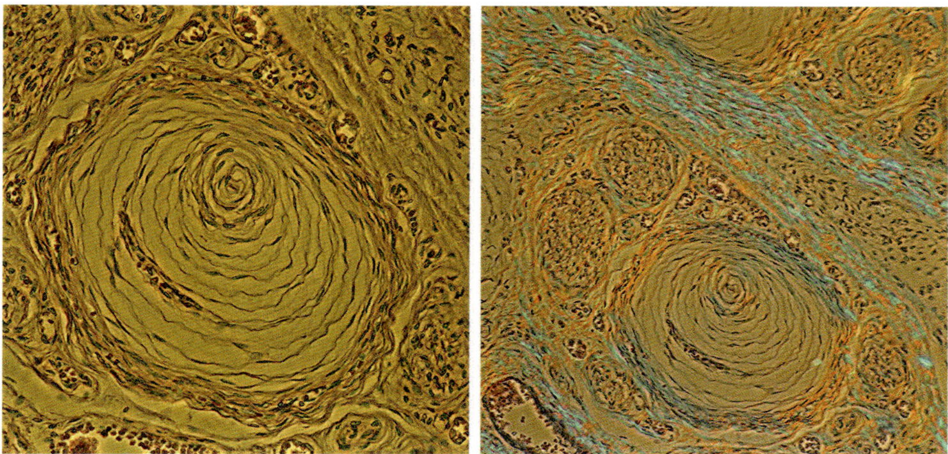

Abb. 102. Historisches Präparat der menschlichen Haut, mehr als 100 Jahre alt, mit Vater-Pacinischen Lamellenkörperchen, feinen Blutgefäßen und Kollagenfasern. Reiner Phasenkontrast (links), zusätzliche Anwendung von polarisiertem Licht mit Lambda-Kompensator (rechts). Im rechten Bild leuchten Kollagenfasern von gleicher Orientierung in hellen Blaugrün-Tönen auf.

ben ist das Lamellenkörperchen von feinen Blutgefäßen und Kollagenfasern. Verlauf und Architektur des Kollagenfasernetzwerks können nun durch gleichzeitige Anwendung von polarisiertem Licht deutlich klarer erkannt werden; denn Kollagen ist optisch aktiv, leuchtet also im polarisierten Licht bei gekreuzten Polarisatoren hell auf bzw. lässt sich mittels eines Lambda-Kompensators farbig kontrastieren. Im hier gezeigten Beispiel heben sich die Kollagenfasern in Blaugrün-Tönen von den sonstigen Phasenstrukturen ab.

Ein anderes Beispiel zeigt Abbildung 103. Eine einzellige Grünalge beinhaltet zahlreiche Fetttröpfchen. Diese sind im reinen Phasenkontrast nahezu unsichtbar, leuchten im polarisierten Licht hingegen hell auf, sodass sie im kombinierten Phasenkontrastpolarisationsbild mitsamt den sonstigen Zellstrukturen deutlich erkannt werden können.

Interferenzkontrast

Die verschiedenen, auf dem Neu- und Gebrauchtmarkt erhältlichen Interferenzkontrastverfahren beruhen darauf, dass ein Lichtstrahl durch eine Objektstruktur geschickt wird, ein zweiter daran vorbei, so, wie es die Abbildung 104 zeigt. Danach werden die beiden Strahlen zur Überlagerung (Interferenz) gebracht und können auf diese Weise Kontrast erzeugen. Ein gängiges Verfahren funktioniert so, dass ein Lichtstrahl durch ein sogenanntes „Wollaston-Prisma“ 7/8 in zwei eng benachbarte Strahlen A und B aufgespalten wird und so Kondensor 6, Objekt 5 und Objektiv 4 durchstrahlt (weil der Strahlenabstand unterhalb der Auflösungsgrenze des verwendeten Objektivs liegt, sieht man dabei nur ein einziges Bild). Von einem zweiten Wollaston-Prisma 2/3 wird der Doppelstrahl wieder zu einem einzigen vereint. Polarisationseffekte kommen hinzu. Durch

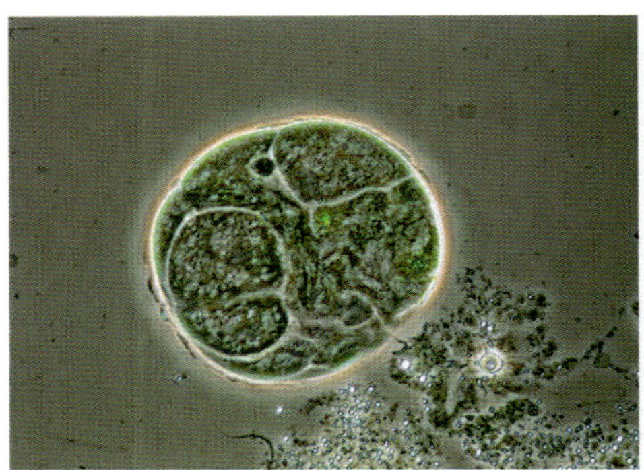

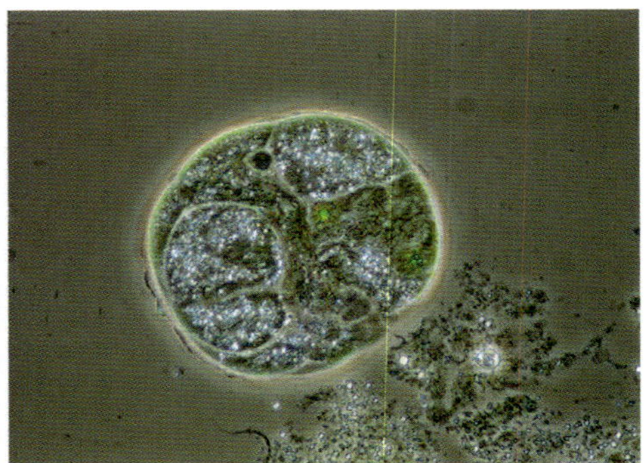

Abb. 103. Einzellige Grünalge, Durchmesser: 15 µm, Phasenkontrast (links), kombinierte Anwendung von Phasenkontrast und Polarisation (rechts).

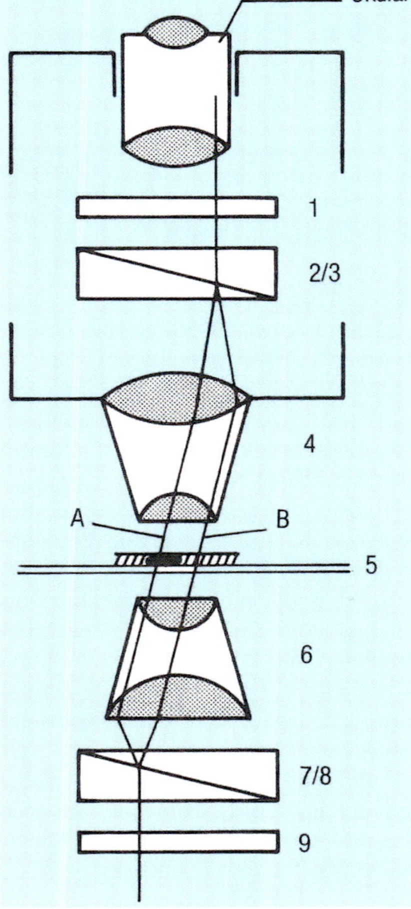

Verschieben des zweiten Prismas 2/3 relativ zum ersten Prisma 7/8 kann man Polarisationsfarben erzeugen und so den Untergrund verschiedenfarbig tönen, nämlich von weiß über gelb und rot bis bläulich. Die anders brechenden Objektstrukturen erscheinen dann in Kontrastfarben, die unter anderem von ihrer Dicke, ihrer Dichte und ihrem Brechungsindex abhängen. So kann man Strukturen optisch einfärben und geradezu in Farbräuschen schwelgen. Man kann aber auch ein Präparat in kontrastreichen optischen Schnitten abtasten.

Neben der Möglichkeit, optische Schnitte anzufertigen, bei denen Objektanteile außerhalb des jeweiligen Schärfebereichs weitgehend ausgeblendet werden, besteht

Abb. 104. Prinzipschema einer Interferenzkontrast-Einrichtung (DIC = differenzieller Interferenzkontrast). Der Strahlengang ist schematisch zu verstehen; in Wirklichkeit sind die beiden Teilstrahlen A und B nur Bruchteile eines Tausendstel Millimeters voneinander entfernt. 1 = Analysator (oberes Polarisationsfilter); 2/3 = Wollaston-Prisma (oberes DIC-Prisma); 4 = Objektiv; 5 = Objektträger; 6 = Kondensor; 7/8 = Wollaston-Prisma (unteres DIC-Prisma); 9 = Polarisator (unteres Polarisationsfilter).

ein typisches Merkmal des Interferenzkontrastes darin, dass Phasenobjekte reliefartig erscheinen. Dieser Reliefeffekt ist abhängig von der lokalen Dicke und der lokalen optischen Dichte, d.h. dem regionären Brechungsindex. Wenn ein Objekt an allen Stellen denselben Brechungsindex hat, dies gilt z.B. für Wassertropfen oder rote Blutkörperchen (Erythrozyten), entspricht das im Interferenzkontrast sichtbare Relief dem tatsächlich vorhandenen Profil der Probe. Sobald sich aber der Brechungsindex an einer tatsächlich planen Stelle des Objektes ändert, entsteht hierdurch ein Pseudo-Relief, welches nur durch den Dichteunterschied hervorgerufen wird und nichts mit dem realen Oberflächenrelief zu tun hat. Man kann also die Reliefeffekte des Interferenzkontrasts nur richtig interpretieren, wenn man die genauen Objekteigenschaften kennt.

Die Abbildungen 105 – 108 zeigen Beispiele für Interferenzkontrastanwendungen. Objekte gleichbleibender optischer Dichte, z.B. Kondenswassertröpfchen, eingebettet in Öl unter Deckglas (Abb. 105), zeigen bei Betrachtung in mittlerer Vergrößerung (Objektiv 40×) bizarre Formen, hervorgerufen durch elektrostatische Wechselwirkungen zwischen dem Wasser und den angrenzenden Glasoberflächen. Lebende Zellen, z.B. Protozoen, werden reliefartig hervorgehoben, wobei auch feinste Details wie Cilien und Geißeln sichtbar werden (Abb. 106, 107, 108).

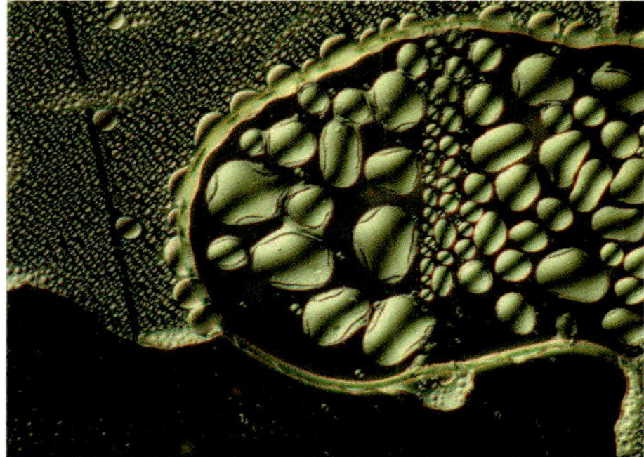

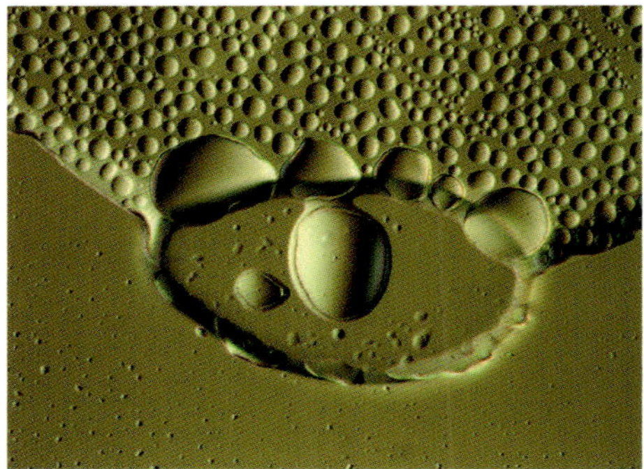

Abb. 105. Kondenswassertropfen unter Deckglas, in Öl eingedeckt, Interferenzkontrast. Darstellung bizarrer räumlicher Formveränderungen infolge von elektrostatischen Wechselwirkungen und Adhäsionskräften.

Kombination von Interferenzkontrast und Phasenkontrast

Mit speziellen Monturen kann die Möglichkeit erschlossen werden, Phasenkontrast und Interferenzkontrast zeitgleich auszuführen und beide Bilder optisch zu einem beobachtbaren Summationsbild zu überlagern. Auf diese Weise können die jeweiligen Vorteile beider Verfahren in einem Bild vereint und Artefakte abgeschwächt werden. Interferenzkontrast stellt feine filigrane Strukturen in einem Reliefkontrast dar, wobei Halo-Artefakte (strukturfreie Randsäume) fehlen. Phasenkontrast generiert in der Regel einen

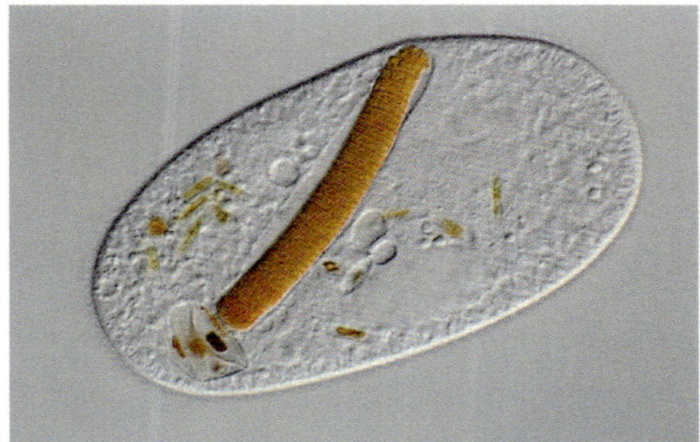

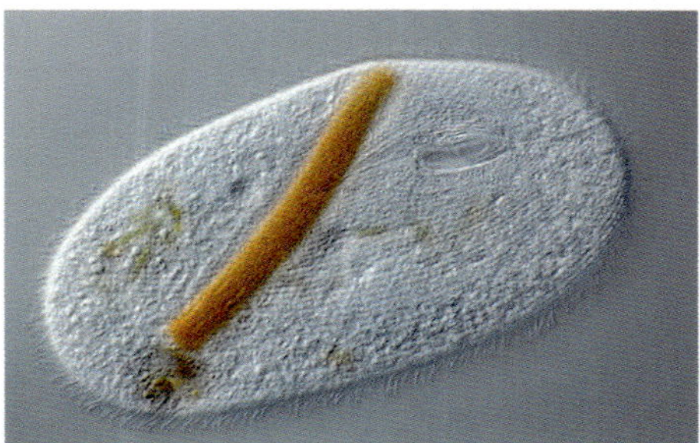

◄ Abb. 106. Ciliat mit inkorporierter Blaualge und Kieselalgen in Nahrungsvakuolen, Interferenzkontrast, Veranschaulichung der optischen Schnittbildung durch unterschiedliche Fokussierung, oben: Fokussierung auf die Blaualge, unten: Fokussierung auf die Oberfläche des Ciliaten.

▼ Abb. 107. Pantoffeltierchen (*Paramecium* sp.), Interferenzkontrast, feine Darstellung der Cilien und Binnenstrukturen.

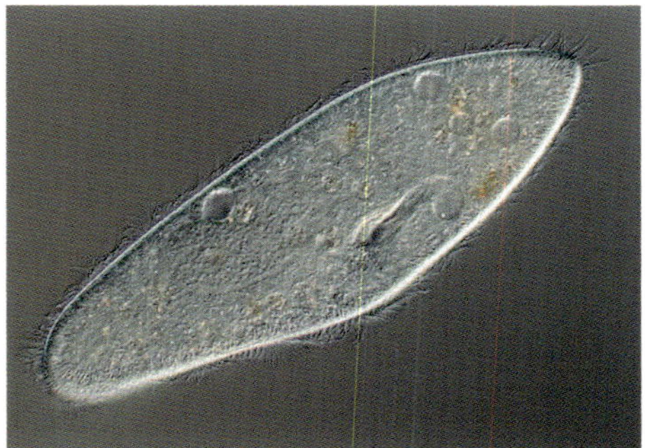

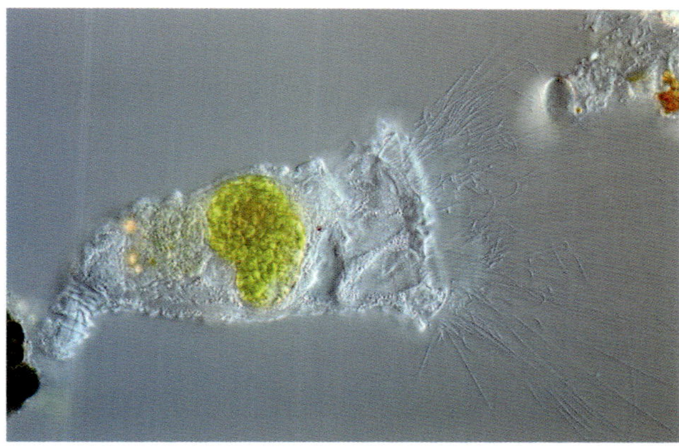

Abb. 108. Reusen-Rädertier (Rotaria), Interferenzkontrast.

deutlich höheren Bildkontrast, vor allem bei sehr dünnen Strukturen, sodass auch sehr feine Objekte von geringer optischer Dichte in vergleichsweise sattem Grau abgebildet werden. Dies wird mit den vorerwähnten Halo-Artefakten erkauft, also Randsäumen von deutlich abweichender Helligkeit, welche keine Objektstrukturen erkennen lassen. Durch gleichzeitige Ausführung beider Verfahren ergibt sich ein deutlich kontrastverstärktes, dem Interferenzkontrast ansonsten ähnliches Bild, bei welchem der Interferenzkontrast ggf. in den Halo-Zonen des Phasenkontrastbildes Strukturen beisteuert. Die Bildtafel von Abbildung 109 demonstriert die beschriebenen Effekte anhand einer filigranen Kieselalge.

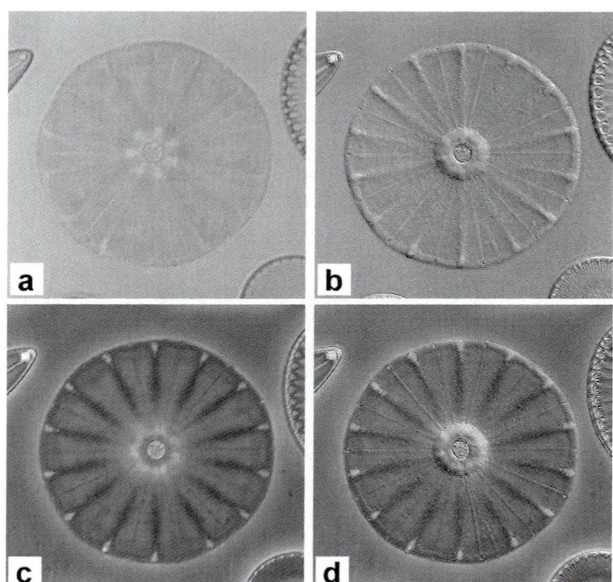

Abb. 109. Optisch dünne Kieselalge, Hellfeld (a), Interferenzkontrast (b), Phasenkontrast (c), Phasen-Interferenzkontrast (d).

Interphako

Eine weniger bekannte optische Kontrastierungsmethode ist das Interphakoverfahren, welches durch die enge Verwandtschaft mit dem Phasen- und Interferenzkontrast seinen Namen erhalten hat. Es wurde vor vielen Jahren von Carl Zeiss Jena entwickelt, zunächst als Ausbaumodul für die Amplival-Mikroskope angeboten und bis in die 1990er-Jahre zuletzt in den Jenaval-Durchlicht/Auflicht-Modellen (Jenaval-Interphako) eingesetzt. Interphako arbeitet im Gegensatz zum differenziellen Interferenzkontrast ohne objektseitige Bildaufspaltung. Stattdessen findet nach dem Objektdurchgang im Interphako-Tubus eine Aufspaltung in zwei separate Strahlengänge statt, welche miteinander interferieren.

Neben der Ermöglichung feinster Gangunterschiedsmessungen eignet sich dieses Verfahren auch hervorragend zur farbgestützten Kontraststeigerung von transparenten lebenden Zellen und Organismen. Auf diese Weise entstehen farbige Phasenkontrast-Bilder, dabei entsprechen gleiche Farben im Prinzip einer gleichen optischen Dichte bzw. bei gleichbleibendem Brechungsindex einer gleichen realen Schichtdicke. Die Farbgebung kann mittels eines Feinphasenschiebers stufenlos variiert werden, sodass zum Beispiel die Farbe des Hintergrunds vorgegeben werden kann.

Die gezeigten Fotos sind mithilfe eines Jenaval Interphako-Durchlicht-Mikroskops entstanden. Abbildung 110 zeigt zwei Ansichten eines lebenden Pantoffeltierchens (*Paramecium* sp.) im Interphako, aufgenommen mit unterschiedlichen Einstellungen des Feinphasenschiebers.

Die kontraktile Vakuole, Großkern, Nahrungsvakuolen und Zellmund sind sehr schön zu erkennen. Abbildung 111 demonstriert die erreichbaren Effekte anhand eines lebenden Trompetentierchens (*Stentor* sp.). Auch hier sind transparente kontraktile Strukturen im Inneren der Zelle

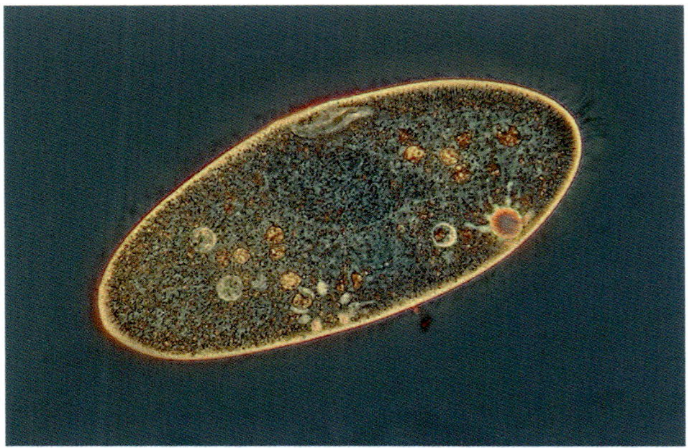

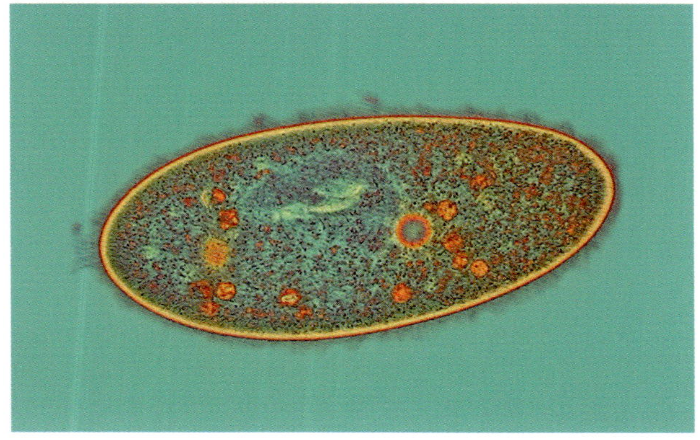

Abb. 110. Pantoffeltierchen (*Paramecium* sp.) im Interphako, Gegenüberstellung zweier verschiedener Einstellungsbeispiele.

ohne künstliche Anfärbung kontrastreich und farbig dargestellt.

Das Interphakoverfahren stellt wie auch viele andere optische Kontrastierungsmethoden eine stark lichtschluckende Beleuchtungstechnik dar. Um trotzdem brauchbare und vor allem scharfe Bildergebnisse zu erhalten, wurden beide Bilder aus HD-Filmsequenzen extrahiert. Dabei konnte gezielt auf Schärfe und Aussage des Bildes als Auswahlkriterium geachtet werden.

Fluoreszenzmikroskopie

Wenn man eine Briefmarke oder bestimmte Geldscheine mit energiereichem kurzwelligem UV- oder Blaulicht (Erregerlicht) bestrahlt, können die Objekte ein energieärmeres langwelligeres Licht (Fluoreszenzlicht) abgeben und dadurch in einer anderen Farbe erscheinen. Man nutzt das, um Originale von Fälschungen zu unterscheiden. Seit einigen Jahrzehnten hat man sich diese Eigenschaft von Körpern, unter bestimmten Umständen zu fluoreszieren, auch in der mikroskopischen Forschung zunutze gemacht.

Man weiß zum Beispiel, dass Blattgrün (Chlorophyll) im Blaulicht rot fluoresziert, sodass die blattgrüntragenden Körperchen (Chloroplasten) im Fluoreszenzmikroskop rot aufleuchten. Bestrahlt man ein pflanzliches Objekt über einen Erregerfilter, der nur Blaulicht hindurch lässt, also alle sonstigen Lichtanteile ausfiltert, und beobachtet oder fotografiert man durch einen Sperrfilter, der das blaue Erreger-

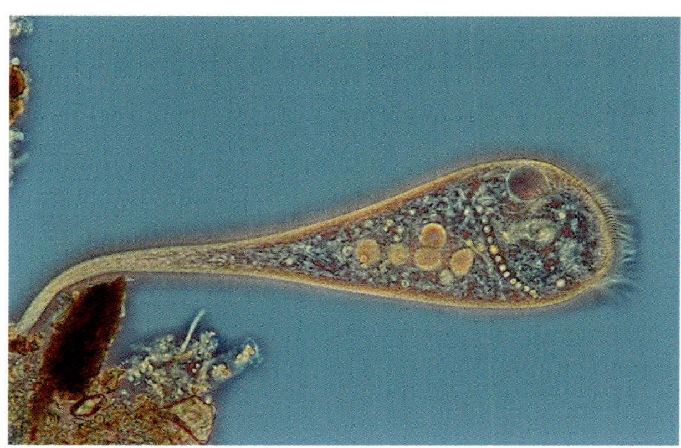

Abb. 111. Trompetentierchen (*Stentor* sp.), Interphako.

licht blockiert und ausschließlich das langwelligere Fluoreszenzlicht durchlässt, so erscheinen alle chlorophyllhaltigen Organellen als leuchtende rote Flecken auf dunklem Untergrund. Das Darstellungsvermögen speziell sehr kleiner Strukturen liegt in der Fluoreszenzmikroskopie vergleichsweise hoch, weil auch Details, deren Größe unter der Auflösungsgrenze liegt, noch indirekt erkannt werden können, sofern diese hinreichend Lichtquanten emittieren, welche deren Lage und Verlauf markieren. So können beispielsweise fluoreszierende Bakteriengeißeln erkannt werden, obgleich deren Dicke nur bei etwa einem Zehntel der unteren Grenzgröße eines direkt darstellbaren Objekts liegt.

Durchlicht-Fluoreszenzeinrichtungen (Abb. 112 links) werden heute zugunsten von Auflicht-Fluoreszenz-Mikroskopen (Abb. 112 rechts) kaum mehr verwendet. Im letzteren Fall wirkt das Mikroskop-Objektiv zugleich als Kondensor für das Erregerlicht und als Objektiv für das Fluoreszenzlicht. Dennoch kann man auch in der deutlich einfacher zu realisierenden Durchlicht-Fluoreszenz reizvolle Effekte erzielen und auch die Prinzipien des Verfahrens gut nachvollziehen bzw. demonstrieren.

Auch nicht von Natur aus fluoreszierende Gewebeteile kann man durch selektives Anfärben mit Fluoreszenzfarbstoffen (Fluorochromen) zum Fluoreszieren bringen (fluorochromieren). Manche entdeckte man überhaupt erst auf diese Weise. So lassen sich beispielsweise Teile des sonst unsichtbaren Zellskeletts (Zytoskeletts) über eine Antigenreaktion (Immunfluoreszenz) wunderschön darstellen. In der harten Umkopie der Abbildung 113 sieht man sogar, wie das zarte Geflecht den Kern überspinnt.

Fluoreszenzeinrichtungen müssen äußerst lichtstarke Beleuchtungen enthalten und sind sehr teuer. Zur Demonstration des Effektes kann man aber auf billige Weise improvisieren. Man benutzt Durchlicht (Hellfeld, oder bei hinreichender Lichtausbeute auch Dunkelfeld) und verwendet als Erregerfilter zwischen Beleuchtung und Kondensor ein strenges Blaufilter (entweder ein tiefblaues Kobaltglas, oder einen blauen Interferenzfilter). Dieses kann einfach auf die Lichtaustrittsöffnung gelegt werden. Gut als Erregerfilter geeignet sind beispielsweise der RGB-B CCD-Filter von Baader-Planetarium (speziell für Dunkelfeld-Anregung), oder eine Kombination des H-beta-Filters mit vorgenanntem RGB-B CCD-Filter (für schwarzgrundige Durchlicht-Hellfeld-Anregung). Als Sperrfilter reicht je nach abgestrahlter Fluoreszenzfarbe des Objekts ein strenges Gelb-, Orange- oder Rotfilter, das man

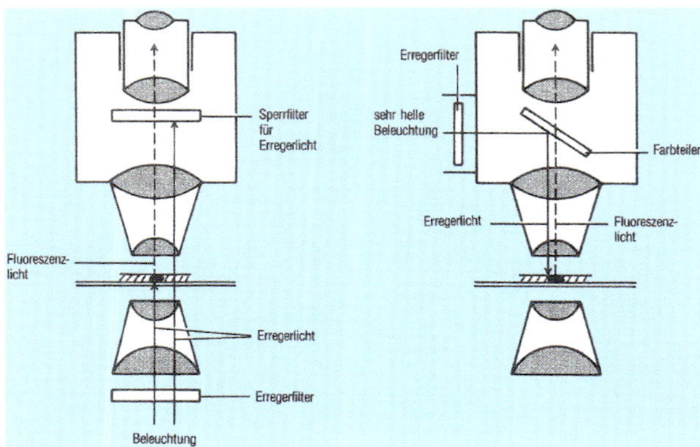

Abb. 112. Prinzipielle Strahlengänge bei Fluoreszenzeinrichtungen. Links: Durchlichtfluoreszenz. Rechts: Auflichtfluoreszenz.

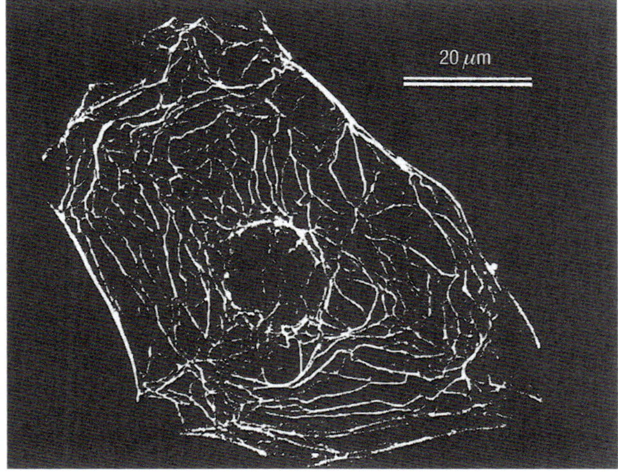

Abb. 113. Harte Umkopie einer Schwarz-Weiß-Aufnahme, auf der die zarten, sonst unsichtbaren Fäden des Zellskeletts im Fluoreszenzlicht hell kontrastiert wurden (nach einem Zeitschriftenartikel).

einfach auf die Augenlinse des Okulars legt. Als Beispiele für geeignete Sperrfilter (sog. Langpass-Filter) seien die Filter L 495 (Gelb), L 570 (Orange) und L 610 (Rot) von Baader-Planetarium genannt. Natürlich kann man auch Sperrfilter der gängigen Mikroskophersteller nehmen, die für gebrauchte Markengeräte nicht selten für sehr überschaubare Beträge erhältlich sind. Die Beleuchtung voll aufdrehen (bei den vorerwähnten Filtern genügt eine 50-W-Halogenleuchte!), ein schwaches bis mittleres (möglichst lichtstarkes) Objektiv verwenden und den Arbeitsplatz verdunkeln! Die genannte Rotfluoreszenz bei Chloroplasten lässt sich mit dieser einfachen Einrichtung recht gut demonstrieren und mit Belichtungszeiten von einigen Sekunden auch fotografisch dokumentieren. Auch Pflanzenschnitte zeigen bereits in einer solchen einfachen Anordnung hübsche Fluoreszenz, weil das in Pflanzen enthaltene Lignin bei Blaulicht-Anregung ebenfalls eine natürliche Fluoreszenz entwickelt. Und wenn man gefärbte Pflanzenschnitte nimmt (z.B. mit der Wacker-Färbung), leuchten die Fluoreszenzbilder noch vielgestaltiger auf. In Abbildung 114 wurde ein Pflanzenschnitt (Dauerpräparat, Wacker-Färbung) auf zweierlei Weise

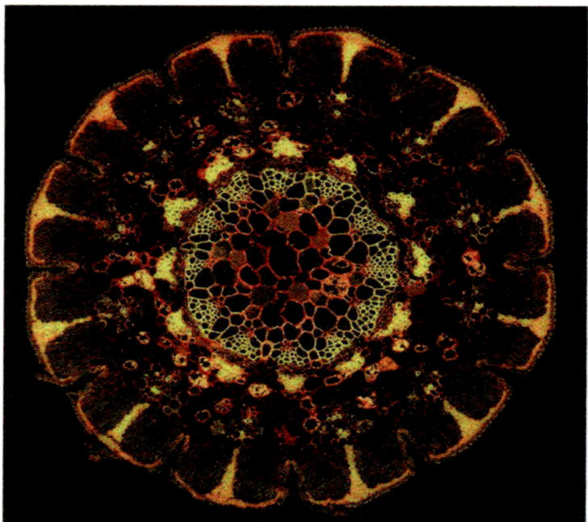

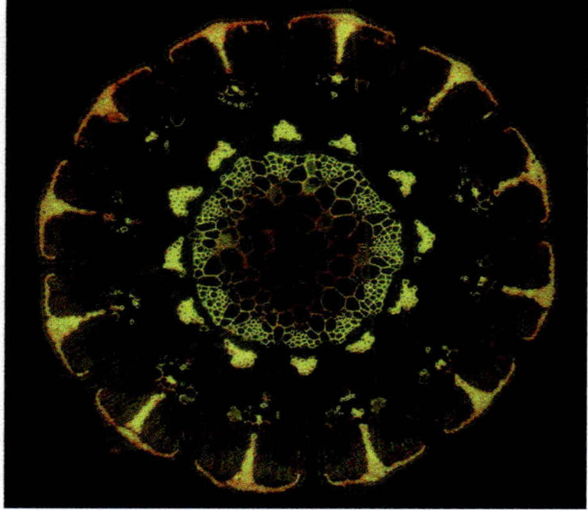

Abb. 114. Stängel des Blauen Keulenbaums (*Casuarina glauca*) im Querschnitt. Wacker-Färbung, Objektiv 10×, Blaulicht-Fluoreszenz. Anregung links: im Durchlicht-Dunkelfeld mit Elektronenblitzbelichtung. Anregung rechts: im Auflicht, benutzt wurde ein spezielles Fluoreszenzmikroskop.

zur Fluoreszenz angeregt: Im Bild links im Durchlicht-Dunkelfeld mit einem monochromen Blaufilter (Bandpass-Interferenzfilter RGB B-CCD von Baader-Planetarium, Transmission: 380 – 510 nm), im rechten Bild mit einem speziellen Fluoreszenzmikroskop für Auflichtfluoreszenz (FITC-Fluoreszenz). In der Durchlichtfluoreszenz mit dem Blaufilter von Baader diente ein gebrauchter Sperrfilter K 530 der Ausfilterung des Erregerlichts. Dieser Filter ist ein sog. Langpassfilter; er lässt Licht erst ab einer Wellenlänge von 530 nm hindurch und blockt alle kurzwelligeren Lichtanteile. Der Baader RGB-Blaufilter (Verwendung als Erregerfilter) und ein passender Langpass-Filter bzw. gebrauchter Sperrfilter kosten jeweils zweistellige Eurobeträge und passen auf jedes normale Durchlichtmikroskop, jedes Fluoreszenzmikroskop kostet ein Vielfaches und benötigt einen speziellen Auflichtilluminator. Natürlich kann man mit einem Fluoreszenzmikroskop wesentlich mehr spezielle Anwendungen realisieren, aber wenn es darum geht, die Prinzipien der Fluoreszenzmikroskopie zu erfassen und von hinreichend lebhaft fluoreszierenden Präparaten eindrucksvolle Fluoreszenzansichten zu erhalten, wird man mit einem solchen Interferenzfilter plus einfachem Sperrfilter als erschwingliche Zubehörteile viel Freude haben.

<u>Fallbeispiel:</u> Blauer Keulenbaum (*Casuarina glauca*)

Die Gegenüberstellung der Abbildung 114 veranschaulicht, dass alle Strukturen, die in der Auflichtfluoreszenz aufleuchten, ebenso auch in der auf einfache Weise erzeugten Durchlichtfluoreszenz erkennbar sind. Durch Anregung im Durchlicht-Dunkelfeld ist der Bilduntergrund ebenso tiefschwarz, wie bei Auflichtfluoreszenz.

Abschließend noch ein praktischer Hinweis: Wenn das Erregerfilter, welches ja auf den Lichtaustritt des Mikrokops gelegt wird, schräg gekippt wird, z.B. in einem Winkel von 20° bis 40°, verkürzt sich die Wellenlänge des hindurch gelassenen Lichts und es kann der Bilduntergrund bei Hellfeld-Anregung deutlich dunkler erscheinen, wodurch der Kontrast der fluoreszierenden Strukturen sichtlich erhöht wird. Diese Filterkippung funktioniert besonders eindrucksvoll mit dem vorerwähnten RGB-B CDD-Filter. Noch stär-

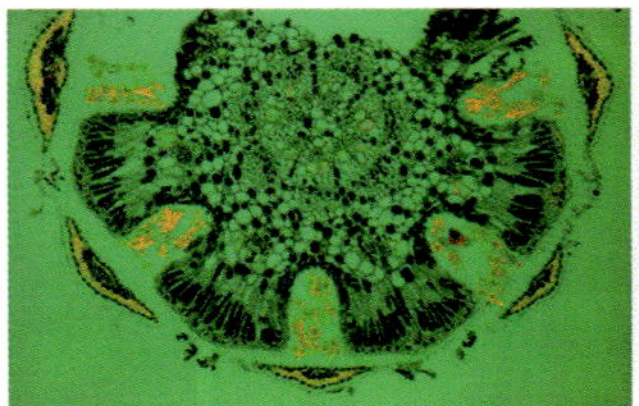
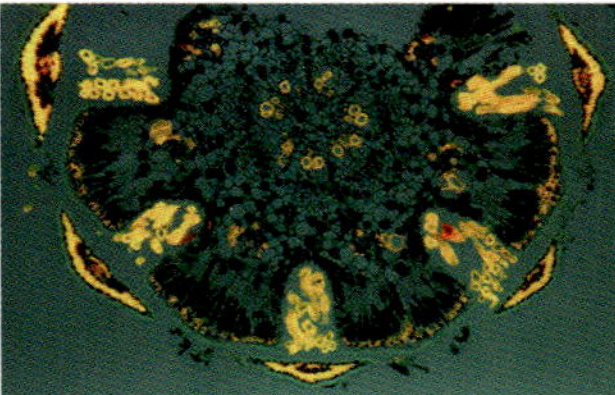
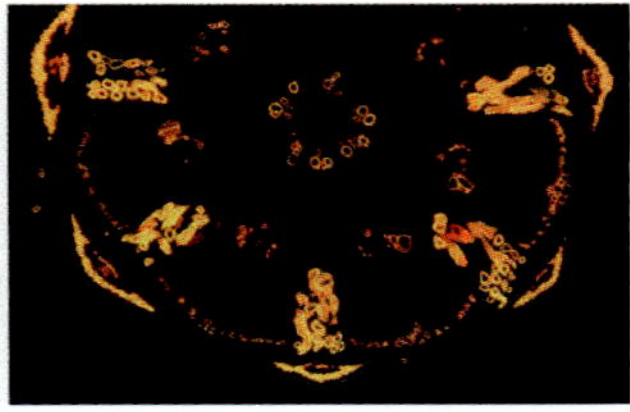

Abb. 115. Stängel des Strand-Keulenbaums (*Casuarina equisetifolia*) im Querschnitt. Wacker-Färbung, Objektiv 10×, Blaulicht-Fluoreszenz mit zwei RGB-B CCD-Filtern, Anregung im Durchlicht-Hellfeld, Blitzlichtbeleuchtung. Links: parallele Auflage beider Filter, Mitte: Neigung des oberen Filters um 20°, rechts: Neigung um 40°.

kere Kontraste und Abdunkelungen des Untergrundes ergeben sich bei Hellfeldanregung, wenn zwei dieser Filter miteinander kombiniert werden, wobei der untere Filter dem Lichtaustritt flach aufliegt und der darüber gehaltene in variablen Winkeln geneigt wird.

Fallbeispiel: Strand-Keulenbaum (*Casuarina equisitifolia*)

Die durch Filterkippung erzeugbaren Kontrastanhebungen werden in der Abbildung 115 demonstriert. Hier wurden zwei RGB B-CCD-Filter übereinandergelegt, wobei im Durchlicht-Hellfeld beleuchtet wurde. Wenn beide Filter dem Lichtaustritt waagerecht aufgelegt werden (Ansicht links), sind die fluoreszierenden Strukturen nur angedeutet erkennbar, und der Untergrund ist ähnlich hell, wie bei normaler Hellfeldbeleuchtung. Durch Neigung des oberen Filters um 20° ergibt sich schon eine deutliche Kontrastanhebung bei dunklerem Untergrund (Ansicht Mitte), wird der Filter um 40° geneigt, resultiert ein tiefschwarzer Untergrund, und nur die fluoreszierenden Strukturen leuchten noch auf (Ansicht rechts).

Ergänzend soll noch auf ein physikalisches Phänomen hingewiesen werden. Das unter Anregung mit einem bestimmten Erregerlicht emittierte Fluoreszenzlicht ist in aller Regel langwelliger als das Erregerlicht selbst. Wenn man im Grünlicht anregt, ist also zu erwarten, dass Objekte rotes Fluoreszenzlicht abgeben, folgerichtig rot erscheinen. Regt man mit Blaulicht an, kann grüne oder rote Fluoreszenz erzeugt werden. Bei Anregung mit ultraviolettem Licht (UV-Licht) kann das emittierte Fluoreszenzlicht zusätzlich auch Violett- und/oder Blauanteile enthalten. Ein Beispiel hierfür zeigt Abbildung 116. Hier wurde mit UV-Licht im Durchlicht-Hellfeld angeregt. Als Erregerfilter diente wiederum ein Astrofilter von Baader-Planetarium (U-Filter, Transmissionsmaximum: 360 nm, Bandbreite: 310 – 390 nm). Das gezeigte Mikrofoto wurde ohne Sperrfilter aufgenommen. Es ist ersichtlich, dass auch ohne Sperrfilter der Bilduntergrund tiefschwarz erscheint, weil das UV-Licht ja außerhalb des sichtbaren Lichts liegt. Hinzu kommt, dass die Glaslinsen von Mikroskop-Objektiv und Okular UV-Strahlen abschwächen und die meisten Kameras über integrierte UV-Filter verfügen. Trotzdem muss man natürlich zum Schutz seiner Augen einen UV-Filter als Sperrfilter einsetzen, wenn man das Fluoreszenzbild durchs Okular direkt betrachten möchte. Wie Abbildung 116 zeigt, leuchten die fluoreszierenden Strukturen in sehr feiner Auflösung kontrastreich auf, wobei auch blaues Licht beteiligt ist.

Nochmaliger Sicherheitshinweis: Zum Schutz der Augen NIE direkt in UV-Licht blicken und auch NIEMALS durch ein Okular, wenn kein Sperrfilter aufliegt!

Auf einfache Weise können Zellkerne mit Fluoreszenzfarbstoffen auch bei lebenden Zellen markiert (fluorochromiert) werden, sodass sie im Fluoreszenzlicht hell aufleuchten. So kann man Zellkerne zum Beispiel mit Acridinorange anfärben, wenn man einem Wassertropfen eine Spur dieser Lösung, Verdünnung: 1:10.000, zusetzt. In der Blaulicht-Anregung leuchten nun Zellkerne grün auf. Abbildung 117 demonstriert diesen Effekt anhand eines lebenden Pantoffeltierchens (*Paramecium* sp.), dessen Großkern (Macronucleus) nach Einwirkung von Acrininorange im Blaulicht grün fluoreszierend aufleuchtet. Dies kann sowohl bei Auflicht- (Bild links) als auch bei einfacher Durchlichtanregung (Bild rechts) erkannt werden. Abbildung 118 stellt Epithelzellen der Mundschleimhaut vergleichend gegenüber, aufgenommen im Phasenkontrast und nach Vitalfärbung mit Acridinorange in Blaulicht-Fluoreszenz.

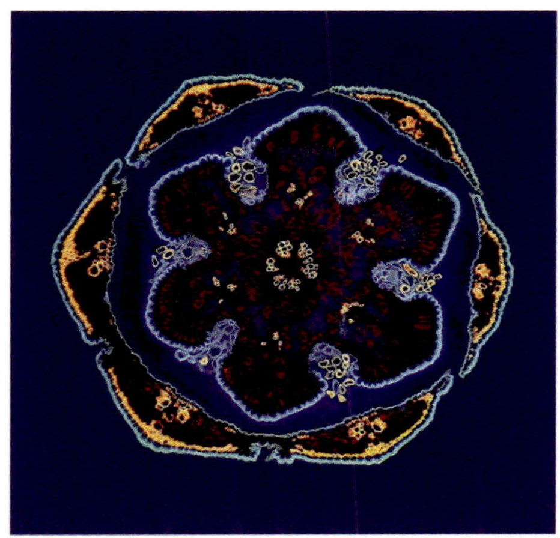

Abb. 116. Stängel des Strand-Keulenbaums (*Casuarina equisetifolia*) im Querschnitt. Wacker-Färbung, Objektiv 10×, UV-Fluoreszenz mit Baader U-Filter (Bandpass-Interferenzfilter, 310 – 390 nm, Maximum: 360 nm), Anregung im Durchlicht-Hellfeld, kein Sperrfilter während der Aufnahme des Bilds.

Sicherheitshinweis: Acridin-Orange hat mutagene Effekte, darf in Deutschland nicht an Privatpersonen verkauft werden. Sicherheitsdatenblatt beachten!

Auch die Darstellung von Chromosomen ist eine Domäne der Fluoreszenzmikroskopie. Gefärbt wird in der Routine mit DAPI (4′,6-Diamidino-2-Phenylindol), fluoreszenzmikroskopisch untersucht bei UV-Anregung (Abb. 119).

Blattgrün leuchtet, wie schon eingangs erwähnt, ohne Markierung mit einem Fluoreszenzfarbstoff im Blaulicht rot auf (Autofluoreszenz).

Fallbeispiel: Radalge: Eine Zieralge der Gattung Micrasterias zeigt einen auffälligen Farbumschlag. Der bei normaler Beleuchtung grün erscheinende flächige

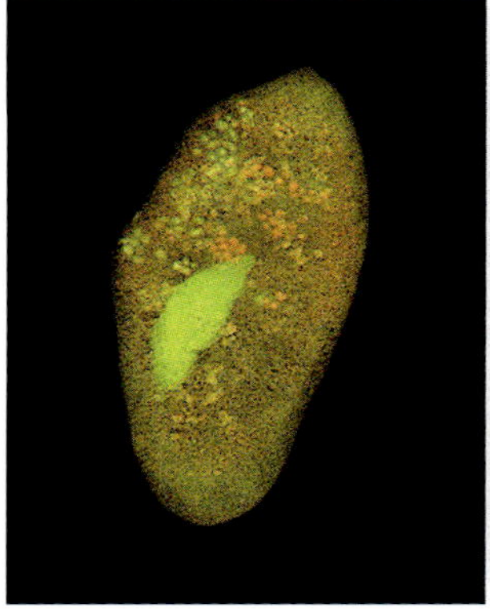
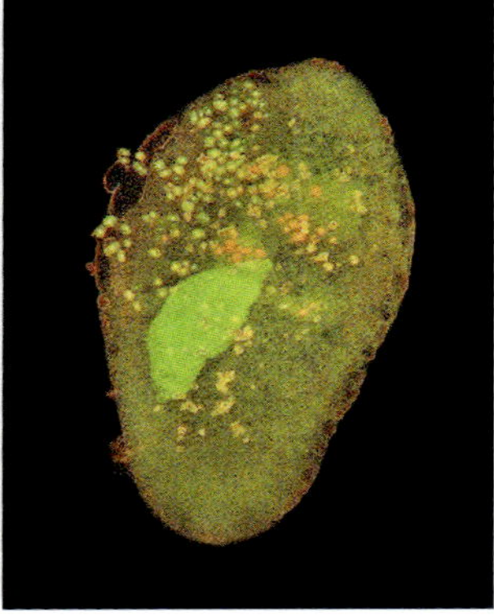

Abb. 117. Pantoffeltierchen (*Paramecium* sp.), Lebendpräparat, Vitalfärbung mit Acridinorange 1:10.000, Fluoreszenzanregung im Blaulicht, Auflichtanregung links, Durchlicht-Hellfeld-Anregung rechts.

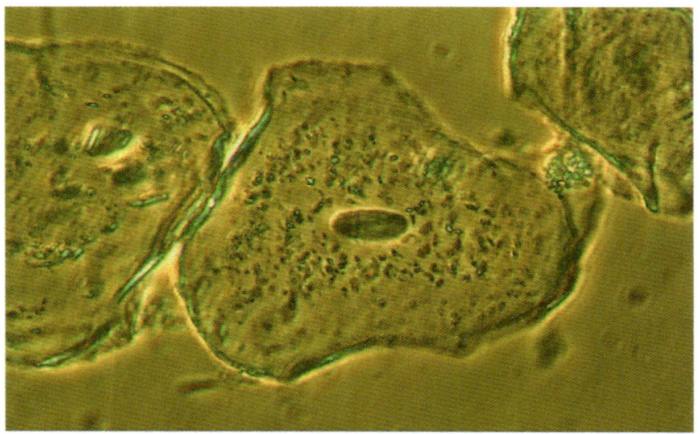

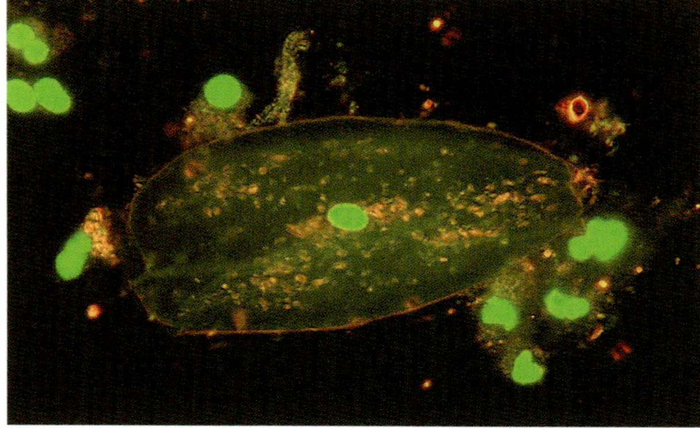

Abb. 118. Epihelzellen der Mundschleimhaut, Phasenkontrast (oben), Blaulicht-Fluoreszenz, Vitalfärbung mit Acridinorange (unten).

Chloroplast fluoresziert einheitlich in tiefen Rottönen (Abb. 120). Ähnliche Fluoreszenz zeigen auch Lebendaufnahmen von Volvox (Abb. 121). Sogar kleinste Grünalgen, die in Symbiose mit bestimmten Trompetentierchen (grüner Stentor) leben, werden im Fluoreszenzmikroskop rot hervorgehoben (Abb. 122).

Einige weitere Beispiele für Pflanzenschnitte in Durchlicht-Fluoreszenz bei Blaulicht-Anregung zeigen die Abbildungen 123 und 124. Leit- und Stützgewebe von Pflanzenstengeln zeigen auch eine Autofluoreszenz, wenn sie mit Grünlicht angeregt werden; sie leuchten auf dunklem Untergrund gelb auf (Abb. 125).

Speziell auf den Abbildungen 122, 123 und 124 ist auch ersichtlich, dass bei Durchlicht-Anregung je nach Wirkungsweise des Sperrfilters neben dem eigentlichen Fluoreszenzlicht gewisse Anteile des Erregerlichts beigemischt sein können, sodass zum Beispiel bei Blaulicht-Anregung ein dezentes blau gefiltertes Hellfeldbild hinzugefügt wird. Sofern dieses Hellfeldbild das Fluoreszenzbild nicht allzu sehr überstrahlt und hierdurch schwächt, kann dieser Effekt von Vorteil sein, weil man neben den fluoreszierenden Strukturen auch nicht fluoreszierende Begleitstrukturen im Bild erfasst.

Kombination von Auflicht-Fluoreszenz mit Durchlicht-Verfahren

In der klassischen Auflicht-Fluoreszenz werden allein die fluoreszierenden Anteile eines Objekts auf tiefschwarzem Untergrund sichtbar; diese selektive Darstel-

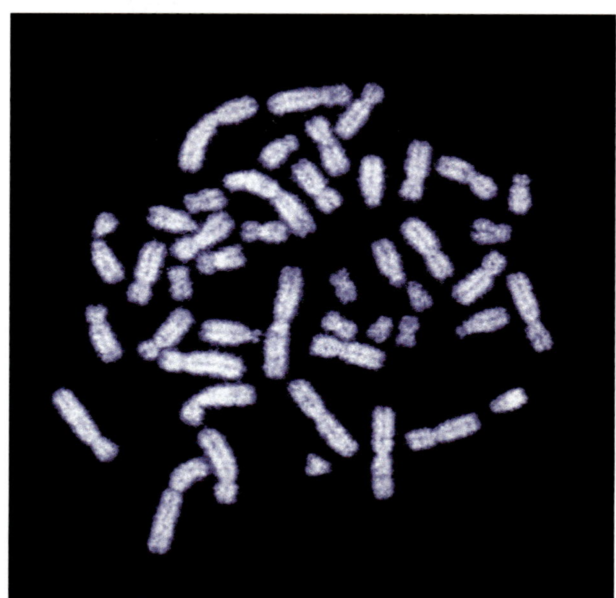

Abb. 119. Menschliche Chromosomen, gewonnen aus Leukozytenkultur. DAPI-Färbung, UV-Fluoreszenz, Objektiv Öl 100×. (Präparat: Vera Beyer, Institut für Humangenetik, Universität Mainz).

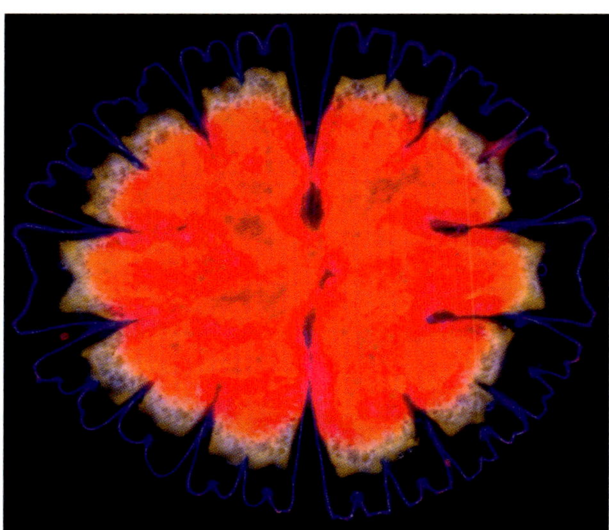

Abb. 120. Eine Zieralge, die Radalge *Micrasterias* sp, im Fluoreszenzlicht (Blaulicht-Anregung).

lung bewirkt, dass nicht fluoreszierende Komponenten im Fluoreszenzbild fehlen. Dieses Dilemma lässt sich vermeiden, wenn man gleichzeitig zur Fluoreszenzanwendung das Objekt auch in einem geeigneten Durchlichtverfahren darstellt. Bei einer solchen Echtzeitüberlagerung zweier Bilder können die fluoreszierenden Strukturen im Kontext ihrer nicht fluoreszierenden Begleitstrukturen unter der Voraussetzung erkannt werden, dass keine übermäßige Überstrahlung des meist sehr

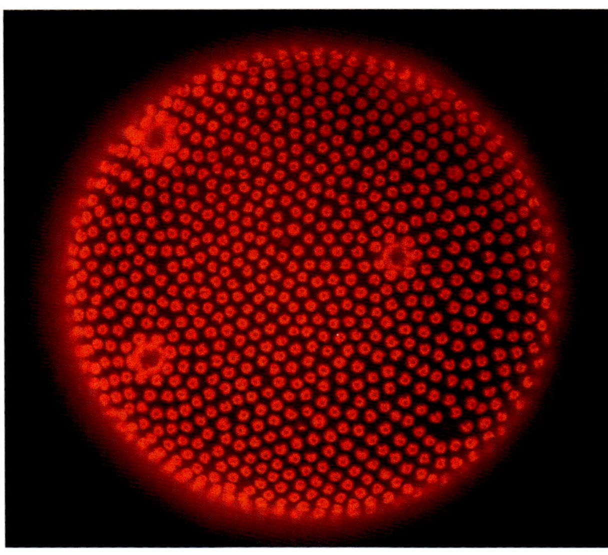

Abb. 121. Kugelalge (*Volvox*), Fluoreszenz, Blaulicht-Anregung. Auf dunklem Untergrund leuchten die Rotlicht emittierenden Chloroplasten selektiv auf.

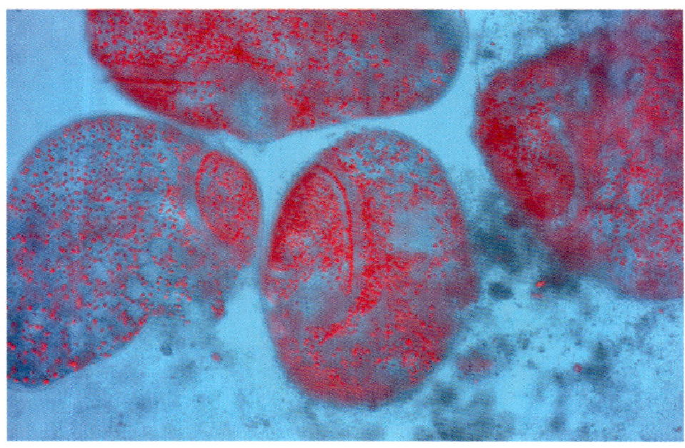

Abb. 122. Winzige Grünalgen (Symbionten) im Inneren von grünen Trompetentierchen (*Stentor polymorphus*), Durchlicht-Fluoreszenz, Blaulicht-Anregung, Markierung der Grünalgen durch deren autofluoreszierende Chloroplasten.

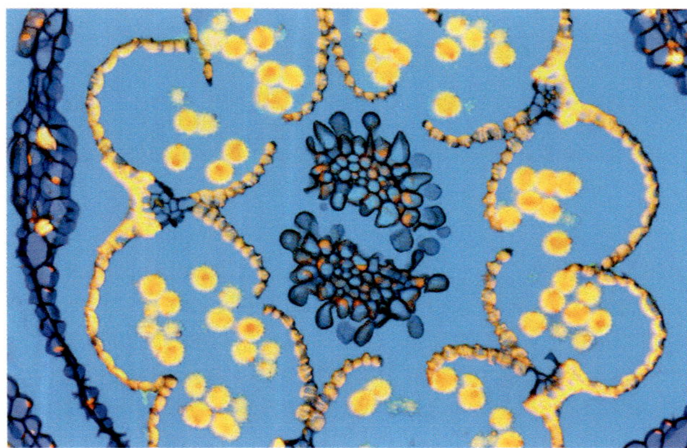

Abb. 123. Schnitt durch eine Blüte, Gelbfluoreszenz von Pollen und Hüllepithel der Pollensäcke, Durchlicht-Fluoreszenz, Blaulicht-Anregung, zusätzliche Darstellung von nicht fluoreszierenden Objektanteilen im beigemischten blaugrundigen Hellfeld.

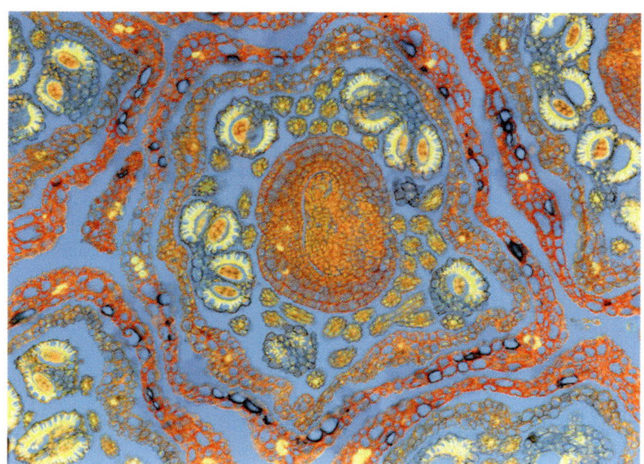

Abb. 124. Mimosenblüte, Durchlicht-Fluoreszenz, Blaulicht-Anregung.

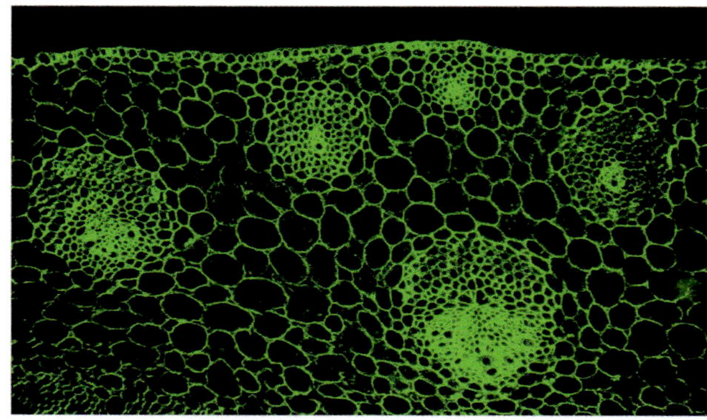

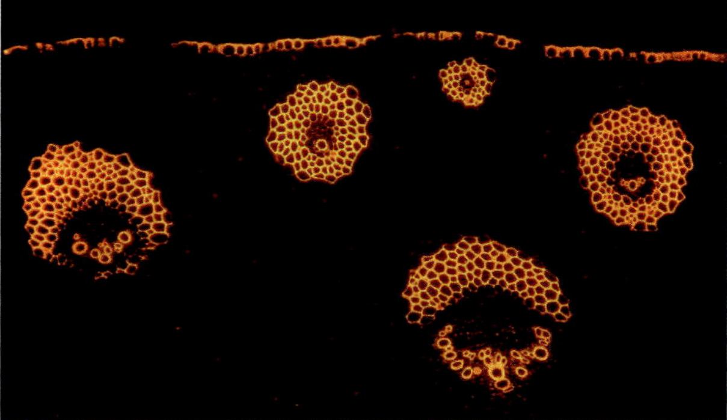

Abb. 125. Maisstengel, Querschnitt, Grünlicht, Dunkelfeld (oben), Fluoreszenz bei Grünlicht-Anregung (unten).

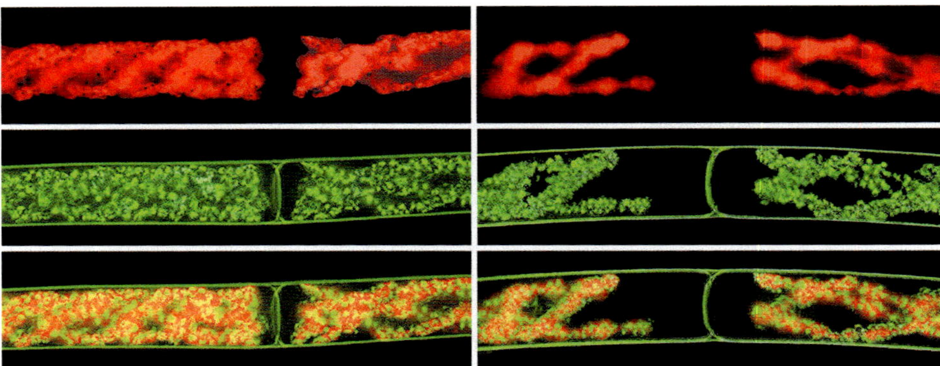

Abb. 126. Lebende Fadenalge des Süßwassers, wahrscheinlich Gattung *Spirogyra*, verschiedene Ansichten, aufgenommen bei unterschiedlichen Vergrößerungen. Reine Auflicht-Fluoreszenz (oben), reines Durchlicht-Dunkelfeld (axiales Dunkelfeld), gefiltert im monochromatischen Grünlicht (Mitte), gleichzeitige Ausführung beider Verfahren (unten).

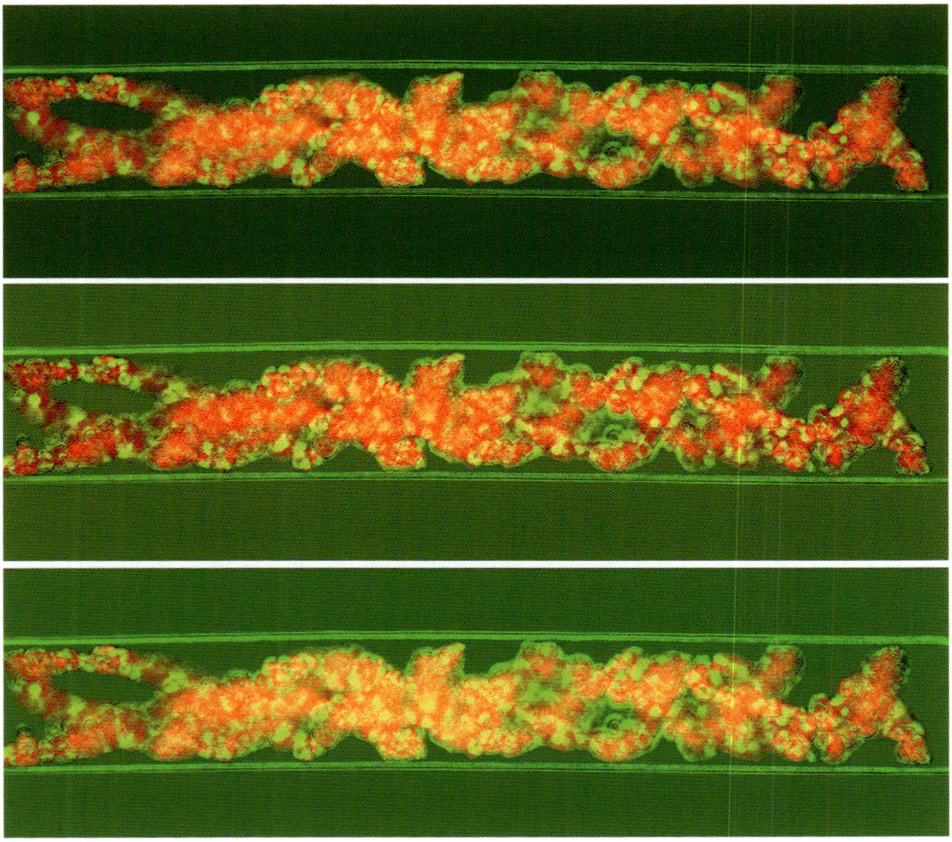

Abb. 127. Lebende Fadenalge von Abbildung 126, Auflicht-Fluoreszenz, kombiniert mit axialem Durchlicht-Dunkelfeld und beigemischter Durchlicht-Hellfeld-Komponente von geringer (oben), mittelgradiger (Mitte) und höherer (unten) Intensität.

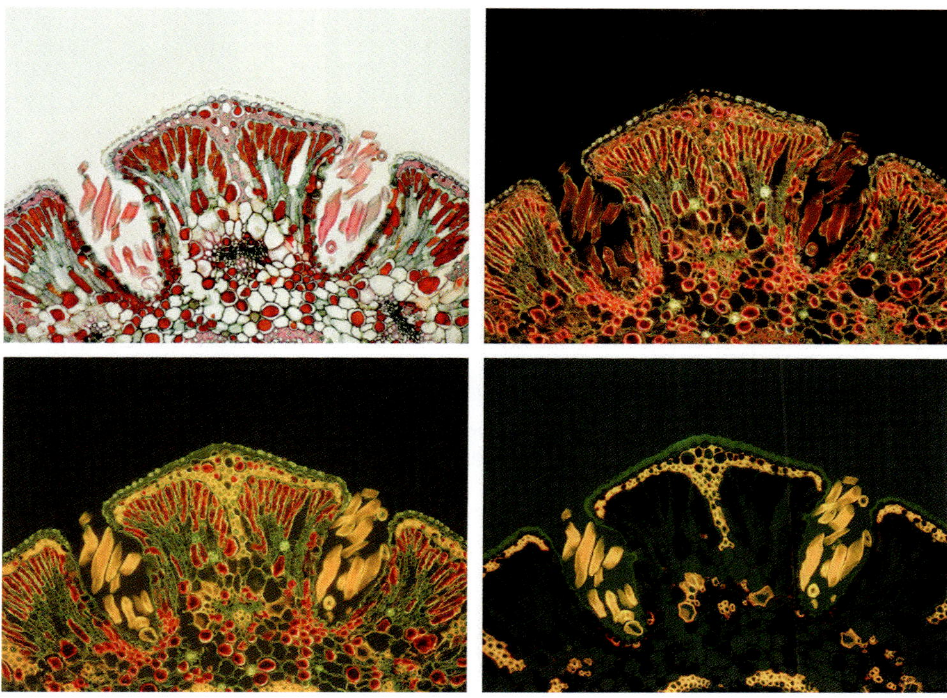

Abb. 128. Gefärbter Pflanzenschnitt (*Casuarina equisitifolia*, Präparat: Robin Wacker), Hell- und Dunkelfeld (oben), Kombination von Fluoreszenz und Durchlicht-Dunkelfeld versus reiner Fluoreszenz (unten).

lichtschwachen Fluoreszenzbilds durch das Durchlichtbild stattfindet. Optimaler Bildkontrast bleibt erhalten, wenn dem Auflicht-Fluoreszenzbild ein Durchlicht-Dunkelfeldbild überlagert wird. Vorzugsweise sollte das Durchlichtbild monochromatisch gefiltert sein, und zwar in einer Farbe bzw. Wellenlänge, welche das jeweilige Sperrfilter passieren kann und sich gleichzeitig von der vorherrschenden Fluoreszenzfarbe unterscheidet. Anwendungsbeispiele zeigen die Gegenüberstellungen in Abbildung 126. Eine lebende Fadenalge wurde im blauen Auflicht zur Fluoreszenz angeregt; das Chlorophyll stellt sich auf Grund seiner vorbeschriebenen Autofluoreszenz leuchtend rot dar. Die Zellwände und andere nicht fluoreszierende feine Binnenstrukturen bleiben im Fluoreszenzbild hingegen unsichtbar. Im alleinigen Durchlicht-Dunkelfeld (hier: axiales Dunkelfeld), gefiltert im strengen monochromatischen Grünlicht (λ = 540 nm, Halbwertsbreite: 8 nm), ergibt sich eine einfarbige Ansicht aller vorhandenen Strukturen, wobei das Chlorophyll nicht abgrenzbar ist. Bei gleichzeitiger Ausführung beider Verfahren werden die Informationen des Fluoreszenzbilds mit denen des Dunkelfeldbilds vereinigt. Das Chlorophyll ist ebenso klar lokalisierbar, wie im reinen Fluoreszenzbild, gleichzeitig erkennt man aber auch die sonstigen Objektstrukturen in einem überstrahlungsfreien Bild, ohne dass die Qualität oder Aussage des Fluoreszenzbilds beeinträchtigt wird. Durch feinstufige Helligkeitsveränderung des Durchlichtbilds kann die

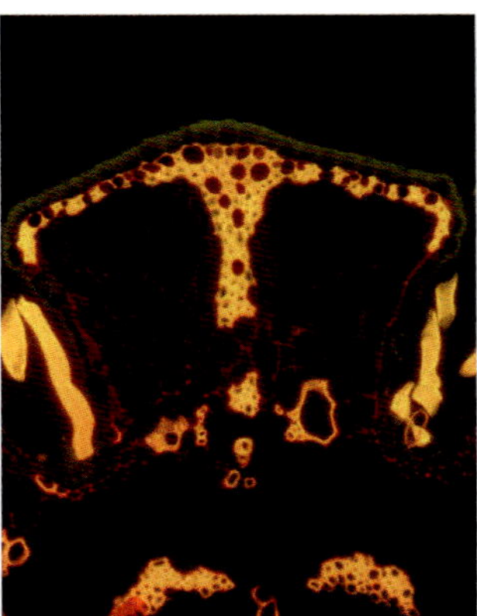
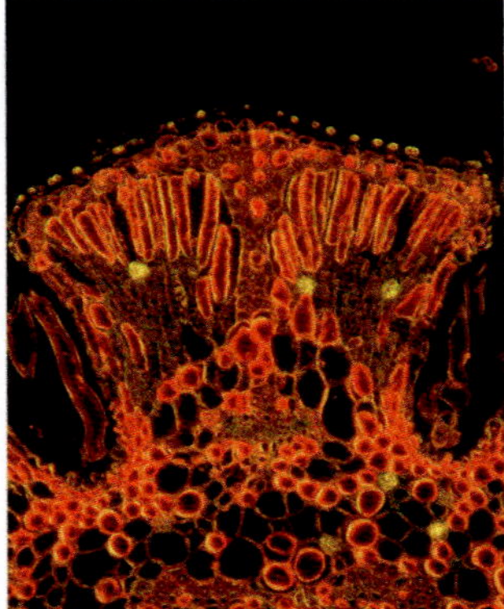
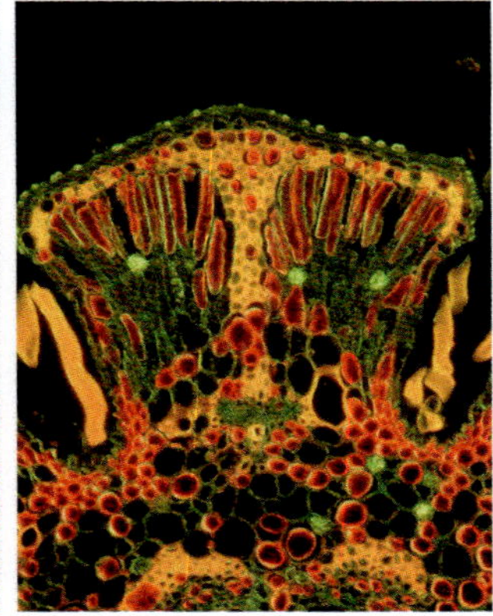

Abb. 129. Objekt von Abbildung 128, Vergleich unterschiedlicher Verfahren bei stärkerer Vergrößerung. Reine Fluoreszenz (links), reines Dunkelfeld (Mitte), simultane Ausführung beider Verfahren (rechts).

Gewichtung beider überlagerter Teilbilder variiert werden (Abb. 127).

Die Bildtafel von Abbildung 128 demonstriert die komplementären Bildinformationen von Hell- und Dunkelfeld, Fluoreszenz und simultaner Ausführung von Fluoreszenz und Dunkelfeld am Beispiel eines gefärbten Pflanzenschnitts. Es ist ersichtlich, dass auch eine Kombination von herkömmlichem Durchlicht-Dunkelfeld mit Fluoreszenz zu einem überlegenen Detailreichtum führt. Abbildung 129 veranschaulicht die erreichbaren Effekte bei stärkerer Vergrößerung. Grundsätzlich kann in der hier gezeigten Weise ein Durchlicht-Dunkelfeld-Bild mit Auflicht- oder Durchlichtfluoreszenz kombiniert werden. Im Falle einer alleinigen Durchlichtanwendung ist lediglich erforderlich, dass mit einem hinreichend breiten Farb- bzw. Frequenzband angeregt wird, sodass eine langwellige Komponente des durchfallenden Lichts den Sperrfilter durchlaufen kann und auf diese Weise ein Dunkelfeldbild beisteuert.

Einstellung und Durchmustern eines Präparats

Im Prinzip ist das Vorgehen einfach: Zuerst justiert man die Beleuchtung. Verwendet man einen Binokulartubus, muss auch der in einem ersten Schritt ordentlich einjustiert, d.h. auf den Augenabstand und eventuelle Fehlsichtigkeit abgestimmt sein. Nachdem das geschehen ist, kann man die Justiererei aber erst einmal vergessen. Man senkt den Objekttisch (bzw. hebt den Tubus), bevor man ein Präparat auf den Objekttisch legt, stellt ein gering vergrößerndes Objektiv ein (10× oder noch schwächer) und stellt dann mit dem Grobtrieb scharf. Hat man vor, Wassertropfenpräparate mit starken Trockenobjektiven zu betrachten, so sollte von vorne herein auf die richtige Deckglasdicke geachtet werden.

Justierung eines Binokularaufsatzes

Zu justieren sind Augenabstand und Schärfe für beide Augen. Zuerst stellt man den richtigen Augenabstand ein. Zu diesem Zweck kann man die beiden Okularstutzen (die „Feldstecherhälften") etwas gegeneinander verdrehen bzw. verschieben. Man wählt mittelhelle Beleuchtung bei schwacher Vergrößerung, verwendet aber kein Präparat; Strukturen lenken hier nur ab. Bei weit auseinander gedrehten oder geschobenen Führungen sieht man zwei getrennte helle Kreisscheiben. Nun dreht oder schiebt man die Führungen gegeneinander, bis die beiden Scheiben zu einer einzigen verschmelzen. Zu diesem Zweck überdreht man erst einmal, geht wieder zurück und wiederholt den Vorgang ein paarmal, bis man ohne Anstrengung nur eine einzige weiße Scheibe sieht.

Als nächstes stellt man für beide Augen scharf. Der Tubus hat im Allgemeinen für einen Okularstutzen eine Schraubeinstellung, mit der man sein Okular etwas heben und senken kann, meist rechts. (Manchmal gibt es auch an beiden Stutzen solche Einstellungen). Man wählt ein kontrastreiches Präparat bei mittlerer Vergrößerung, vielleicht Objektiv 20× oder 10×, und fokussiert mit dem linken Auge auf eine gut erkennbare Stelle in der Bildfeldmitte scharf. Das rechte Auge schließt man dabei. Sobald dies mit einigem Hin- und Herdrehen erfolgt ist, bewegt man den Trieb nicht mehr, sondern schaut nun mit dem rechten Auge in den rechten Tubus. Das linke ist dabei geschlossen. Das Bild kann jetzt etwas unscharf sein. Nun dreht man die Augenlinse des rechten Okulars mit ihrer Schraubfassung wiederholt etwas auf und ab, bis das Bild scharf ist. Wenn man jetzt das linke Auge wieder öffnet, sollte das Bild für beide Augen scharf sein.

Die beiden richtigen Einstellungen sollte man sich notieren, falls entsprechende Skalen vorhanden sind; denn man muss sie wiederfinden, sobald auch ein anderer Mikroskopiker durch den Binokularaufsatz geschaut und ihn an seine eigenen Augen angepasst haben sollte.

Sollte man statt eines Bildes bei jedem eingestellten Augenabstand zwei gegeneinander verschobene Bilder sehen, die beim Heben und Senken des Tubus auch noch aus- oder ineinander laufen, hat man Pech gehabt mit seinem neu erworbenen Binokularaufsatz. Dann sind wahrscheinlich intern die Prismen verstellt. Das lässt sich mit Bordmitteln nicht reparieren und ist Grund für eine Reklamation.

Scharfstellen auf ein Präparat

Scharfstellen mit schwachen Objektiven

Das geschieht am besten durch Senken eines vorher hochgedrehten Tubus bzw. Heben eines abgesenkten Objekttisches mit dem Grobtrieb, während man ins Okular bzw. in den Binokularaufsatz blickt. Man sieht dann die Schärfe kommen, und dreht mehrmals hin und her, von einem Unschärfebereich zum anderen. Wenn man überdreht, ist das nicht so schlimm, weil der Objektabstand groß ist und die Frontlinse nicht auf das Deckglas drücken kann.

Scharfstellen mit starken Objektiven

Bei starken Objektiven, zumal solchen ohne federnde Fassung, kann das genannte Verfahren zum Zerdrücken des Präparats und zum Zerkratzen der Frontlinse führen, wenn man (was sehr, sehr leicht vorkommt) beim Absenken die schärfste Stelle übersehen hat. Es ist besser, wenn man wie folgt vorgeht: Unter seitlicher Beobachtung wird das Objektiv so nahe an das Deckglas gebracht, bis die Frontlinse fast das Deckglas berührt. Dann schaut man ins Mikroskop und hebt den Tubus wieder (bzw. senkt den Tisch wieder), bis das Bild scharf erscheint. Auch hier kann man nun – mit entsprechend kleinen Amplituden – zur dynamischen Feststellung der größten Schärfe hin und her drehen.

Objektivwechsel

Man dreht den Revolver, vorzugsweise in Richtung von den schwächeren auf stärkere Objektive, in immer gleicher Weise um eine Raste weiter. Stellt man die nächste Raste nicht sauber ein, so erscheint das Bildfeld schräg abgeschnitten und auf einer Seite dunkler. Sind die Objektive nicht genau abgeglichen, kann es bei starken Systemen vorkommen, dass beim Einschwenken die Frontlinse auf dem Deckglas schleift oder dieses verschiebt oder gar zerdrückt. Um Beschädigungen von Linse und Präparat zu vermeiden, ist es, wie oben gesagt, nötig, die Distanz zum Deckglas zunächst etwas zu erhöhen und nach dem Einschwenken wieder vorsichtig zu verringern. Man spielt das alles ein paar Mal mit allen Objektiven durch, um sicher zu sein, dass hochvergrößernde Systeme keine Probleme machen. Man muss aber mit Ölimmersionen sowieso gesondert und sehr vorsichtig vorgehen. Man sollte sie, sitzen sie denn am Revolver, niemals einfach ein- und durchschwenken. Wer sie nur sehr selten braucht, ist besser beraten, wenn er sie nur im Bedarfsfall einschraubt. Und gerade in der Anfangsphase des Mikroskopierens ist eine Ölimmersion aus unserer Sicht entbehrlich.

Verschieben des Objektträgers

Will man einen Präparatausschnitt in die Bildmitte bringen, muss man den Objektträger auf dem Objekttisch verschieben. Das kann von Hand geschehen, oder mit einem Objektführer oder Kreuztisch. Will man diesen Ausschnitt dann in einer bestimmten Orientierung sehen (bei Mikroorganismen hat man das Vorderende gerne „oben"), so muss man den Objektträger um die optische Achse verdrehen. Das geht mit der Hand nur bei schwachen Ver-

Abb. 130. Objekttisch eines Schul- und Kursmikroskops mit angesetztem Objektführer. Der Tisch ist stillstehend, der Objektführer selbst bewegt das Präparat in x- und y-Richtung.

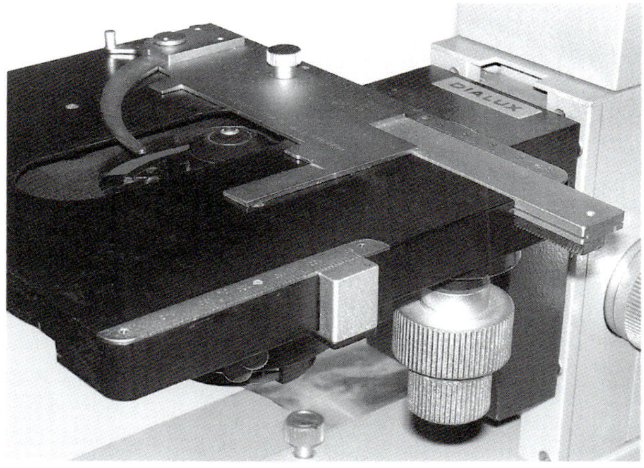

Abb. 131. Großer Kreuztisch eines Labormikroskops mit integriertem Objektführer. Hier bewegt sich der Tisch insgesamt mitsamt Objektführer in der y-Achse und der Objektführer selbst verschiebt das Präparat nur in der x-Achse.

größerungen ganz gut; ansonsten braucht man einen Drehtisch.

Von Hand

Man stützt beide Hände entweder auf den Mikroskopfuß oder an den Seitkanten des Objekttisches auf und führt den Objektträger vorsichtig an den Ecken mit Daumen und Zeigefinger **beider** Hände. Da die Bewegungen ohne Zusatzeinrichtungen umgekehrt erscheinen und natürlich vergrößert sind, wird es anfangs bereits bei mittleren Vergrößerungen Mühe machen, Objekte in die Bildmitte zu bringen, doch übt sich das ein, und die Bildumkehr wird mit zunehmender Übung gar nicht mehr bewusst wahrgenommen.

Mit dem Kreuztisch

Kreuztische haben eine Führungseinrichtung fest eingebaut. Auf Normaltische kann man einen Objektführer (Abb. 130) fallweise aufsetzen, was für die Praxis womöglich günstiger ist. Der Tisch hat für den Ansatz zwei Bohrungen, in die zwei Noppen auf der Unterseite des Objektführers eingrei-

Abb. 132. Großtisch eines Halbleitermikroskops, ausgestattet für Untersuchungen im Auflicht und Durchlicht. Die gesamte Tischfläche steht für die Objektauflage zur Verfügung, der Tisch selbst kann in x- und y-Richtung verstellt werden.

fen. Das Ganze wird mit einer Schraube gesichert. Bei dieser Variante steht der Tisch fest und der Objektführer bewegt das Präparat in x- und y-Richtung. Auf diese Weise kann man durch Betätigung zweier Rändelschrauben den Objektträger in zwei senkrecht zueinander stehenden Richtungen feinfühlig verschieben.

Bei größeren Kreuztischen ist der Objektführer von vornherein vorhanden; hier bewegt sich der Tisch in der y-Achse und der Objektführer selbst bewegt den Objektträger nur in der x-Achse (Abb. 131). Beide Rändelschrauben sind meist konzentrisch angeordnet, sodass man sie mit einer Hand bedienen kann und die andere Hand frei bleibt. Wer viel mit solchen Geräten arbeitet, etwa häufig histologische Präparate durchmustert, wird diesen Vorteil zu schätzen wissen, zumal dann, wenn die beiden Rändelansätze nach unten abgewinkelt sind, sodass die steuernde Hand dem Mikroskopfuß oder dem Tisch aufliegen kann. So ermüdet sie nicht so schnell. An solche ergonomischen Aspekte sollte man bereits beim Kauf eines Mikroskops denken.

Ergänzend soll noch erwähnt werden, dass es für industrielle Anwendungen auch spezielle Großtische gibt, die sich als solches in beiden Achsen verstellen lassen, ohne dass eigens ein Objektführer benötigt wird. So bleibt die gesamte Tischfläche für die Objektauflage frei (Abb. 132).

Der hier gezeigte Tisch verfügt über eine mittig angeordnete transparente Glasplatte, sodass neben Auflichtuntersuchungen auch Durchlichtanwendungen möglich bleiben.

Mit dem Drehtisch

Abgesehen von Sonderfällen sind Drehtische recht gut geeignet, ein Präparat in die richtige Formatlage für Mikrofotografien zu bringen. Dazu sollten sie aber auch die Möglichkeit haben, einen Objektführer aufzusetzen, und sie müssen unbedingt zentrierbar sein. Absolut nötig sind sie für den Mikrofotografen aber nicht, denn man kann statt des Präparates ja auch die Kamera um die optische Achse drehen, sofern diese drehbar montiert ist.

Zeichnen und Messen

Mikroskopisches Zeichnen war früher ein Kernpunkt der Ausbildung am Mikroskop. Bevor die Mikrofotografie zur Verfügung stand, stellte eine minutiöse zeichnerische Dokumentation die einzige Möglichkeit dar, das Beobachtete im Bild festzuhalten. Entsprechend perfekt waren die Ergebnisse dieser früheren zeichnerischen Dokumentationen, angefangen bei Antony van Leeuwenhoek (1632 – 1723) und Robert Hooke (1635 – 1703) bis hin zu Ernst Haeckel (1834 – 1919) und seinen berühmten „Kunstformen der Natur". Bewusst zeigen wir in unserer Buchreihe auch einige Beispiele solch früher Bilddokumente. Vergegenwärtigt man sich, welch einfache optische Gerätschaften in der damaligen Zeit zur Verfügung standen, regen diese historischen zeichnerischen Darstellungen immer noch zum Staunen an. Sie belegen eindrucksvoll den hohen Stellenwert einer feinsinnigen Beobachtungsgabe, kombiniert mit Erfahrung und Intuition der visuellen Bilderfassung. Inzwischen ist das Zeichnen nicht mehr allzu beliebt. Dennoch sollten dessen wichtigsten Grundlagen nicht fehlen. Zumindest eine einfache Skizze wird jeder Mikroskopiker einmal anfertigen wollen. Beim Messen ist das ähnlich. Auch hier kommt man nicht daran vorbei. Bei der Artbestimmung von Diatomeen etwa hängt manchmal alles genau von der Länge ab.

Warum zeichnen?

Die Hauptbedeutung des mikroskopischen Zeichnens liegt heute nicht mehr so sehr in der Fertigung publikationsreifer Bildvorlagen, sondern vor allem in der Gewinnung schlichter, einfacher Umrissskizzen, aus denen man beispielsweise die Längen-Breiten-Verhältnisse von Objekten klar ersehen kann. Stimmt diese Hauptkonturierung, so kann man dann auch ohne weiteren Gebrauch eines Zeichenapparats durch kurz abwechselndes Schauen und Zeichnen die Skizze mit Leben füllen.

Man sollte dabei aber keinen künstlerischen Ehrgeiz mit Schattierungen und erfundenen Ausschmückungen entwickeln, sondern sich schlicht auf die konturengetreue, richtige Übertragung der Organe, Zellinhalte usw. beschränken. Dichte-Unterschiede oder räumliche Krümmungen können allenfalls durch dichtere oder dünnere Feinpunktierung angedeutet werden. Ein gutes Beispiel dafür ist die Zeichnung von Amöben auf der Abbildung 133 links.

Man zeichnet mit mittelhartem Bleistift auf starkes, glattes Zeichenpapier. Nachträgliche Tuscheumsetzung ist problematisch, aber möglich. Gut gelungen ist sie zum Beispiel bei der mittleren Zeichnung zur Abbildung 133 Mitte. Für didaktische Zwecke können natürlich ebenso vereinfachte Zeichnungen angefertigt werden, die nur das didaktisch Wesentliche zeigen (Abb. 133 rechts).

Zwei große Vorteile hat die mikroskopische Zeichnung gegenüber dem noch so schönen Mikrofoto:

- Man kann durch optisches Abtasten mit der Mikrometerschraube die bis-

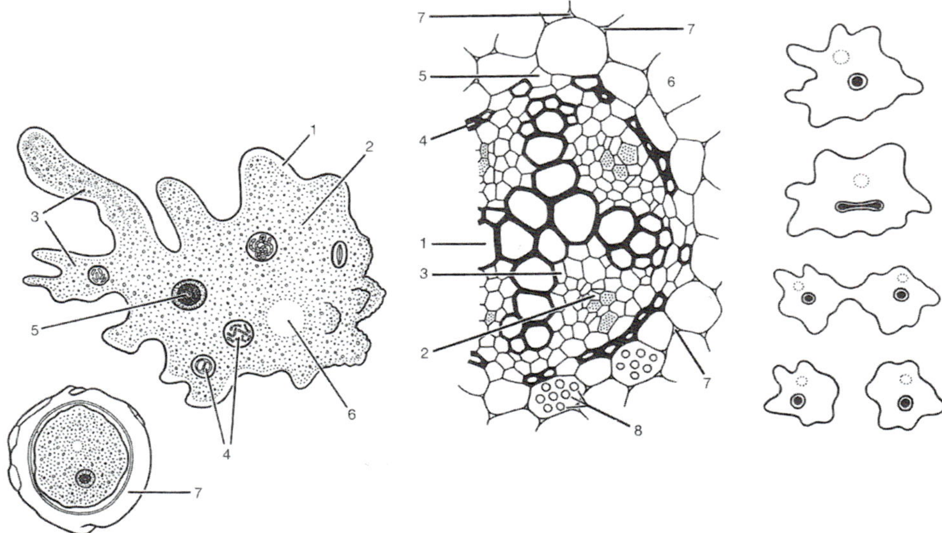

Abb. 133. Beispiele für gute (einfache) Tuschezeichnungen von mikroskopischen Objekten aus dem Begleitbuch für Schulpräparate der Firma J. Lieder. Links: Amöbe, frei beweglich und eingekapselt (1 = Außenplasma, 2 = Innenplasma, 3 = Scheinfüßchen, 4 = Nahrungsbläschen, 5 = Kern, 6 = Pulsierendes Bläschen, 7 = Hülle). Mitte: Querschnitt durch eine Hahnenfußwurzel (1 = Holzteil, 2 = Siebteil, 3 = Teilungsschicht, 4 = Endodermis, 5 = Durchlasszellen, 6 = Rindengewebe, 7 = Zwischenzellräume, 8 = Stärkekörner). Rechts: Amöbe in Teilungsstadien. Umrisszeichnungen. Kern und kontraktile Vakuole in der richtigen Größe und Lage angedeutet.

weilen verzwickten räumlichen Lagerungen aufsummiert in die Papierebene übertragen. Heute gelingt das auch mit digitalen Stacks (Seite 152), die vielfach die zeichnerischen Stacks ersetzen. Nicht ersetzen können sie aber den nächsten Punkt:

- Wichtige Objektdetails lassen sich zeichnerisch abstrahieren und von störendem Beiwerk befreien.

So kann man aus der Beobachtung von beispielsweise fünf nicht ganz befriedigenden Präparaten doch eine Idealzeichnung herausdestillieren.

Eine gute Zeichnung ist immer das Endprodukt eines langen Beobachtungs- und Übertragungsprozesses. Sie erzieht wie kein anderes Verfahren – die Mikrofotografie schon gar nicht – zum ganz genauen Hinsehen.

Nicht jeder wird es dabei aber zu einer gewissen Meisterschaft bringen oder auch nur bringen wollen. Stereometrisch richtiges Zeichnen ausgedehnter Strukturen etwa, zum Beispiel von Radiolarienskeletten, verlangt viel Übung und räumliches Vorstellungsvermögen. Die auf Abbildung 134 dargestellte Zeichnung wurde von einer im Zeichnen sehr erfahrenen, biologisch interessierten Architektin gefertigt. Man vergleiche sie in ihrer Aussagekraft mit den beiden Mikroaufnahmen des gleichen Objekts.

Zeichnen ohne Hilfsmittel

Zeichnen kann man ganz ohne jeden Zeichenapparat. Man blickt mit dem linken Auge in einen vertikalen oder schräg geneigten Monotubus, mit dem rechten auf ein daneben liegendes Zeichenblatt

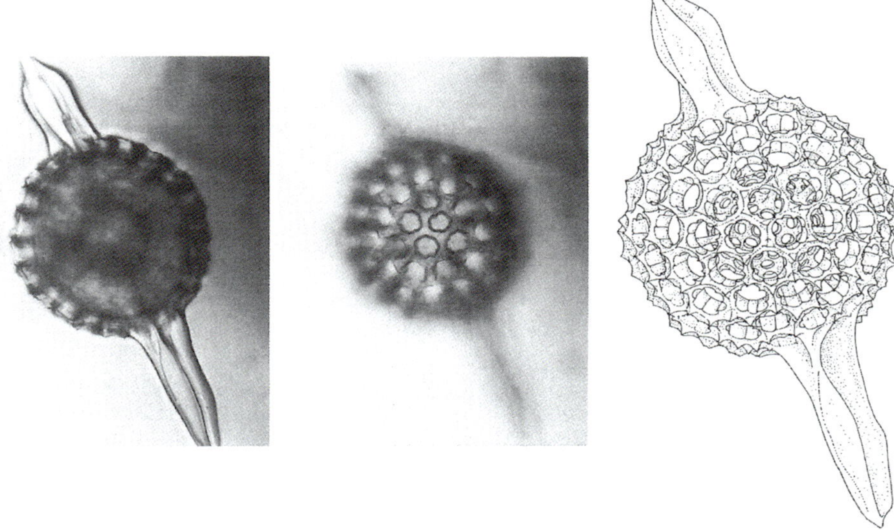

Abb. 134. Aufnahmen einer Meeresradiolarie. Hellfeld, Köhler-Beleuchtung, Kondensorblende auf zwei Drittel eingestellt. Links: Fokussierung auf den größten Durchmesser. Mitte: Fokussierung auf die obersten Anteile. Rechts: Rekonstruktionszeichnung der Architektin B. Kresling nach den hier gezeigten und weiteren Aufnahmen des Strahlentierchens.

mit aufgesetzter Bleistiftspitze. Bei einiger Konzentration wird das Gehirn die Bilder der beiden Augen verschmelzen, und die Bleistiftspitze scheint auf dem Präparat zu liegen, dessen Umrisse man nun nachfahren kann. Hat man einen bequemeren Schrägtubus, so bockt man seine Zeichenunterlage durch Unterstützen mit ein paar Büchern so auf, dass sie wieder senkrecht zur Tubusachse steht.

Zeichnen mit Hilfsmitteln

Mit Zeichenaufsätzen, wie sie früher jede bessere Firma hergestellt hat, kann man rechts neben dem Mikroskop liegende Zeichenblätter in den Strahlengang einspiegeln. Die Bleistiftspitze erscheint im Bildfeld, und man kann den Konturen der Objekte einfach nachfahren und sie so aufs Papier übertragen. Der Nachteil dieser Systeme: Man muss wegen des schrägen Strahlengangs am Zeichenokular auch die Zeichenunterlage schräg justieren, sinngemäß so, wie eben beim Schrägtubus beschrieben. Dieser Nachteil ist bei Zeichenapparaten mit seitlich angesetzten Umlenkspiegeln oder bei ausgeklügelteren Zeichenaufsätzen vermieden, etwa dem in Abbildung 135 gezeigten historischen Aufsatz von Olympus: Über Prismen in einem seitlich herausragenden, langen Tubus wird das horizontal liegende Zeichenblatt verzerrungsfrei eingespiegelt.

Hat man eine genügend intensive Beleuchtung, kann man das Bild auch direkt auf ein Zeichenblatt projizieren und das Objekt mit dem Bleistift nachfahren. Hierfür wurden schon frühzeitig einfache Spiegelaufsätze für Normalokulare (Abb. 136 links) oder für Projektionsokulare (Abb. 136 rechts) entwickelt. Statt Spiegel werden gerne auch kompaktere Prismenaufsätze verwendet.

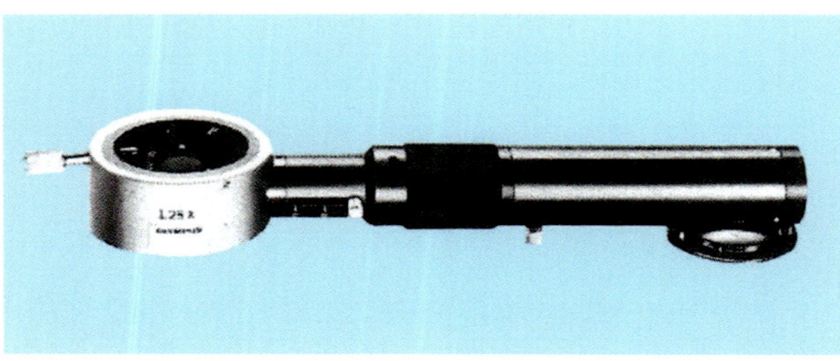

Abb. 135. Historischer Zeichenaufsatz mit integriertem Umlenkprisma der Firma Olympus.

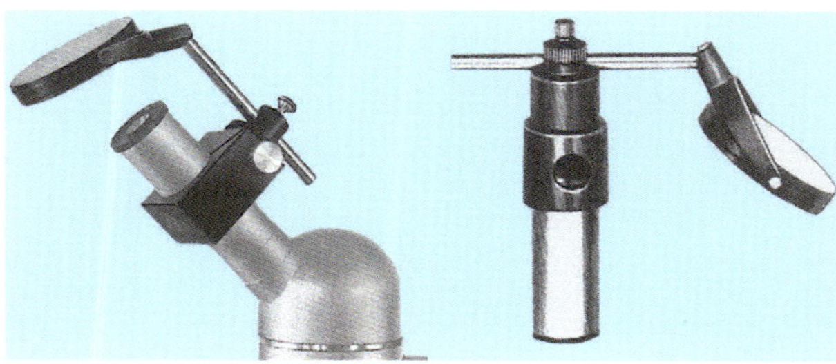

Abb. 136. Historische Zeichenhilfsmittel für das Projektionsverfahren (Hersteller: Hertel & Reuss), Zeichenokular mit Hilfsspiegel (links), Projektionsaufsatz (rechts).

110 Feststellen der Vergrößerung „auf dem Bild“

Zumindest für den wissenschaftlichen Gebrauch ist die Feststellung der richtigen Gesamtvergrößerung unerlässlich. Man kann zwar nach der simplen Formel „Gesamtvergrößerung = Objektivvergrößerung × Okularvergrößerung“ vorgehen, aber diese gilt nicht für die üblichen Fotoaufsätze. Eine Kalibrierung ist also nötig.

Als man früher noch Film verwendete, war die Eichung einfach. Man fotografiert die Teilstriche eines Objektmikrometers, das man wie ein Präparat auf den Objekttisch legt. Solche Mikrometer unterteilen beispielsweise 1 mm in 100 Teile oder 2 mm in 200 Teile; Teilstrichabstand jeweils 1/100 mm oder 10 µm (1 µm = ein Tausendstel Millimeter), wobei Zehntel Millimeter durch längere Striche herausgehoben werden.

Nach dem Entwickeln misst man das Negativ oder das Dia mit einem Lineal (oder Stechzirkel) aus. Sind 2/10 mm beispielsweise 31 mm groß abgebildet worden, so war die Endvergrößerung 31 mm: 0,2 mm = 155. Alles, was mit dieser Einstellung fotografiert wird, ist also 155-mal vergrößert. Wenn eine solche Vorlage gedruckt und dazu 3-mal vergrößert wird, beträgt die Gesamtvergrößerung auf der Druckseite also 3 × 155 = 465. Durch Änderung des Tubusauszugs (wo möglich) kann man für Messzwecke auch geschicktere Messvergrößerungen erreichen, also beispielsweise 150× statt 155×.

Dieses Vorgehen kann auch auf Digitalfotos übertragen werden. Zunächst fotografiert man eine genormte Skala und anschließend bei gleichbleibenden Einstellungen das eigentliche Objekt. Beide Digitalbilder betrachtet man bei gleicher Größe auf einem Monitor. Eine interessierende Distanz auf dem Objektfoto misst man am Monitor mit einem einfachen Lineal aus. Anschließend ermittelt man, welchem realen Abstand auf der fotografierten Skala die gemessene Strecke entspricht.

Messungen von mikroskopischen Dimensionen

Für professionelle Anwendungen bieten verschiedene Hersteller ausgefeilte Software zur Bildanalyse an. Diese basiert auf dem Prinzip, dass das mikroskopische Bild auf einem Monitor angezeigt wird, welcher mit einem Computer und der jeweiligen Software interagiert. Unter der Voraussetzung einer korrekten Eichung des Systems kann man mittels Computermaus oder digitalem Zeichenstift beliebige Distanzen auf dem Bildschirm markieren und erhält eine sofortige digitale Anzeige des zugehörigen Messwertes. In gleicher Weise kann man die Umrisse von Flächen umfahren und erhält eine umgehende Mitteilung des zugehörigen Flächeninhalts. Schließlich kann man auch markierte Flächen um eine festgelegte Bezugsachse, vorzugsweise eine vorhandene Längsachse, virtuell rotieren lassen, um Volumina abzuschätzen (Stichwort „Rotationsellipsoid“). Für professionelle Schichtdicken- und Volumenmessungen stehen darüber hinaus spezielle Verfahren zur Verfügung, die an ebenso spezielle Gerätschaften gebunden sind. Die vorskizzierten Methoden erlauben teilweise auch halb- oder vollautomatische Serienmessungen großer Probendurchsätze.

In der prädigitalen Ära mussten hingegen auch die wissenschaftlichen Pioniere ihre mikroskopischen Messungen von Hand erledigen, was je nach Fragestellung einen enormen Arbeitsaufwand bedingt hatte, wenn zum Beispiel statistische Aussagen zur Größenverteilung bestimmter Zellen unter bestimmten Rahmenbedingungen zu erarbeiten waren.

In gleicher Weise kann auch der ambitionierte Liebhaber mit überschaubaren Bordmitteln zu validen Messungen gelangen. Diese sollen im Weiteren beschrieben werden.

Abschätzung der Objektgröße anhand der Sehfeldzahl

Ohne jegliche Hilfsmittel kann man die ungefähre Größe eines Objekts anhand der Sehfeldzahl des Okulars abschätzen. Dies soll am Beispiel eines Standardokulars mit 10-facher Vergrößerung und Sehfeldzahl 18 erläutert werden. Ein solches Okular bildet ein Zwischenbild von 18 mm Durchmesser randfüllend ab; die Größe des Sehfelds wird bei gegebener 10-facher Okularvergrößerung und Sehfeldzahl 18 als Kreis von 18 cm Durchmesser wahrgenommen (Sehfelddurchmesser = Okularvergrößerung × Sehfeldzahl [mm]). Bei Kombination mit einem extrem schwach vergrößernden Objektiv 1-fach würde dies bedeuten, dass eine kreisrunde Objektfläche von 18 mm Durchmesser dem sichtbaren Sehfeld entspricht. Demzufolge würde bei Verwendung eines solchen Übersichtsobjektivs ein längliches Objekt von 18 mm Gesamtlänge exakt in das Sehfeld des Okulars passen, wobei die beiden Enden des Objekts den Sehfeldrand soeben erreichen würden. Bei einem Objektiv 10-fach wird hingegen bei Verwendung desselben Okulars nur noch eine Objektfläche von 1,8 mm Durchmesser vom Sehfeld erfasst, bei Objektiv 40-fach sind es 0,45 mm, bei einer Immersion 100-fach 0,18 mm. Man braucht also nur die Sehfeldzahl des Okulars durch den Vergrößerungsfaktor des Objektivs zu dividieren und erhält den Durchmesser des zugehörigen Objektfeldes in Millimetern, welcher vom Sehfeld erfasst wird. Dies gilt für Okulare jeglicher Vergrößerung. Ein Okular von 5-facher Vergrößerung und Sehfeldzahl 18 zeigt dieselbe Objektfläche wie ein 10-faches Okular mit gleicher Sehfeldzahl, nur erscheint der Durchmesser des Sehfeldes bei der Betrachtung mit 5-fachem Okular halb so groß. Bei identischer Sehfeldzahl ist der visuell wahrgenommene Beobach-

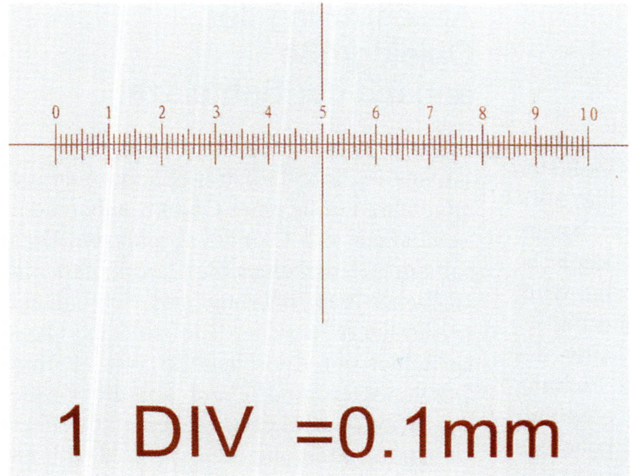

Abb. 137. Objektmikrometer, fotografiert mit Lupenobjektiv, Skalierungsbreite: 0,1 mm.

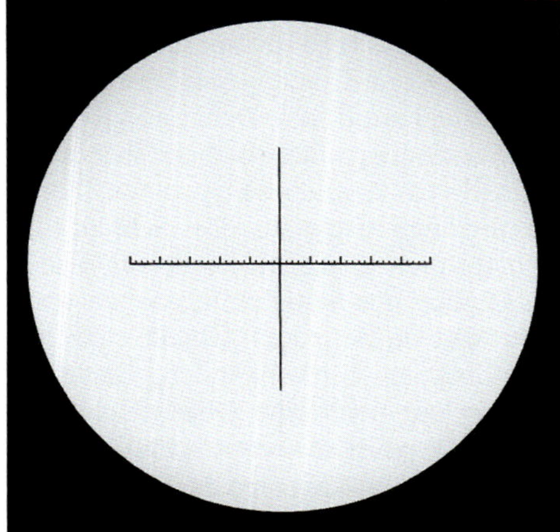

Abb. 138. Blick durch ein Messokular, versehen mit einer skalierten Strichplatte und Fadenkreuz.

tungskreis also umso größer, je höher die Okularvergrößerung liegt.

Wenn man den Durchmesser des jeweils überschaubaren Objektfelds kennt, kann man auf einfache Weise die Größe eines beobachteten Objekts abschätzen, indem man visuell ermittelt, wie viele Male das Objekt in den Durchmesser des überschaubaren Sehfeldes ungefähr hinein passt. Eine solche Kalkulation ersetzt zwar keine präzise Messung, reicht aber für viele orientierende Zwecke vollkommen aus.

Distanzmessungen mittels Objekt- und Okularmikrometer

Ein Objektmikrometer besteht aus einem gläsernen Objektträger, auf dessen Oberfläche eine oder mehrere feine Skalen eingraviert sind. Üblich sind Strichabstände von 0,1 und/oder 0,01 mm.

Abbildung 137 zeigt eine solche Skala, aufgenommen mit einem Lupenobjektiv. Hier wurde auf eine Länge von einem Zentimeter eine Millimeterskala aufgetragen, beschriftet mit „1 bis 10", zusätzlich ist jeder Millimeter zehnfach unterteilt, entsprechend einem Strichabstand von 0,1 mm.

Zusätzlich benötigt man ein Messokular mit einem Okularmikrometer. Es handelt sich hier im Prinzip um ein normales Okular, in welchem eine Strichplatte eingelassen ist, die ebenfalls eine miniaturisierte Skala beinhaltet, das Okularmikrometer (Beispiel in Abb. 138). Verwendet man

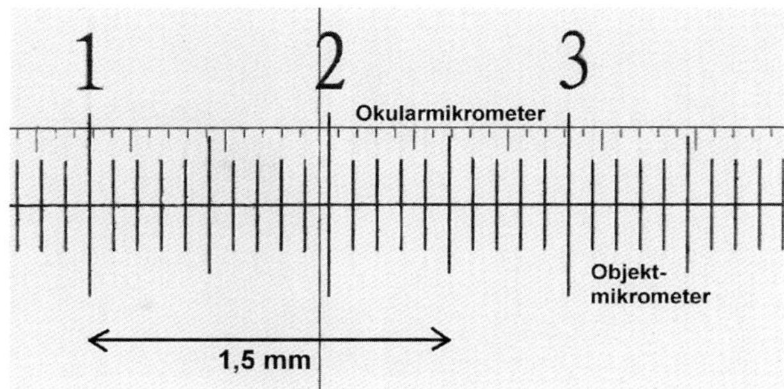

Abb. 139. Beispiel für eine Kalibrierung mit schwachem Objektiv (2,5-fach), Messokular 10×, Objektmikrometer mit Skalierung 0,1 mm. Eine Strecke von 1,5 mm auf dem Objektmikrometer entspricht etwa 19 Teilstrichen auf dem Okularmikrometer, ein Strichabstand des Okularmikrometers mithin rund 0,08 mm im Objekt.

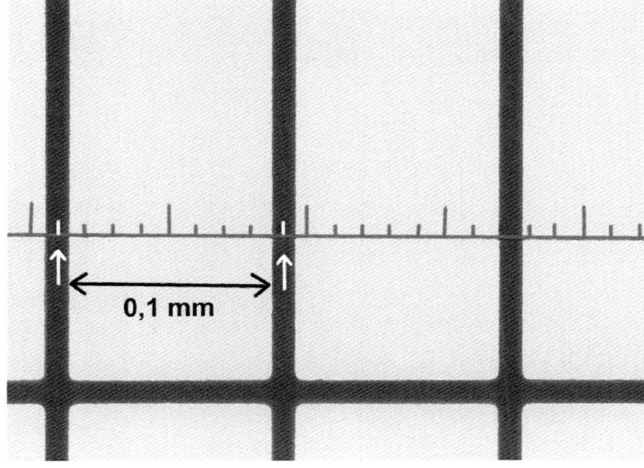

Abb. 140. Beispiel einer Kalibrierung mit stärkerem Objektiv (16-fach), Equipment von Abbildung 139. Ein Strichabstand von 0,1 mm auf dem Objektmikrometer entspricht 8 Teilstrichen des Okularmikrometers, ein Teilstrichabstand des Okularmikrometers entspricht folglich einer Objektdistanz von 0,0125 mm.

ein 10-fach vergrößerndes Okular, sind die Strichplatten meist so ausgelegt, dass deren Skalen ungefähr einem normalen Millimetermaß entsprechen, wenn man durch das Okular hindurch blickt.

Dieses System – Objekt- und Okularmikrometer – muss für jedes Objektiv separat kalibriert werden. Hierzu stellt man das Objektmikrometer durch das Messokular scharf und richtet beide Skalen parallel zueinander aus, indem man das Messokular so lange dreht, bis dessen Skala parallel zu derjenigen des Objektmikrometers verläuft. Anschließend wird das Objektmikrometer so verschoben, dass einer oder mehrere Teilstriche weitgehend deckungsgleich sind. Abbildung 139 zeigt ein entsprechendes Arrangement, aufgenommen mit Objektiv 2,5×; dargestellt ist nur eine Ausschnittansicht der beiden Skalen. In diesem Beispiel entspricht eine Objektstrecke von 1,5 mm auf dem Objektmikrometer ungefähr 19 Teilstrichen auf dem Okularmikrometer; ein Teilstrichabstand auf dem Okularmikrometer markiert folgerichtig eine Objektstrecke von rund 0,08 mm.

Bei stärker vergrößernden Objektiven verändert sich diese Relation entsprechend dem Vergrößerungszuwachs. Ein Beispiel hierfür zeigt Abbildung 140 anhand eines 16-fachen Objektivs. Hier entsprechen exakt 8 Teilstriche des Okularmikrometers einem Teilstrichabstand des Objektmikrometers, mithin einer Objektdistanz von 0,1 mm. Ein Teilstrichabstand des Oku-

Abb. 141. Beispiel einer Objektmessung mit dem Okularmikrometer. Zuckmücke, Hellfeld, Objektiv 2,5×, Okular 10×, Arrangement von Abb. 139. Die Fühlerlänge entspricht 11,2 Teilstrichen auf dem Okularmikrometer; bei einem Teilstrichabstand von 0,08 mm ergibt sich eine tatsächliche Fühlerlänge von 11,2 × 0,08 = 0,896 mm.

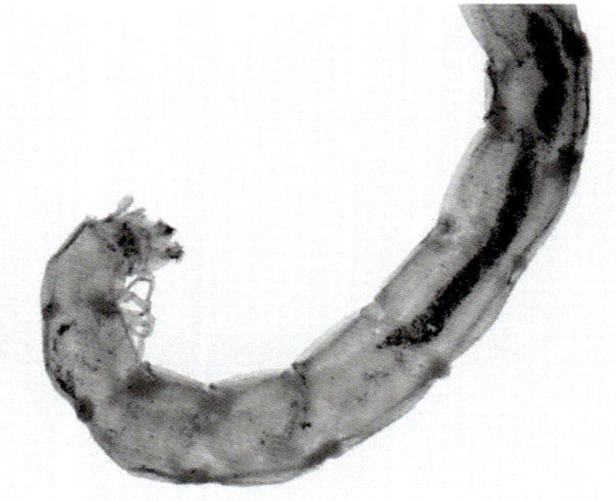

Abb. 142. Fotografische Objektmessung mittels transparenter Linealskala (unteres Teilbild) bei schwacher Vergrößerung im Hellfeld, Objektiv 2,5-fach, Okular 5×. Horizontale Feldweite (HFW): 6 mm. Rote Mückenlarve im Dauerpräparat. Breite der Larve: ca. 1 mm, Breite des Darms: zirka 0,2 mm.

larmikrometers kennzeichnet folgerichtig nun eine Objektgröße 0,0125 mm.

Ein konkretes Messbeispiel wird in Abbildung 141 gezeigt. Mit dem vorerwähnten 2,5-fachen Objektiv (Eichung gemäß Abb. 139) wurde die Länge eines Fliegenfühlers vermessen. Hierzu wurde das Messokular so gedreht, dass die Messskala parallel zu dem Fühler ausgerichtet ist. Das Präparat wurde so verschoben, dass die Wurzel des Fühlers bei Null liegt, also im Schnittpunkt des „Fadenkreuzes“ im Messokular. Nun kann man die Teilstriche bis zur Fühlerspitze abzählen. Es ergeben sich etwa 11,2 Teilstriche. Bei einem Teilstrichabstand von 0,08 mm ist der Fühler also 11,2 × 0,08 = 0,896 mm lang.

Fotografische Distanzmessungen mit Lineal und/oder Objektmikrometer

Wenn eine Einrichtung zur Mikrofotografie zur Verfügung steht, kann man Objektgrößen bzw. Distanzen auch anhand von Fotografien ermitteln, ohne dass ein Messokular benötigt wird.

Bei schwächeren Vergrößerungen genügt als Zubehör lediglich ein transparentes Lineal, dessen Skala fotografiert wird. Auf diese Weise kann man ermitteln, welche objektseitige Originalstrecke der jeweiligen Bildlängskante entspricht. Dieser Wert wird auch als „horizontale Feldweite“ (HFW) bezeichnet. Wenn man anschließend mit derselben Einstellung ein Objekt fotografiert, kann dessen Größe durch Vergleichsziehung zur Bildlänge errechnet werden. Ein Beispiel zeigt Abbildung 142. In die Bildlängskante passen recht exakt 6 mm (siehe untere Abbildung). Die rote Mückenlarve wurde mit derselben Einstellung fotografiert. Der Querdurchmesser der Mückenlarve entspricht etwa einem Skalenabstand des Lineals, liegt also bei 1 mm. Der schwarz kontrastierte Darm beträgt im Durchmesser nur etwa ein Fünftel des Mückenlarven-Gesamtdurchmessers, liegt also bei 0,2 mm.

Werden stärkere Objektive verwendet, kann unter Inkaufnahme gewisser Fehler eine Objektgröße auch rechnerisch aus einer zuvor kalkulierten erwartbaren horizontalen Feldweite abgeschätzt werden. Im Beispiel der Abbildung 142 ergibt sich bei Objektiv 2,5-fach eine horizontale Feldweite von 6 mm. Wird stattdessen ein Objektiv 25-fach verwendet, sollte die horizontale Feldweite ungefähr bei einem Zehntel liegen, entsprechend etwa 0,6 mm. Bei Objektiv 10-fach würde die horizontale Feldweite wiederum 2,5-mal höher liegen als bei einem 25-fachen Objektiv, müsste also etwa 1,5 mm betragen. Bei 40-fachem Objektiv wäre die horizontale Feldweite etwa ein Viertel von derjenigen eines 10-fachen Objektivs, entsprechend etwa 0,375 mm. Wenn systemkonforme Objektivserien eines Markenherstellers an einem hierfür vorgesehenen Mikroskop eingesetzt werden, sollten etwaige Abweichungen vom wahren Wert für orientierende Größenermittlungen im tolerablen Bereich liegen.

Für genauere Resultate kann man bei stärkeren Vergrößerungen in derselben Weise wie vorbeschrieben anstelle eines

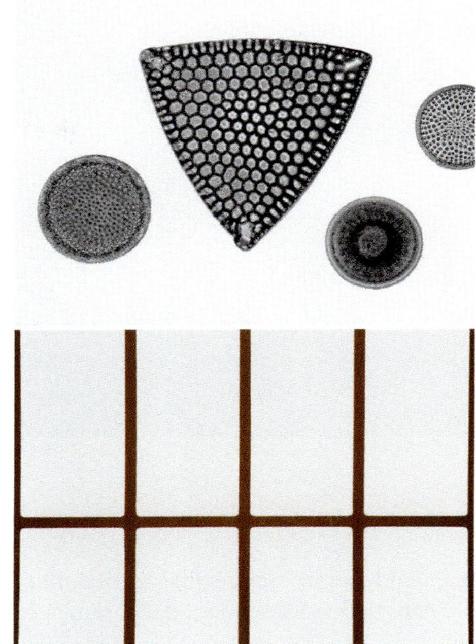

Abb. 143. Fotografische Objektmessungen mittels fotografiertem Objektmikrometer (unteres Teilbild, Linienabstand: 0,1 mm) bei mittlerer Vergrößerung im Hellfeld, Objektiv 25-fach, Okular 12,5×. Horizontale Feldweite (HFW): 0,4 mm. Kantenlänge der dreieckigen Form: 0,204 mm, Durchmesser der drei runden Formen zwischen 0,097 und 0,085 mm.

grob skalierten Lineals ein fein skaliertes Objektmikrometer fotografieren, anhand dessen danach Objektgrößen anhand der exakten horizontalen Feldweite auf Fotos berechnet werden können. Im Beispiel der Abbildung 143 entspricht die Bildlängskante exakt 0,4 mm bzw. vier Teilstrichen á 0,1 mm. Diese horizontale Feldweite vom 0,4 mm dient nun als Maßstab zur Vermessung der im oberen Teil abgebildeten Kieselalgen. Ermittelbare Messwerte:

- Kantenlänge der gleichseitig dreieckigen Kieselalge: 0,204 mm
- Durchmesser der links befindlichen runden Kieselalge: 0,097 mm
- Durchmesser der rechts unten befindlichen runden Kieselalge: 0,085 mm

Abb. 144. Skalierte Mikrometerschraube. Der Skalenabstand entspricht 2 µm Tischhub.

- Durchmesser der rechts angeschnittenen runden Kieselalge: 0,092 mm.

Für möglichst exakte Messwerte empfiehlt es sich, ein Digitalfoto möglichst groß zu vergrößern, sodass die jeweiligen Strecken mit geringstmöglichem Messfehler erfasst werden können. In den hier gezeigten Beispielen wurden die jeweiligen Fotos auf einem 35 cm großen Bildschirm formatfüllend dargestellt, sodass mit einem 40 Zentimeter langen Lineal mit Millimeterskala immerhin mit einer Genauigkeit von 1/350 der Bildlänge gemessen werden konnte, bzw. mit 1/700, wenn man davon ausgeht, dass auch noch halbe Millimeter problemlos auf einer Millimeterskala erfasst werden können.

Zum Vergleich: Ein fein skaliertes Okularmikrometer ist in der Regel so ausgelegt, dass etwa 100 Teilstriche dem kompletten Sehfeld entsprechen. Die fotografische Distanzmessung erlaubt bei adäquater Vergrößerung des fotografierten Bildes folglich noch genauere Messungen als ein herkömmliches Okularmikrometer.

Dickenmessungen

Als einfaches Bordmittel zur Ermittlung von Schichtdicken oder Objekthöhen kann eine skalierte Mikrometerschraube dienen. Bei der in Abbildung 144 gezeigten Skalierung entspricht ein Teilstrich einer Verstellung der Objekttischhöhe um etwa 2 µm (Werksangabe). Folgerichtig kann man mit einer Genauigkeit von maximal 2 µm Schicht- bzw. Objektdicken ausmessen, also die Ausdehnung von Objekten in der z-Achse erfassen, wenn man den tiefsten und höchsten Bereich eines Objekts jeweils scharf einstellt und die zugehörigen Skalenwerte abliest. Die Trommel des hier gezeigten Feintriebs ist mit 150 Skalenstrichen versehen; bei einer kompletten Umdrehung dieses Triebknopfes fährt der Objekttisch folglich um 300 µm nach oben oder unten. Für möglichst genaue Messwerte sollte man die vorbeschriebenen Messungen mehrfach durchführen und die Einzelwerte mitteln, weil der subjektive Seheindruck bei wiederholten Messungen gewissen Schwankungen unterliegen kann, folglich nicht immer derselbe Skalenwert eingestellt wird, wenn man ein und dieselbe Stelle wiederholt scharf fokussiert.

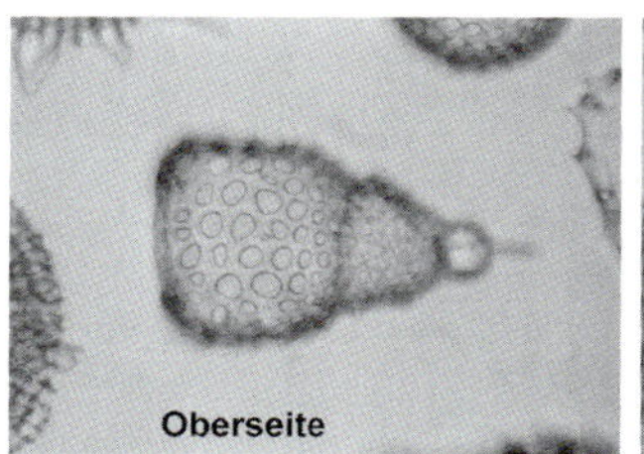

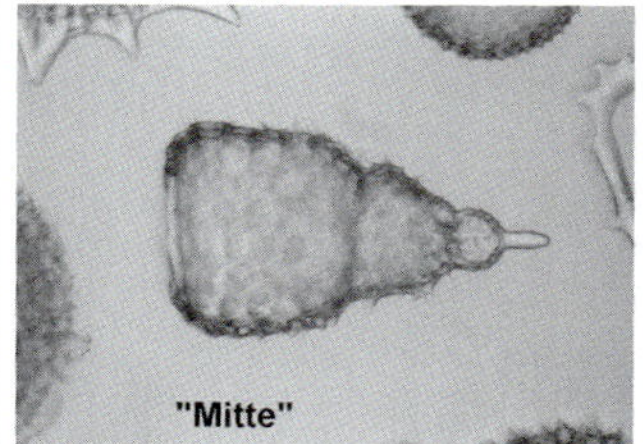

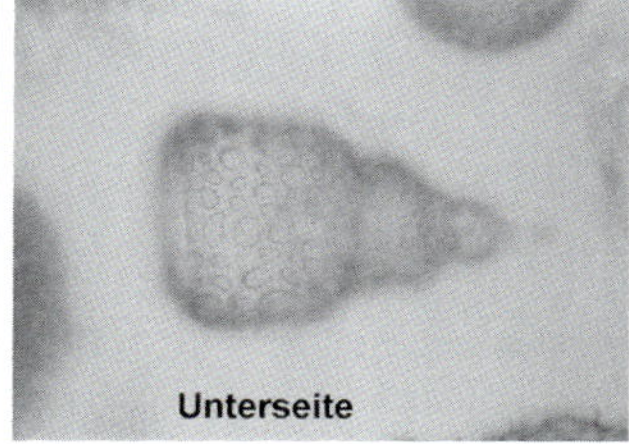

Abb. 145. Dickenmessung am Beispiel einer Radiolarie, Hellfeld, Objektiv 20-fach, Okular 12,5×. Fokussierung der Oberseite (links) und der Unterseite (rechts). Verstellbereich der Mikrometerschraube: 30 Teilstriche, entsprechend 60 µm Tischhub bzw. Schichtdicke. Fokussierung des Sporns an der rechts gelegenen Gehäusespitze (Mitte), Fokusabweichung des Sporns: 20 µm von der Oberseite und 40 µm von der Unterseite.

Im Hellfeld sollte man für solche Messungen die Aperturblende des Kondensors möglichst offen lassen und ein möglichst hoch vergrößerndes Objektiv auswählen, damit die Schärfentiefe möglichst gering ist; dies erleichtert die präzise Erfassung des höchsten und tiefsten Objektbereichs.

Abbildung 145 gibt ein Messbeispiel anhand einer relativ symmetrisch geformten Radiolarie. Es handelt sich um ein Legepräparat, bei welchem die Radiolarienskelette mittels eines feinen Haftfilms auf einem Deckglas fixiert wurden. Nach der Trocknung wurde das Deckglas gewendet und mit Einschlussmittel auf einem Objektträger fixiert. Bei der mikroskopischen Untersuchung ist das Deckglas nach oben gerichtet, sodass die Radiolarien an der Deckglasunterseite haften und zum Objektträger hin nach unten hängen. Die hier vermessene Radiolarie hat in etwa die Gestalt einer zweistufigen Rakete mit rundlicher Raumkapsel, an der Spitze, versehen mit einem mittigen Sporn. Den maximalen Tiefendurchmesser des unteren (breitesten) Segmentes erfasst man, indem man zunächst die rundlichen Öffnungen auf der Oberseite fokussiert, welche zum Objektiv hingewendet sind, und anschließend die schwächer kontrastierten gleichartigen Öffnungen auf der objektivabgewandten Unterseite möglichst scharf einstellt. Zwischen diesen beiden Fokusebenen liegen 30 Skalenstriche, also 60 µm. Folglich hat das untere Segment eine Schichtdicke von 60 µm. In der Draufsicht ist dieses Segment hingegen 120 µm breit. Hieraus lässt sich rückschließen, dass der Querschnitt des Radiolarienskeletts an dieser Stelle nicht kreisrund ist, sondern oval. Der maximale Querdurchmesser liegt in der Horizontalen (120 µm), der minimale in der Vertikalen (60 µm). Die Radiolarie liegt folglich mit ihrer größeren Fläche, also ihrer Breitseite, dem Deckglas auf.

Die Raketenspitze befindet sich etwa auf halber Höhe zwischen der Ober- und Unterseite. Bei genauer Messung zeigt sich, dass die Fokusebene dieser Spitze um 20 µm von der Oberseite, aber um 40 µm von der Unterseite abweicht. Bei exakt horizontaler bzw. waagerechter Ausrichtung der Radiolarie wäre die Ebenenabweichung nach oben und unten hingegen jeweils bei 30 µm – eine mittelpunktsymmetrische Anordnung der Raketenspitze vorausgesetzt. Folglich ist das Radiolarienskelett im Präparat leicht schräg zum Deckglas geneigt. Bei einer Länge von 200 µm und einer Achsabweichung des Sporns von 10 µm berechnet sich ein Neigungswinkel der Radiolarien-Längsachse von etwa 3°.

Abbildung 146 stellt die insgesamt erfassten Messwerte in einer Gesamtschau dar.

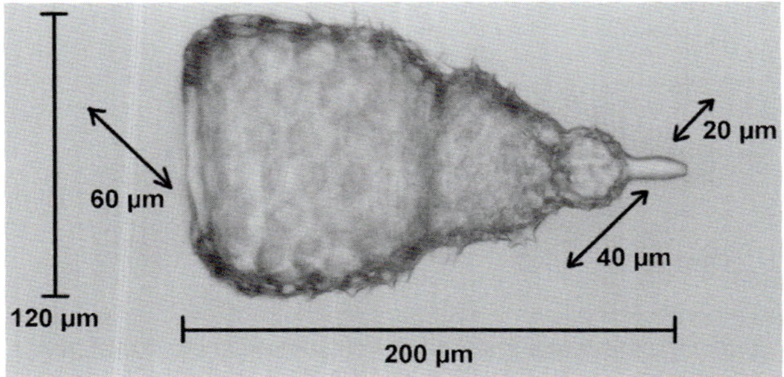

Abb. 146. Objekt von Abbildung 145, Hellfeld, ergänzende Messungen des Längsdurchmessers (200 µm) und maximalen Querdurchmessers (120 µm). Markierung der vertikalen Messungen (entsprechend der z-Achse, vgl. Abb. 145) durch schräg verlaufende Pfeile. Weitere Erläuterungen im Text.

Dieses Beispiel zeigt, dass man durch exakte Vermessung eines Objekts ggf. Zusatzinformationen erhalten kann, die sich der normalen Beobachtung entziehen. So ist in der Draufsicht nicht ohne Weiteres erkennbar, dass die Radiolarie keinen runden, sondern einen stark ovalen Querschnitt hat, wobei der Längsdurchmesser doppelt so groß wie der Querdurchmesser ist. Auch erschließt sich bei der reinen Beobachtung nicht, dass die Radiolarie im Präparat eine leichte Schräglage hat. Schließlich ist auch nicht ohne Weiteres ersichtlich, wenngleich naheliegend, dass die Radiolarie mit ihrer größtmöglichen Kontaktfläche dem Deckglas aufliegt.

Mikrofotografie

Die Mikrofotografie hat vor rund 150 Jahren begonnen, als es in der medizinischen Forschung nötig geworden war, histologische und histopathologische Schnitte möglichst großformatig und in guter Auflösung zu dokumentieren. Man verwendete Platten im Format 9 × 12 cm, 13 × 18 cm oder gar 18 × 24 cm. Die dazu nötige Einrichtung war anfangs die horizontale „Optische Bank", wie sie vorher schon in der Wissenschaft üblich war. Ab der Jahrhundertwende bemächtigten sich dann auch die Hobbymikroskopiker der Mikrofotografie. So richtig aufblühen konnte diese aber erst mit dem Aufkommen der Kleinbild-Spiegelreflex. Diese blieb bis zum Erscheinen der Digitalkameras das Mittel der Wahl. Sie wird auch heute noch benutzt und wird deshalb auch hier kurz besprochen.

Kleinbild-Spiegelreflex, Dias

Manche Mikroskopiker schwören auch heute noch auf das detailscharfe Dia als beste Möglichkeit, ihre Mikrovorlagen abzubilden. Das sind heute zwar die Ausnahmen, an Hand einer Kleinbild-Spiegelreflexkamera mit ihrer Mattscheibe lassen sich freilich besonders gut alle grundlegenden Dinge beschreiben, die für eine gute Mikroaufnahme wichtig sind. Holen wir sie also zumindest in Gedanken noch mal aus ihrer Versenkung.

Orientiert man das Gehäuse einer Kleinbild-Spiegelreflex (beziehungsweise einer digitalen Spiegelreflexkamera) in der normalen Sehentfernung von 25 cm über dem Mikroskop, so braucht man wahrhaftig riesig lange Zwischentuben (Abb. 147, links). Das Ganze wird sehr wackelig, und man erfasst noch dazu nur einen geringen Ausschnitt des mikroskopischen Bilds. Verringert man diese Entfernung, so erfasst man

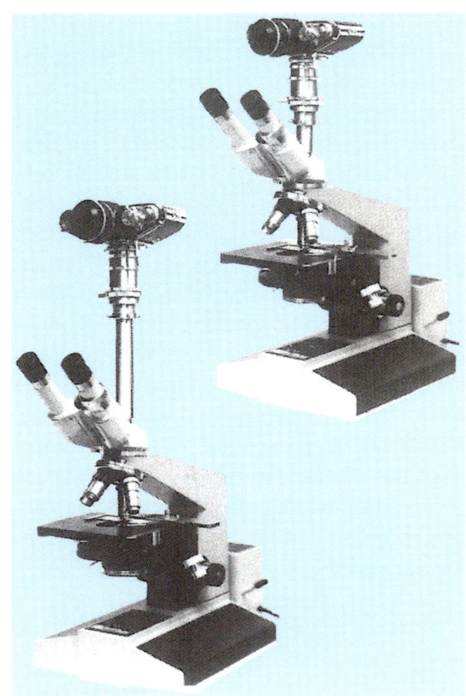

Abb. 147. Historische Kleinbild-Spiegelreflex (Exakta) an einem Trinokulartubus für das Stativ Biolar der Firma PZO. Links: Langer Aufbau mit Normalokular. Rechts: Kürzerer Aufbau mit Foto-Okular (Projektiv). Trotz der älteren Komponenten verdeutlicht diese Gegenüberstellung sehr anschaulich die Unterschiede zwischen Standard-Okularen und Projektiven im Hinblick auf die Tubus-Dimensionierung in der Mikrofotografie.

nun mit einem kürzeren und damit stabileren Aufbau einen größeren Bildausschnitt. Man muss allerdings zum Scharfstellen auf der Mattscheibe entweder das Okular weiter herausziehen oder den Arbeitsabstand des Objektivs ein wenig erhöhen und stört damit die wohlberechnete Korrektur der Mikroskopoptik.

Zum Ausgleich dieses Nachteils gibt es einen probaten Weg. Man verwendet keine üblichen Okulare, sondern spezielle Fotookulare oder Projektive, wie sie beispielsweise Olympus oder PZO herstellen, und wie sie früher auch von Leitz und Zeiss gefertigt worden sind. Diese sind meist auf die kurze Projektionsweite von 12,5 cm (also die halbe Sehweite von 25 cm) geeicht und führen damit zu weniger erschütterungsempfindlichen, gedrängteren Kameraaufbauten (Abb. 147, rechts).

Alternativ kann ein Standardokular mit einer Vorschaltoptik versehen werden, welche sich zwischen Okular und Kamera befindet und das Zwischenbild in technisch sinnvollem Abstand auf den Film bzw. Chip projiziert. Als weitere Variante kommt in Betracht, die Kamera dem Objektiv ohne Zwischenschaltung eines Projektivs bzw. Okulars so weit anzunähern, dass das Zwischenbild direkt auf die Film- bzw. Sensorebene projiziert wird. Dies setzt für optimale Ergebnisse voraus, dass das Zwischenbild voll auskorrigiert ist und die jeweilige Film- bzw. Sensorfläche komplett und vignettierungsfrei ausgeleuchtet wird.

Digitalkameras, Pixelsensoren

Bei einer Digitalkamera wird letztlich der frühere Kleinbildfilm (24 × 36 mm) durch einen Sensor ersetzt. Abgesehen von einem sogenannten Vollformatsensor, welcher der Größe eines Kleinbilddias entspricht und relativ kostspielig ist, liegen die gängigen Sensorgrößen der handelsüblichen Consumer-Kameras deutlich unter 24 × 36 mm. Dies bedeutet, dass man nur einen vergleichsweise kleinen Ausschnitt des Sehfeldes erfasst, wenn man eine solche Kamera in derselben Weise wie eine frühere Kleinbild-Spiegelreflexkamera am Mikroskop montiert. Eine Leervergrößerung kann die Folge sein, ganz abgesehen davon, dass selbst Übersichtsobjektive im Foto keine Übersichtsansichten eines Objekts mehr ermöglichen. Dieses Problem kann natürlich umgangen werden, wenn man eine digitale Spiegelreflexkamera mit einem Vollformatsensor verwendet. Diese kann man im Prinzip in derselben Weise adaptieren, wie in früheren Zeiten eine analoge Kleinbild-Spiegelreflexkamera montiert wurde.

Wer also aus alter Zeit einen geeigneten Kleinbild-Fotoaufsatz hat, kann statt seiner alten analogen Kamera eine Digitalkamera mit Vollformatchip an derselben Gerätschaft verwenden. Das einzige Problem, welches hier zu lösen ist, besteht darin, einen geeigneten Adapter zu finden, mit dem man das Digitalkameragehäuse am Fotoaufsatz anflanscht. Diese Adapter sind im Fachhandel erhältlich, und sie sind so ausgelegt, dass Unterschiede im sog. Auflagemaß ausgeglichen werden. Beispiel: Jeder digitale Spiegelreflex-Body von Canon kann mittels eines Leica-an-Canon-Adapters von Novoflex mit jeglicher Optik bestückt werden, die von Leitz bzw. Leica für deren Spiegelreflexkameras vorgesehen war bzw. ist. Der Adapter trägt also am einen Ende (gehäuseseitig) ein Canon-Bajonett und am anderen Ende (objektivseitig) das Leitz-/Leica-Bajonett. Folglich passt jede Canon-Kamera mit Vollformat-Chip 1:1 an frühere mikroskopische Fotoaufsätze von Leitz/Leica, welche für die Leicaflex- bzw. Leica-R-Kameras vorgesehen waren.

Wenn man Kameras mit kleineren Chips verwendet, müssen spezielle Okulare oder zusätzliche Zwischenoptiken verwendet werden, die das mikroskopische Bild hinreichend verkleinern, um eine übermäßig vergrößernde Ausschnittsansicht zu umgehen. Alternativ kann man eine solche Kamera mitsamt einem Foto-Objektiv adaptieren. In Betracht kommen vorzugsweise Festbrennweiten im Bereich zwischen 35 und 50 mm. So kann auch gewährleistet werden, dass ein Großteil des Sehfelds auf dem Kamerasensor abgebildet wird. Das Kamera-Objektiv sollte über ein Filtergewinde verfügen, in welches ein meist speziell herzustellender Adapter eingeschraubt wird, der die Kamera mit einem Fotookular oder Fotoaufsatz verbindet. Individuelle Adapter können auf Kundenwunsch z.B. von der Firma Promicron (**www.promicron.de**) angefertigt werden.

In analoger Weise kann anstelle einer digitalen Spiegelreflexkamera auch eine Digitalkamera mit fest eingebautem Zoomobjektiv verwendet werden, wenn das Kameraobjektiv mit dem Okular hinreichend optisch harmoniert und der Kamerachip das mikroskopische Bild ohne Randabschattungen (Vignettierungen) zur Abbildung bringt. Welche Kamera am jeweiligen Mikroskop geeignet ist, muss letztlich individuell ausprobiert werden. Es existieren Kameras, die nahezu universell an jedem Mikroskop einsetzbar sind, andere Kameras sind hingegen für diesen Einsatzbereich gänzlich unbrauchbar. Leider ist der Kameramarkt in so dynamischer Bewegung, dass die meisten Modelle schon 6 bis 12 Monate nach ihrem Erscheinen veraltet sind und durch neue ersetzt werden. Dies macht es nahezu unmöglich, weitergehende konkrete Empfehlungen abzugeben.

Einige Anbieter, z.B. Promicron, bieten auch fertige Adapter für definierte Kameramodelle an, so z.B. für einige Canon Ixus- und Powershot-Modelle, ausgelegt zur Adaptation an einem C-Mount-Anschluss, oder zur Verwendung mit Okularen im kleineren (23,2 mm) oder größeren (30 mm) Durchmesser. Auch kann man dort ein Adapter-Objektiv erhalten, das mit verschiedenen digitalen Spiegelreflexkameras und spiegellosen Systemkameras („Four-Thirds-System“) verwendbar ist und ebenfalls in unterschiedlicher Weise (über C-Mount-Anschluss oder Okularstutzen beider Durchmesser) mit dem Mikroskop verbunden werden kann.

Neuerdings werden auch verschiedene Arten von Smartphone- bzw. iPhone-Adaptern angeboten, sodass man die im Smartphone oder iPhone integrierte Kamera für Mikroaufnahmen oder auch Mikrofilme verwenden kann. Diese Adapter sind so konzipiert, dass das jeweilige Smart/iPhone einfach an einem Okularstutzen angesetzt wird, teils in Kombination mit dem schon vorhandenen Mikroskopokular, teils unter Nutzung einer adapterseitigen Optik, welche als Okular wirkt. Schließlich existiert eine Vielzahl spezieller Mikroskop-Aufsatzkameras, die nur zu diesem Zweck konzipiert wurden. Ohne Anspruch auf Vollständigkeit und Wertung seien genannt: Aufsatzkameras von TheImaging Source, Motic, Touptec, Jenoptik, Zeiss und Leica.

Ein unschätzbarer Vorteil der digitalen Mikrofotografie liegt in der Möglichkeit, die Bilder durch Nachbearbeitungen substanziell zu verändern und zu verbessern.

Hinsichtlich Sensoren ist grundsätzlich zwischen monochromen Sensoren und Farbsensoren zu unterscheiden. Monochrome Sensoren nehmen das Bild in Grautönen bzw. in Schwarz-Weiß auf. Der Vorteil besteht darin, dass jeder einzelne Sensor eines solchen Chips einen separaten Bildpunkt generiert, sodass die nominelle Auflösung bzw. Pixelzahl des Sensors 1:1 der realen Bildauflösung entspricht. Anders verhält es sich bei den Farbsensoren, wie sie in den üblichen Consumer-Digitalkamera zu finden sind. Jeder Pixel dieser Sensoren ist mit einem Miniatur-Farbfilter versehen, in Rot, Grün oder Blau. Am gängigsten ist das Bayer-Schema, demzufolge

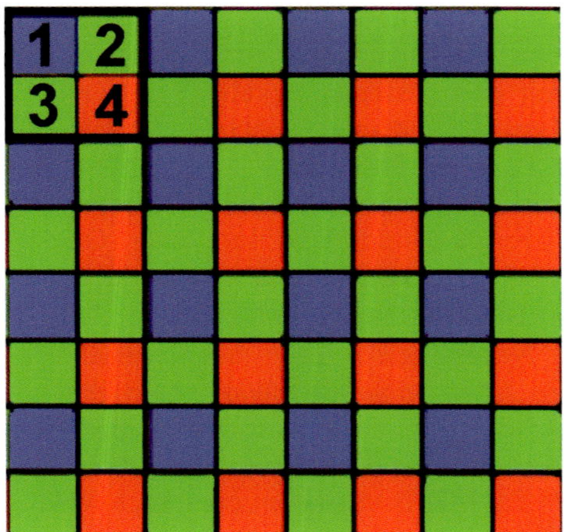

Abb. 148. Belegung von Kamerachips mit Farbfiltern nach dem Bayer-Schema, funktionelle Pixel-Quartetts in Blau (1), Grün (2 und 3) und Rot (4).

vier unterschiedlich gefilterte, im Quadrat angeordnete Pixel eine funktionelle Einheit bilden, wobei zwei Pixel in Grün und je einer in Rot und Blau gefiltert sind (vgl. Abb. 148). Diese Pixelquartette generieren folglich einen auf den drei RGB-Grundfarben basierenden Farbeindruck. Hieraus folgt, dass bei einem Farbbild, welches von einem Farbsensor aufgenommen wird, keineswegs die reale Bildauflösung mit der tatsächlichen physikalischen Pixelanzahl übereinstimmt. Wenn man beispielsweise einen 8 Megapixel-Farbsensor verwendet, werden 4 Megapixel (50% aller Pixel) von Grünlicht belichtet und je 2 Megapixel (je 25%) von Rot- und Blaulicht. Bei nicht direkt belichteten Pixeln werden von der Kamerasoftware mittels Interpolation Bildpunkte simuliert. Wird also ein Mikrofoto mit einem Grünfilter erstellt, werden im gegebenen Beispiel nur 4 Megapixel das Foto real erzeugen, bei Filterung im Blau- oder Rotlicht sind es nur jeweils 2 Megapixel. Der Rest wird interpoliert. In solchen Situationen wird man mit einem monochromen 8 Megapixel-Chip ein besseres fotografisches Ergebnis erreichen, weil dieser Chip ohne Interpolation arbeitet, und zwar unabhängig davon, ob und in welcher Farbe das Beleuchtungslicht gefiltert wird.

Ansatzstücke für Kameras – Hinweise für Selbstbaulösungen

Die 08/15-Lösung

Die Zahl der Typen, die es zu kaufen gibt, ist Legion. Sie gehen aber alle auf gewissen Basisverhältnisse zurück, und man kann sich eine brauchbare Einrichtung aus Klemmstücken und Zwischenstücken zusammensetzen, wie die Abbildung 149, links, zeigt.

- Drehklemme (T) für genormte Tubusaußendurchmesser von 25 mm mit Ringschwalbenklemme. Dieses Stück wird auf den Tubus geklemmt und verbleibt am Mikroskop. Darüber wird das Fotookular eingesetzt.
- Ringschwalbenzwischenstück (R) mit M-42-Gewinde. Dieses ist (mitsamt dem weiter aufgesetzten System) leicht abnehmbar und drehjustierbar.
- Satz von 4 Zwischenringen M 42 (Z). Auf den obersten kommt direkt eine Kamera.
- Zwischenring von M 42 auf ein Kameragewinde oder -bajonett (A).

Diese Konstruktion „geht immer“. Mit der in der Abbildung 149, links dargestellten Zahl von Zwischenringen erreicht man recht genau eine Projektionsentfernung von 12,5 cm, auf welche die Projektive (beispielsweise von PZO) abgestimmt sind. Die Vergrößerung ist dann gleich der einfachen Mikroskopvergrößerung. Verwendet man dagegen normale Okulare, so ist die Vergrößerung mit dieser Einrich-

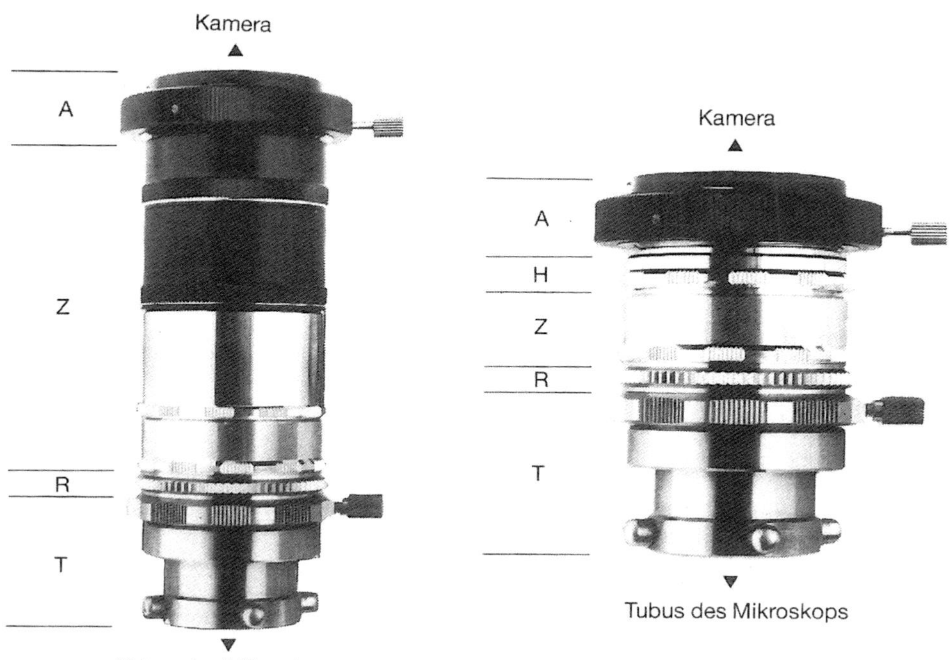

Abb. 149. Beispiel für Aufbauten eines Kleinbildansatzes für die Mikrofotografie. Links Normalaufbau, rechts mit Bildfeldlinse. T = Tubusklemmstück; R = Ringschwalbenzwischenstück; Z = M-42-Zwischenringe; H = Hilfslinse in M-42-Ring; A = Adapter.

tung gleich der halben Mikroskopvergrößerung. Will man einen größeren Bildausschnitt erfassen, so kann man bei diesem System leicht einige Zwischenringe weglassen (bei leichter Bildverschlechterung; der Gefahr eventueller Vignettierung kann man durch Verwendung von Weitwinkelokularen begegnen).

Die Kamera überblickt nur einen Ausschnitt des betrachteten Gesichtsfelds. Wenn man dieses so weit wie möglich bis an die Ränder erfassen will, kann man eine Hilfslinse „H“ benutzen, die man in das Anschlussstück zur Kamera schraubt und lediglich mit einem einzigen kürzeren Zwischenring verwendet (Abb. 149, rechts). Der Trick dabei ist eine Verringerung des sogenannten **Übertragungsfaktors**.

Verwendet man also eine zwischenschraubbare Hilfs- oder Bildfeldlinse H, so kommt man zu gedrängteren Aufbauten. Vorteilhaft ist hier die kurze Baulänge und geringere Schwingungsempfindlichkeit. Da nun ein größerer Ausschnitt des Gesichtsfelds auf das Kleinbildformat gebracht wird, ist die Gesamtvergrößerung allerdings geringer. Gängige Kamerafaktoren sind zum Beispiel 0,3 oder 0,5, und die Vergrößerung auf dem Negativ verringert sich dann um diesen Faktor. Schwächere Okulare als 10× können allerdings Vignettierungen ergeben, und bei ganz schwachen wird das gesamte Bildfeld als Kreisscheibe auf dem Negativ abgebildet, was auch einmal erwünscht sein kann.

Spezial-Mikroaufsatzstücke

Für einige Kameras wurden bzw. werden auch spezielle Mikrozwischenstücke mit einem eigenen, längeren Tubus hergestellt, die ebenfalls sehr robust, praktisch und preiswert sind, so für Olympus-Kameras. Man kann damit allerdings nicht den Vergrößerungsmaßstab verändern, da der Tubusauszug fest ist. Es ist an dieser Stelle nochmals anzumerken, dass man mit jeder digitalen Vollformat-Kamera (mit 24 × 36 mm Chipgröße) auch historische Kameraaufsätze weiterverwenden kann, wenn ein passender Adapter vorhanden ist, der unter Beibehaltung der ursprünglichen Auflagemaße eine Kamera-Adaption ermöglicht.

Moderne Lösungen für Digitalkameras

Im Unterschied zur früheren Analogära ist der Digitalkameramarkt sehr schnelllebig. Daher verzichten manche Hersteller von Mikroskopen darauf, maßgeschneiderte Adaptationen für bestimmte Digitalkameras zu entwickeln. Diese Marktlücke haben Spezialhersteller gefüllt, die sich darauf verlegt haben, für gängige Mikroskope geeignete Adaptationen für bewährte Digitalkameras anzubieten. So bietet z.B. Promicron, Kirchheim/Neckar, Adapter für digitale Spiegelreflex-Kameras von Canon, Nikon und Olympus an. Diese enthalten auch ein abgestimmtes Foto-Okular, welches für voll auskorrigierte Zwischenbilder gerechnet ist.

Adapter für Smartphones

Wer mit minimalem Aufwand sein Smartphone zur Erstellung von Mikrofotos oder Videoclips nutzen möchte, kann von verschiedenen Herstellern Smartphone-Adapter erwerben. Auch diese enthalten mehrheitlich ein integriertes Foto-Okular, abgestimmt auf voll auskorrigierte Zwischenbilder. Manche Produkte sind auf einen bestimmten Gerätetyp, z.B. ein iPhone einer bestimmten Generation abgestimmt (z.B. Magnifi, **www.arcturuslabs.com**), andere Systeme sind so universell verstellbar, dass viele unterschiedlich dimensionierte Smartphones verwendet werden können (z.B. Unikop, **www.unikop.de**). Diese Systeme sind so konzipiert, dass man das jeweilige Foto-Okular des Adapters anstelle eines Beobachtungsokulars in einen Okularstutzen des Tubus einführt. Der Anbietermarkt ist auch hier im stetigen Fluss, stellvertretend erwähnt wurden daher die vorgenannten Fabrikate.

Grundsätzlich ist anzumerken, dass die Objektive und auch einige sonstige technische Maße in Smartphones bislang nicht produktübergreifend normiert bzw. standardisiert sind. Jedes Gerät hat seine eigene Objektivbrennweite bzw. Austrittspupille, wobei die Distanzen der Austrittspupillen meist sehr kurz ausgelegt sind. Dies erschwert eine Adaptation von Smartphones an Standardokularen. Zusätzlich können auch die Chipdistanzen innerhalb verschiedener Fabrikate variieren. Folgerichtig bleibt im Einzelfall zu testen, in wieweit ein bestimmter Smartphone-Adapter inklusive seinem Okular mit einem vorhandenen Smartphone optisch harmoniert und in wieweit die Einheit Okular-Smartphone mit dem vorgesehenen Mikroskop adäquat interagiert. Andererseits bieten moderne Smartphones oftmals ausgeklügelte Panorama- und Videofunktionen, welche eine Erstellung von Panoramen und Zeitlupen- oder Zeitraffer-Videos auf sehr einfache

Abb. 150. Aufsatzkamera von TheImagingSource mit USB-Anschluss, montiert über ein Plössl-Okular (Zwischenoptik, 12,5 mm) an einem Leitz-Periplan-Brillenträger-Okular 10×.

und schnelle Weise ermöglichen, und dies in mitunter verblüffend guter Qualität.

Aufsatzkameras (Systemkameras)

Alle gängigen Markenhersteller, aber auch diverse Fremdhersteller, bieten für die Mikrofotografie Aufsatzkameras in höchst unterschiedlichen Preisklassen als sogenannte „Systemkameras“ an, die über eine jeweils zugehörige Steuersoftware am Laptop oder PC bedient werden. Diese Kameras sind naturgemäß nicht für Normalfotografie, sondern für ausschließliche Verwendung am Mikroskop konzipiert. Sie beinhalten auch Videofunktionen. Ohne Anspruch auf Vollständigkeit seien erwähnt: TheImagingSource (Bremen), Motic Deutschland (Wetzlar) und Touptec (China). Abbildung 150 zeigt als Beispiel eine Systemkamera von TheImaging Source, welche über eine Zwischenoptik (Plössl-Okular 12,5 mm) mit einem Leitz-Brillenträgerokular Periplan 10× montiert ist. Das Okular lässt sich in jeden beliebigen Tubusstutzen stecken. Die Kamera projiziert dann das Bild auf den Monitor eines Laptops oder Computers. Mikrofotos und Filme können berührungs- und erschütterungsfrei über eine Steuerungssoftware des Herstellers erstellt werden; die jeweiligen Bilddaten werden direkt auf der Festplatte des Rechners gespeichert.

Fotografieren ohne Okular

Hinreichend brauchbare Bilder sind eventuell auch dann erhältich, wenn man das Okular ganz weglässt und das Zwischenbild durch Veränderung des Objektabstands des Objektivs nicht mehr wie üblich im Tubus, sondern weiter oben auf einer Mattscheibe, Film- oder Sensorebene entstehen lässt. Speziell berechnete Okulare kompensieren zwar die noch vorhandenen Restfehler des Objektivs, wenn man jedoch schwache Objektive verwendet und nur die Zentralteile des Zwischenbilds auffängt, merkt man mitunter keine Bildverschlechterung beim Weglassen des Okulars.

Bei voll auskorrigiertem Zwischenbild können exzellente Ergebnisse erreicht werden, wenn spezielle Aufbauten verwendet werden, welche es erlauben, den Kamerachip direkt in der vorgesehenen Zwischenbildebene zu platzieren.

Ein extrem großer Vorteil: Stäubchen und Schlieren auf dem Okular, die sonst auf Fotos fast regelmäßig kleine Flecken bewirken, können nicht mehr stören. Zusätzlich entfallen jegliche zwischengeschalteten Linsen.

Beispiele für Kamera-Adaptationen

Die Abbildungen 151 und 152 zeigen – ausdrücklich ohne jeden Anspruch auf

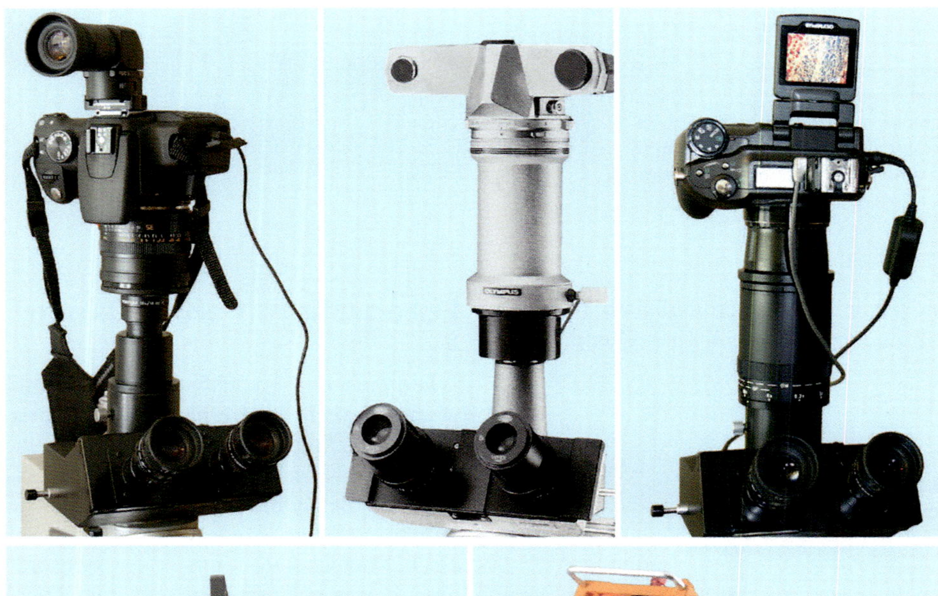

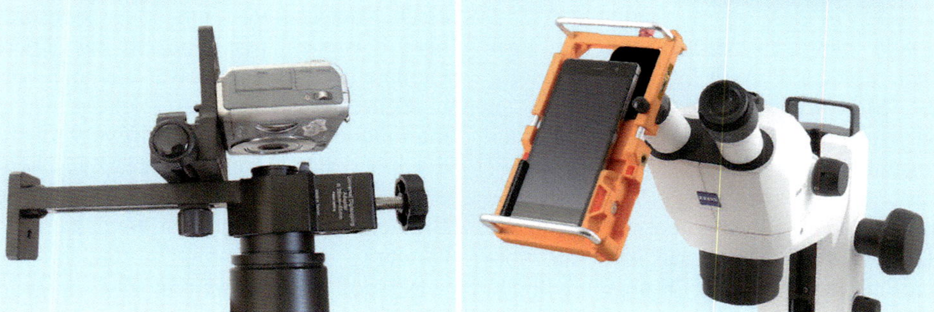

Abb. 151. Beispiele verschiedener Kamera-Adaptationen unterschiedlicher Hersteller und Anbieter. Obere Bildreihe: Links: Montage einer digitalen Spiegelreflexkamera mitsamt Festbrennweiten-Objektiv 50 mm an einem Leitz-Periplan-Brillenträger-Okular 10x mit integriertem Schraubgewinde, Platzierung der Okular-Kamera-Kombination in einem trinokularen Fototubus (Leitz FSA). Mitte: Firmenspezifischer Fotoadapter für Spiegelreflexkameras von Olympus. Rechts: Montage einer digitalen Bridge-Kamera an einem Leitz-Vario-Foto-Okular 5 – 12,5x; die Kamera wird über einen Tubus zur Aufnahme von Vorsatzoptiken mit dem Vario-Okular verschraubt. Das Vario-Okular wird im hierfür vorgesehenen Stutzen eines systemkonformen Trinokulartubus (Leitz FSA) platziert. Untere Bildreihe: Einfache Montage einer digitalem Kompaktkamera über einem Standard-Okular; der verstell- und justierbare Kamera-Adapter wird an den monokularen Stutzen eines Trinokulartubus, oder auch einen einfachen Monokulartubus geflanscht. Universeller Digitalkamera-Adapter von Meade Instruments Europe, Art. Nr. 49-14900. Rechts: Universell verstellbarer Unikop-Smartphone-Adapter, bestückt mit einem integrierten Okular, das über mitgelieferte Okularadapter in Tubusstutzen unterschiedlicher Durchmesser eingeführt werden kann.

Vollständigkeit – einige konkrete Beispiele, wie verschiedene Arten von Kameras (digitale Spiegelreflex, Bridge-Kamera, Kompaktkamera, Smartphone) auf unterschiedliche Weise an einem Mikroskop adaptiert werden können. Weitere Einzelheiten hierzu finden sich in den Bildlegenden. In diesen beiden Bildtafeln werden jeweils Monturen gezeigt, bei denen die adaptierte Kamera direkt mit dem Mikroskop ver-

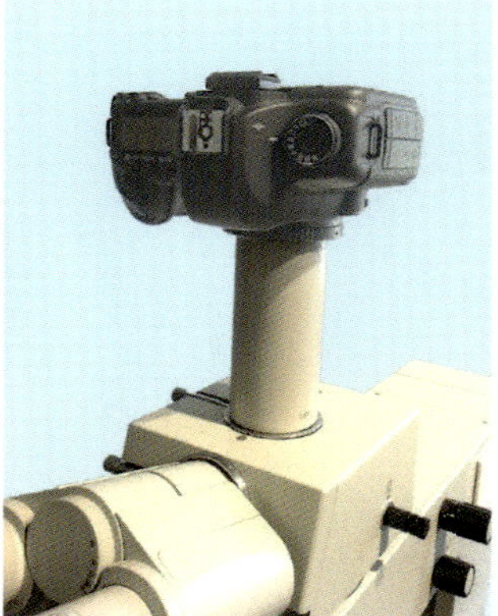

Abb. 152. Beispiele unterschiedlicher Kamera-Adaptationen von bzw. für Carl Zeiss Jena, jeweils Montage einer digitalen Spiegelreflexkamera (Vollformat). Links: Adaptation mit kurzem Tubus, direkte Projektion des Zwischenbilds auf den Kamerachip (ohne Okular). Mitte: Längerer Tubus (von Askania) mit einem fest eingebauten speziellen Foto-Okular (Projektiv), welches das vergrößerte Zwischenbild auf den Kamerachip projiziert. Rechts: Aufwendigeres Wechselmodul mit mehreren integrierten Projektiven von unterschiedlicher Vergrößerung, welche mittels des im oberen Bereich waagerecht angeordneten Rändelrads wahlweise in den Strahlengang gebracht werden können.

bunden ist und das Bild auslöst. Bei digitalen Bridge- und Kompaktkameras sowie Smartphones ist dies unproblematisch, weil deren Auslöser erschütterungsfrei arbeitet. Ideal ist jeweils ein Fernauslöser, sodass auch Erschütterungen infolge einer manuellen Betätigung des Auslösers vermieden werden. Alternativ könnte man auch den kameraeigenen Selbstauslöser verwenden. Bei digitalen (und analogen) Spiegelreflexkameras führt der mechanische Auslösevorgang des Schlitzverschlusses hingegen zu unvermeidbaren Erschütterungen, nicht nur durch den Klappvorgang des Spiegels, sondern auch durch die Bewegungen der Verschlussvorhänge selbst. Aus letzterem Grund sind auch viele spiegellose Systemkameras nicht frei von Erschütterungen, denn auch sie haben mehrheitlich einen Schlitzverschluss. Nur wenige Modelle lösen erschütterungs- bzw. vibrationsfrei aus. Abhilfe können Fotomodule schaffen, welche über einen erschütterungsfreien Zentralverschluss verfügen. Diese werden am Fototubus des Mikroskops angesetzt und können mit einer digitalen oder analogen Spiegelreflexkamera adaptiert werden. Nun dient die Kamera aber nur noch als Chipträger (digital) oder Filmtransporter (analog). Der Kameraverschluss wird vor der beabsichtigten Aufnahme auf „B“ oder „T“ gestellt, bleibt also in geöffneter Position, und in einem separaten Vorgang, nach Abklingen vorheriger Erschütterungen, wird das eigentliche Bild mittels eines Drahtauslösers erschütterungsfrei über den Zentralverschluss ausgelöst. Die Abbildung 153 zeigt als Beispiel einer solchen Lösung die Systemkamera Combiphot von Leitz. Dieses Modul verfügt über einen Zentralverschluss, welcher neben „T“ und „B“ Verschlusszeiten von 1 s bis 1/125 s ermöglicht. Mit 1/125 s können auch Blitzgeräte synchronisiert werden. Die Belichtungsmessung erfolgt selektiv über eine integrierte Photozelle, die wahlweise mit einem manuell zu handhabenden Belichtungsmesser, oder einem Steuergerät mit Belichtungsautomat interagiert.

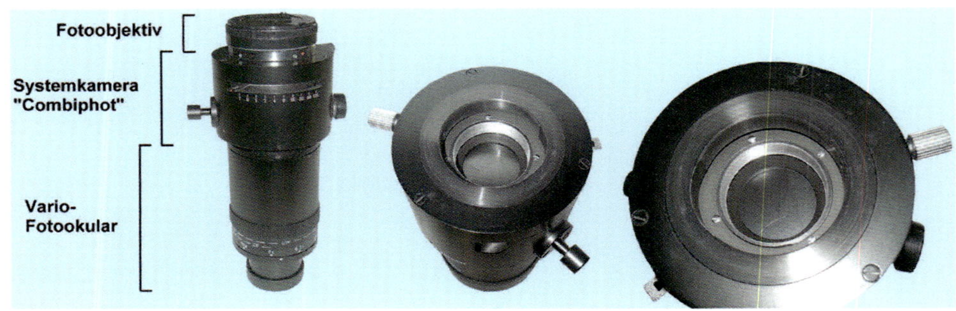

Abb. 153. Leitz-Systemkamera Combiphot, montiert an einem Leitz-Vario-Okular 5 – 12,5×. Gesamtansicht (links), Aufsicht mit Blick auf den integrierten Zentralverschluss (Mitte), Nahansicht des Verschlusses (rechts). Das Vario-Okular wird in den monokularen Stutzen eines Fototubus gesteckt, das oben eingesetzte Foto-Objektiv verfügt über ein Kamerabajonett, sodass verschiedene Kameras (Spiegelreflex, Polaroid, Mittel- und Großformat) angesetzt werden können.

Scharfstellen

Das Scharfstellen hat tatsächlich seine Tücken. Schnittbild-Entfernungsmesser und Mikroprismenraster taugen nicht dazu. Auf grobkörnigen Mattscheiben sieht man keine Einzelheiten. Am besten sind noch durchgehend feinkörnige Mattscheiben oder Klarglasscheiben mit Fadenkreuz, wie sie bei Kameras mit Wechselmattscheiben (z.B. Olympus, Leica R) für Aufnahmen mit starken Teleobjektiven angeboten werden.

Bei Digitalkameras wirkt das feine Pixelraster je nach Display-Auflösung ähnlich wie das Korn auf einer Mattscheibe. Auch hier ist das Scharfstellen nicht immer einfach; man kann sich aber bei beiden Systemen behelfen, indem man die „Einstellung geringster Unschärfe“ sucht. Also **rasch** am Trieb hin und her drehen, die Anschläge dann immer kleiner machen, bis man irgendwo „in der Mitte hängen bleibt“, beim Übergang von der einen Unschärfe (Tubus zu stark gesenkt) zur anderen (Tubus zu stark gehoben).

Die genannten Klarglas-Einstellscheiben mit Fadenkreuz wirken prinzipiell ähnlich wie Okulare mit eingespiegelter Bildfeldbegrenzung, die man in die Augenstutzen eines Trinokulartubus schieben kann. Erst stellt man mit entspanntem Auge auf das Fadenkreuz oder die Bildbegrenzungslinien scharf (bei der Kamera verdreht man dazu den Einblickstutzen des Winkelsuchers, beim Okular des Mikroskops die Augenlinse in ihrem Schneckengang). Dann stellt man durch Heben oder Senken des Tubus auf das mikroskopische Präparat scharf, ebenfalls mit entspanntem (auf Unendlich eingestelltem) Auge. Sieht man Markierungen und Präparat in gleicher Weise scharf, so kann man auslösen. Dieses Luftbildverfahren funktioniert ganz gut bei stärkeren Vergrößerungen. Mit schwachen Objektiven (besonders, wenn man wenig Übung hat oder wenig Konzentration aufbringt) kommt es allerdings oft vor, dass das Kamerabild unscharf ist, obwohl man schwören könnte, dass man das mikroskopische Bild im Binokularteil oder durch die glasklare Einstellscheibe der Kamera scharf gesehen hat. Hier hilft nur Übung. Vor allem wenn man rasch bewegte Mikroorganismen aufnehmen will, wird dies ohne Trinokulartubus (und Mikroblitzgerät; s. Seite 131) kaum befriedigend gelingen. Es bleibt nur die Beobachtung durch den Binokularteil über die Bildfeldmarkierung in einem der beiden Okulare. Hochwertige Digitalkameras verfügen über großflächige und hoch auflösende Displays, welche idealerweise kipp- bzw. schwenkbar sind und in vielen Fällen eine präzise Kontrolle der Schärfe erlauben. Weiterhin können solche Kameras meist auch direkt mit hochauflösenden LCD-Monitoren verkabelt werden, welche das aufzunehmende Bild in Echtzeit kontrollieren lassen.

Nach Möglichkeit sollte zwischen Beobachtungsokularen und Kameras ein Schärfeabgleich erfolgen. Hierzu stellt man zunächst auf ein kontrastreiches Objekt genau im Zentrum des Bildfelds bei starker Vergrößerung scharf und vergewissert sich, dass das Bild des Objekts auch im Zentrum des Kamerasuchers bzw. Displays liegt und ebenfalls scharf erscheint. Ist das letztere nicht der Fall, so muss man entweder die Kameraentfernung (über Zwischenringe geeigneter Höhe), alternativ die Entfernungseinstellung an einem vorhandenen Kameraobjektiv, oder die Einstellung des Okulars im Fotostutzen ändern. Wo möglich, dreht man dessen kameraseitige Linse im Schneckengang hin und her, bis das Bild scharf ist, wo nicht möglich, zieht man das Okular leicht heraus, markiert den Abstand und lässt sich einen Zwischenring fertigen, den man über das Okular schiebt. Ist diese Prozedur einmal sorgfältig erledigt (bei firmenspezifischen Kamerasystemen wird sie bereits werksseitig vorgenommen), so kann man die Schärfenprobleme theoretisch vergessen. Was das Auge scharf sieht, sieht dann auch die Kamera scharf. Trotzdem empfiehlt es sich, nach einigen Aufnahmen wieder auf Schärfe zu überprüfen und gegebenenfalls nachzueichen.

Richtige Belichtung

Dies war früher das Hauptproblem. Mit dem Aufkommen der in die Spiegelreflex eingebauten Cd-Belichtungsmesser verlor die Belichtungsbestimmung viel von ihrem Schrecken. Man konnte nun durch Einstellung eines Zeigers auf eine Marke wie üblich messen, musste allerdings über Probeaufnahmen eichen. Moderne Zeitautomaten (am besten auch für längere Zeiten, etwa 10 – 20 s oder mehr), wie sie heute auch in jeder Digitalkamera eingebaut sind, lösen das Problem nahezu vollständig. Allerdings muss man auch diese Systeme durch Eichaufnahmen überprüfen und für Sonderfälle überlisten.

Je nach der Art der Bildvorlage wird man den Automaten gezielt etwas unter- (Dunkelfeld mit wenigen leuchtenden Teilen) oder etwas überbelichten lassen (Hellfeld mit wenigen dunklen Teilen), um beste Ergebnisse zu bekommen, nämlich jeweils um 1/2 bis 1 1/2 Blendenstufen. Im Zweifelsfall, gerade bei seltenen Objekten, rentiert sich durchaus eine Belichtungsserie: „richtig“, „plus 1/2 Blendenstufe“, „minus 1/2 Blendenstufe“. „plus 1 Blendenstufe“, „minus 1 Blendenstufe“. Viele Kameras haben solche Belichtungsserien bereits eingebaut.

Einstelltips für Digitalkameras

Bei der praktischen Handhabung einer am Mikroskop adaptierten Digitalkamera sind einige Dinge zu beachten. Zunächst muss man darauf achten, dass die Helligkeit des Bildes angemessen ist. Ist das Bild zu dunkel, ergibt sich ein vermehrtes Bildrauschen, wenn die Belichtungsautomatik der Kamera die Verschlusszeit entsprechend verlängert und die Empfindlichkeit des Sensors (ISO-Wert) erhöht. Je kürzer die Belichtungszeit und je niedriger der ISO-Wert, desto rauscharmer ist das Bild. Wenn die Intensität der Lichtquelle andererseits zu hoch ist, können massive Überstrahlungen und Überbelichtungen entstehen, weil die Kompensationsmechanismen der Kamera dann überfordert sind. Zweckmäßigerweise beobachtet man daher im Display der Kamera, wie sich die Belichtungszeit und der Charakter des Bildes verhalten. Den ISO-Wert sollte man, soweit möglich, zunächst von Hand auf den niedrigsten Wert einstellen und diesen Wert nur erhöhen, wenn die Lichtausbeute so gering ist, dass sich ansonsten keine hinreichend belichtete Aufnahme erstellen ließe.

Wenn die Kamera mitsamt einem Objektiv adaptiert ist, sollte man, sofern möglich, die Entfernungseinstellung des Objektivs auf Unendlich bringen; denn jede Mikroskopoptik ist so berechnet, dass der Betrachter mit entspanntem, also auf Unendlich akkommodiertem Auge durch das Okular blickt. Die meisten in einer Digitalkamera eingebauten Objektive sind als Zoom-Systeme ausgelegt. In diesem Fall sollte man als nächstes mit dem Zoombereich des Objektivs spielen, um die passende Einstellung zu finden. Im Regelfall sollte die Zoomstellung so gewählt werden, dass sich das Sehfeld bis zu den Bildecken erstreckt, also keine Randabschattungen (Vignettierungen) bestehen. Durch weiteres moderates Heranzoomen des Bildes kann man bedarfsweise den fotografierten Bildausschnitt weiter verkleinern. Als Faustregel kann gelten, dass ein Mikrofoto etwa die inneren beiden Drittel des Sehfeld-Durchmessers erfassen sollte. In diesem Fall wird etwaige Randunschärfe des Sehfeldes ausgeblendet und gleichzeitig werden Leervergrößerungen vermieden.

Die Kamera sollte möglichst über ein schwenkbares Display verfügen. So kann man bequem aus seiner üblichen Arbeitsposition heraus das Bild auf dem Display kontrollieren. Moderne, entsprechend großflächige und hoch auflösende Kameradisplays ermöglichen wie erwähnt meist eine recht sichere Fokussierung des Bildes. Trotzdem ist es sinnvoll, wie oben beschrieben, möglichst dafür Sorge zu tragen, dass die Schärfe im Beobachtungsokular und auf dem Kameradisplay übereinstimmt.

Sofern das Bild direkt an der Kamera ausgelöst und auf deren Speicherkarte abgelegt wird, empfiehlt sich ein Fernauslöser (drahtlos oder kabelgebunden), damit Erschütterungen infolge manueller Betätigung des Auslösers vermieden werden.

Digitalkameras haben den wesentlichen Vorteil, dass sich das aufgenommene Bild direkt und unmittelbar im Display beurteilen lässt. Bei modernen Displays ist auch diese Beurteilung in der Regel recht zuverlässig möglich. So können speziell Schärfe und Belichtung direkt kontrolliert werden, sodass man weitere Aufnahmen mit korrigierten Einstellungen leicht nachschieben kann.

Erschütterungen

Bei der klassischen Spiegelreflexkamera verursacht der rückklappende Schwingspiegel und auch der Schlitzverschluß insbesondere bei langen Aufbauten und starken Vergrößerungen unweigerlich deutliche Erschütterungen, die Mikroaufnahmen auch mit schweren, teuren Stativen ganz leicht hoffnungslos verwackeln lassen. Abhilfe ist auf mehrerlei Weise möglich, etwa durch Zurückklappen des Spiegels vor der Aufnahme (sogenannte „Spiegelvorauslösung“) oder durch die Wahl einer längeren Belichtungszeit. Noch effektiver ist ein spezieller Fotoaufsatz mit erschütterungsfrei gelagertem Zentralverschluss. Dieser löst die eigentliche Aufnahme aus. Die adaptierte Kamera fungiert nur noch als Filmtransporter bzw. Chipträger. Wenn man also im ersten Schritt den Verschluss der Kamera öffnet und in geöffneter Position arretiert (Verschlusseinstellung „B“, Drahtauslöser mit Feststellschraube, oder „T“), dann wartet, bis die hierdurch hervorgerufenen Erschütterungen abgeklungen sind und erst hernach die Aufnahme mittels des Zentralverschlusses belichtet, resultiert eine erschütterungsfreie Aufnahme bei jeder Belichtungszeit. Die meisten Spiegelreflexkameras schließen nach dem Auslösen den Schlitzverschluss automatisch, sobald die insgesamt einstrahlende Lichtmenge ausreichend ist. Das ist sehr praktisch. Wenn man eine längere Verschlusszeit von mehr als 1 s einstellt, sind eventuelle Erschütterungen zu Beginn der Belichtungszeit schon abgeklungen und fallen im Vergleich mit der Gesamtbelichtung nicht ins Gewicht.

Moderne digitale Kompakt- und Bridge-Kameras mit fest eingebauten Objektiven und einige wenige spiegellose Kameras mit Wechseloptik – aber bislang keine digitalen Spiegelreflexkamera – lösen hingegen im Allgemeinen erschütterungsfrei aus, und einige spiegellose Digitalkameras mit Wechseloptik bieten die Möglichkeit, eine erschütterungsfreie elektronische Auslösung zu aktivieren, sodass sich dieses früher so lästige Problem nicht mehr stellt.

Eine weitere Variante, erschütterungsfreie Aufnahmen zu generieren, besteht darin, das Bild der Kamera mittels geeigneter Software auf den Monitor eines Rechners zu bringen und die Aufnahme von dort, beispielsweise mittels eines Mausklicks, Betätigen einer bestimmten Taste des Computers oder eines Fußschalters elektronisch auszulösen. Der Live-View-Modus einiger Canon-Spiegelreflexkameras ist hierfür besonders geeignet und hat sich gut bewährt.

Mikroblitzen

Mikroblitzen ist aus zwei Gründen anzuraten:

1. Es gibt keine Probleme mehr mit Verwacklungs- und Bewegungsunschärfen; kurzbrennende Computerblitze vorausgesetzt.
2. Für die noch überlebenden Dia-Freunde erlaubt die Farbtemperatur des Elektronenblitzes eine Verwendung von Tageslicht-Umkehrfarbfilmen ohne oder fast ohne Filterung. In der Digitalfotografie relativiert sich dieses Argument. Denn hier lässt sich die Farbtemperatur an der Kamera einstellen, oder zumindest der Weißabgleich beeinflussen. Trotzdem kann auch hier ein geeigneter Filter die Erstellung farbgetreuer Aufnahmen erleichtern, wenn die Kamera nur über begrenzte Einstelloptionen im Hinblick auf den Weißabgleich verfügt.

Wer einmal blitzt, blitzt nahezu immer. Allerdings gibt es nur wenige wirklich gute Mikroblitzgeräte im Handel, die zudem teuer sind. Doch bietet sich dem bastelnden Amateur gerade hier ein breites Feld.

Optisch saubere Möglichkeiten

Es gibt zwei Möglichkeiten:

1. Man bildet die Glühfäden einer Niedervoltlampe in der Blitzröhre ab und diese weiter in der Blendenebene des Kondensors. Hier erscheinen die Glühfäden und, fallweise, auch die Blitzröhre, und man hat Strahlengang nach Köhler (Abb. 154, oben). Das Zeiss-Blitzgerät für Mikroskopierleuchten (Abb. 155) arbeitet nach diesem Strahlenschema. Auch die Leitz-Mikroblitzeinrichtung ermöglicht die Beibehal-

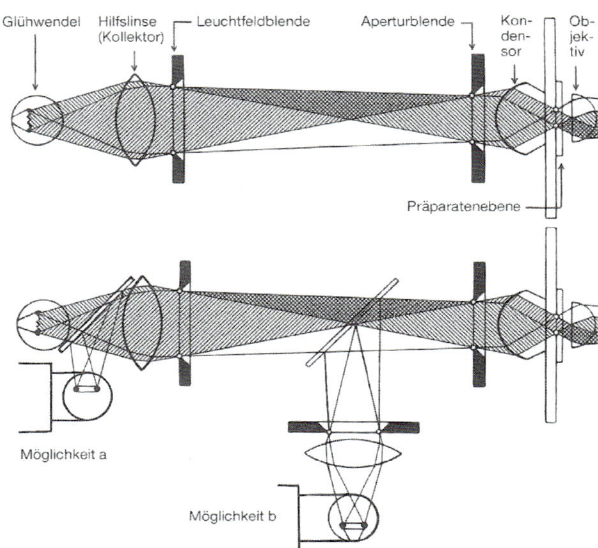

Abb. 154. Wirkungsweise strahlenoptisch sauberer Mikroblitzgeräte. Oben: Nutzung der Köhlerschen Beleuchtung. Unten: Zwei Möglichkeiten der Blitzeinspiegelung in den Köhler-Strahlengang. Weitere Erläuterungen im Text. (unter Verwendung einer Zeichnung von F. Bode).

tung einer Köhlerschen Beleuchtung. Weiteres hierzu folgt an späterer Stelle

2. Man spiegelt mit einem Glasplättchen oder teildurchlässigem Spiegel die Blitzröhre so in den Strahlengang ein, dass sie wie unter 1. zusammen mit den Glühwendeln in der Kondensorblendenebene abgebildet wird.

Hierfür gibt es zwei Lösungen. Wenn Platz ist, kann man das Strahlenteilerplättchen unter 45° zwischen Birne und Kollektorlinse anordnen (Möglichkeit a) in der Abb. 154, unten).

Wenn das nicht geht, kann man das Plättchen vor der Leuchtfeldblende im Mikroskopfuß anordnen (Möglichkeit b) in der Abb. 154, unten).

Praktische Hinweise zum Pilotlicht und zur Leitz-Mikroblitzeinrichtung

Gerade bei sich schnell bewegenden Mikro-Organismen ist es von großem Vorteil, wenn man die zu fotografierenden Objekte kontinuierlich und ohne jede Unterbrechung bis zum Auslösen des Bildes verfolgen und im Gesichtsfeld halten kann. Gelingt dies nicht, läuft man Gefahr, Blitzlichtfotos zu erstellen, auf denen sich das Objekt schon nicht mehr befindet, weil es im kurzen Zeitintervall zwischen dem Umschalten auf Blitzlichtbetrieb und Auslösen der Kamera bereits wieder verschwunden war. Aus diesem Grunde ist es sehr vorteilhaft, wenn man auch nach dem Umschalten auf Blitzbereitschaft ein permanentes Pilotlicht zur Verfügung hat, welches es erlaubt, das Objekt bis zum Auslösen der Kamera weiter zu verfolgen. Natürlich kann man das Objekt dann auch noch jederzeit nachfokussieren, falls es sich außerhalb der zuvor eingestellten Schärfenebene bewegen sollte.

Diese Aufgabenstellung hat unter anderem die Leitz-Mikroblitzeinrichtung in hervorragender Weise gelöst (Abb. 156, 157). Der Spiegelkasten dieser Mikroblitzeinrichtung besteht aus einem teildurchlässigen Spiegel (2) mit Strahlenteiler (3). Je

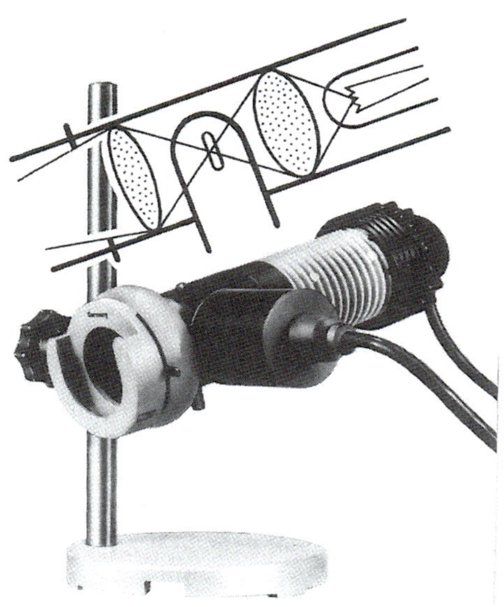

Abb. 155. Ausbau einer Zeiss-Stativleuchte zum Mikroblitzgerät durch den Ansatz einer Blitzröhre mit Zwischenoptik.

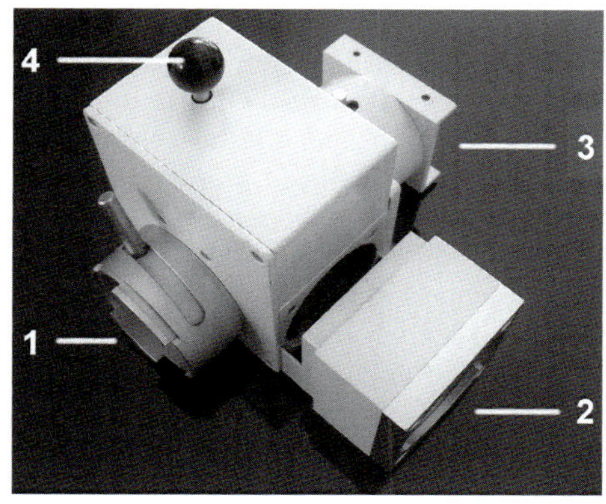

Abb. 156. Leitz-/Leica-Mikroblitzeinrichtung, Außenansicht. 1 = Bajonettanschluss zur Adaptation an den Fuß des Mikroskopes; 2 = Anschluss zur Adaptation der Lichtquelle (Ansatzleuchte; Lampenhaus); 3 = Anschlussstutzen zur Adaptation eines Elektronenblitzgerätes; 4 = Schieber zur Variierung des Strahlenganges. Stellung 1: 100% Beleuchtungslicht, 0% Blitzlicht; Stellung 2: 100% Blitzlicht, 25 % Beleuchtungslicht.

Abb. 157. Funktionsskizze der Leitz-/Leica-Mikroblitzeinrichtung (entnommen der Anleitung Mikroblitzeinrichtung, Ernst Leitz Wetzlar GmbH, 1966). 1 = Schieber zur Variierung des Strahlenganges; 2 = Umlenkspiegel; 3 = Strahlenteiler; 4 = verstellbarer Kollektor; 5 = Blitzröhre; 6 = Blitzreflektor; 7 = Bajonettanschluss zur Adaptation an den Fuß des Mikroskops; 8 = Klemmschraube; 9 = Blitz-Synchronkabel; 10 = Blitzauslösetaste; 11 = Blitzbereitschafts-Kontrolllampe.

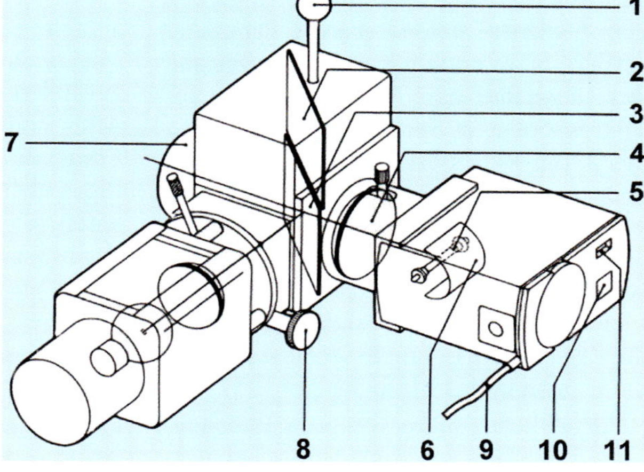

nach Position des Strahlenteilers gelangen entweder 100% des Beleuchtungslichtes in den Strahlengang, oder bei gleichzeitiger Freigabe des Blitzlichtes noch 25% des ursprünglichen Beleuchtungslichtes. Diese 25% Restlicht gewährleisten, dass ein bewegtes Objekt auch nach Freigabe des Blitzlichtstrahlengangs vom Beobachter weiter verfolgt und bedarfsweise in der Schärfe nachfokussiert werden kann, ehe die Blitzlichtaufnahme ausgelöst wird.

Mit dieser Konstruktion liegen sehr positive eigene Erfahrungen vor, auch im Hinblick auf digitale Mikrofotografie. An den vorhandenen Spiegelkasten sollten vorzugsweise kleine bis mittelgroße Blitzgeräte angesetzt werden. Die Zündung des Blitzgeräts kann über ein herkömmliches Synchronkabel realisiert werden, welches mit dem Mittenkontakt des kameraseitigen Blitzfußes über einen handelsüblichen Adapter verbunden wird. Ebenso kann aber auch eine Kabelverbindung mit speziellen Adaptern erfolgen, sofern ein systemkonformes Blitzgerät des jeweiligen Kameraherstellers verwendet wird. Die Blitzlichtintensität kann im manuellen Betrieb mit abgestuften Graufilter-Sets variiert werden, oder je nach Gerät auch über die automatische Blitzlichtsteuerung der Kamera (TTL-Blitzlichtsteuerung).

Bei Auswahl eines geeigneten Blitzgerätes ist darauf zu achten, dass möglichst kleine Reflektoren zur Verfügung stehen, die ein möglichst ideal gebündeltes Licht aussenden. Die Reflektorgröße sollte bei etwa 3 × 4 cm liegen. Die Homogenität der Ausleuchtung kann in Abhängigkeit verschiedener veränderbarer Parameter variiert bzw. optimiert werden: Abstand des Blitzgerätes zum Anschlussstutzen des Mikroskops bzw. Spiegelkastens, Stellung des Zoom-Reflektors (falls das Blitzgerät über einen Zoom-Reflektor verfügt), Verwendung einer Weitwinkel-Streuscheibe oder eines weißen Papierblatts als Diffusor, Auflegen einer Streuscheibe auf den Lichtaustritt des Mikroskops, Verstellen der Kollektorlinse 4 im Spiegelkasten (vgl. die Konstruktionsskizze der Abb. 157).

Für übliche mikroskopische Beobachtungen im biologisch-medizinischen Bereich sind Blitzlichtleitzahlen in einer Größenordnung von 18 – 20 völlig ausreichend. Diese Blitzlichtstärken genügen, um auch bei hoher Vergrößerung im Hellfeld, Dunkelfeld oder Phasenkontrast bei niedrigen bis mittleren ISO-Werten korrekt belichtete Aufnahmen zu erreichen.

Etwaige Verwacklungsunschärfen werden mithilfe des Blitzlichtes dann unterbunden, wenn die Belichtungszeit des Blitzgerätes hinreichend kurz ist. Da die Belichtungszeiten von Elektronenblitzgeräten durchaus schwanken können, hilft hier ggf. nur ein konkretes Testen eines bestimmten Geräts. Zusätzlich lässt sich Restunschärfe vermeiden, wenn die jeweils kürzest mögliche Blitzsynchronverschlusszeit verwendet wird.

Film- und Videoaufnahmen

Viele Digitalkameras, die sich mit gutem Erfolg an einem Mikroskop adaptieren lassen, verfügen auch über die Möglichkeit, Videoclips zu erstellen. HD- und Full-HD-Videos sind mittlerweile der übliche Standard, und die Anzahl der Kameras, welche 4k-Videos ermöglichen, steigt zusehends. Mithilfe einer solchen Kamera lassen sich Videodokumente sozusagen als fotografisches Nebenprodukt erstellen. Man braucht nur die Videofunktion anzuwählen und den Auslöser zu betätigen. Alles andere läuft so ab, wie gewohnt. Einige hochwertige Digitalkameras verfügen auch über ausgefeilte und qualitativ leitungsstarke Videofunktionen, sodass die Qualität erstellter Videoclips adäquat ist.

Die 4k-Videotechologie wird absehbar dazu führen, dass sich die Grenzen zwischen Fotografie und Videodokumentation auflösen oder zumindest verwischen; denn immerhin umfasst bei einem 4k-Video jedes Einzelbild etwa 8 Megapixel, und diese Bildgröße ist für die allermeisten Aufgabenstellungen in der Mikrofotografie mehr als ausreichend. Folglich erschließt sich die Möglichkeit – und dies sollte speziell für bewegte Objekte interessant sein –, von einer Szene einen kurzen Videoclip aufzunehmen und hernach das am besten gelungene Bild als Einzelbild zu extrahieren. Auch können über die Videofunktion einzelne Bildsequenzen zum Stacken herangezogen werden (vgl. Kapitel über Bildbearbeitung).

Dem Benutzer einer Videoaufzeichnung erschließen sich weitere kreative Gestaltungsmöglichkeiten. Bei unbewegten Objekten und Schnitten kann man durch Abfahren mit dem Kreuztisch oder Verschwenken mit dem Drehtisch etwas Dynamik ins Bild bringen. Auch Zoom-Okulare können hier einmal sinnvoll sein zum Zufahren auf Objektteile. Allerdings sollte man unseres Erachtens Zoom- und Schwenkeffekte gezielt und sparsam einsetzen. Als Erschwernis kommt hinzu, dass es kaum gelingt, ein Präparat mit einem herkömmlichen Objektführer beim Filmen ruckelfrei zu verschieben. Zeitlupe bei schnell bewegten Pantoffeltierchen oder strudelnden Rädertierchen und Zeitraffer bei Teilungsvorgängen von Protozoen oder ähnlichen langsam ablaufenden Vorgängen sind ebenfalls möglich und dem experimentierenden Mikroskopiker sehr zu empfehlen.

Zeitraffer, Serienbildfunktion und Zeitlupe

Sehr langsame Bewegungen können mittels Zeitraffer und sehr schnelle Bewegungen in Serienbildern oder Zeitlupenvideos erfasst werden. Hierdurch können zusätzliche Erkenntnisse gewonnen werden, die sich aus einer Betrachtung des jeweiligen Bewegungsablaufs in Echtzeit nicht erschließen lassen.

Zeitraffer

Die meisten Digitalkameras können über ein externes Steuergerät für Zeitrafferaufnahmen eingesetzt werden. Das jeweilige Steuergerät wird über ein passendes Kabel zur Fernauslösung mit der Kamera verbunden, oder es löst die Kamera über einen Infrarotsensor aus. Die vorgesehenen Auslöseintervalle und die Anzahl der Aufnahmen bzw. Dauer der Aufzeichnung können am Steuergerät eingestellt werden. Einige Geräte können auch über eine Smartphone-App programmiert werden; hierbei kommunizieren die beteiligten Geräte über Bluetooth. Schließlich existiert auch spezielle Software, welche eine Digitalkamera rechnergestützt steuern kann. Ohne Anspruch auf Vollständigkeit seien genannt: Hand-Fernauslöser Pixel TW-282, TC-80 N3 und TC-252 von Canon, App-gesteuerte Fernauslöser Pluto Trigger und Miops-Kameraauslöser, Software Canon EOS Utilities und Sofortbild für MAC von Nikon. Darüber hinaus bieten einige Kameras integrierte Zeitrafferfunktionen an. Gleiches gilt für mehrere Smartphones.

In einem Zeitraffervideo wird das Ausmaß der Zeitraffung vom Verhältnis der Aufnahme- und Abspiel-Bildsequenzen bestimmt. Beispiel: Anstelle von 30 Bildern pro Sekunde (B/S) werden nur 3 B/S aufgenommen. Die Aufnahmedauer beträgt 50 min, entsprechend $60 \times 50 \times 3 = 9.000$ Einzelbildern insgesamt. Diese 9.000 Bilder werden mit der üblichen Rate von 30 B/S abgespielt. Es resultiert ein 10-facher Zeitraffer, die realen 50 min werden folglich auf 5 min komprimiert, und Bewegungen erscheinen im Film zehnmal schneller ablaufend als in der Realität.

Sofern eine Kamera über eine integrierte Zeitrafferfunktion verfügt, werden die erstellten Einzelbilder schon in der Kamera zu einem Zeitraffervideo zusammengefügt. Zusätzlich bieten manche Modelle die Option, auch die zugehörigen Einzelbilder zu exportieren. Werden hingegen mit einem programmierbaren Zeitschalter Einzelbilder erstellt, können diese mittels spezieller Software am Rechner zu frei konfigurierbaren Videos vereinigt werden. Hierbei kann auch die Abspiel-Bildrate festgelegt und so der resultierende Zeitraffereffekt

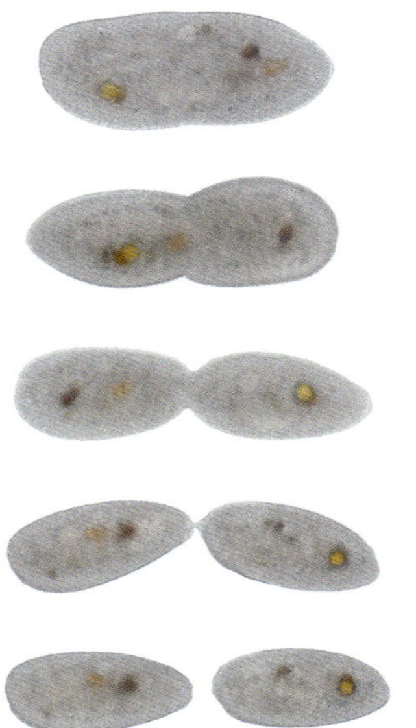

Abb. 158. Bildsequenzen einer Zellteilung des Pantoffeltierchens (*Paramecium* sp.), aufgenommen im Hellfeld, Einzelbilder aus einem Zeitraffer-Video, Bildabstand: 5 min.

nochmals variiert werden (Beispiel: Windows Movie Maker).

Grundsätzlich können aber auch aus Echtzeitvideos Zeitraffervideos nachträglich erstellt werden. Hierfür müssen zunächst aus dem Ausgangsvideo die Einzelbilder extrahiert werden. Dies gelingt z.B. mit der Free Video to JPG Converter-Software von DVDVideoSoft. Die extrahierten Bilder sind fortlaufend nummeriert. Für ein 10-faches Zeitraffervideo wird nun jedes zehnte Einzelbild verwendet und wie vorbeschrieben am Rechner zu einem neuen Video zusammengefügt. Natürlich ist dieses Vorgehen nur bei relativ kurzen Sequenzen praktikabel.

Im Bereich der Mikrokopie bieten sich Zeitraffertechniken an, um langsame Prozesse in einer praktikablen Zeitdauer zu demonstrieren. Abbildung 158 zeigt einige Bildsequenzen einer Zellteilung des Pantoffeltierchens (*Paramecium* sp.), aufgenommen im Hellfeld. Eine solche Zellteilung dauert für gewöhnlich etwa 20 min, weshalb es zweckmäßig sein kann, diesen Vorgang zum Beispiel mit einen 10-fachen Zeitraffer auf 2 min zu komprimieren.

Serienbildfunktion

Aktuelle Digitalkameras sind mehrheitlich mit einer Serienbildfunktion ausgestattet. Standard sind 5 Bilder pro Sekunde, viele höherwertige Kameras bieten aber auch sieben bis zehn, einige wenige sogar 18 oder 20 B/S. Limitierender Faktor ist unter anderem der Pufferspeicher der Kamera, der bei maximaler Bildfolge meist innerhalb von wenigen Sekunden erschöpft ist. Über kurze Aufnahmezeiten können aber mittels Serienbildfunktion viele Abläufe von schnellen Bewegungen dokumentiert und analysiert werden. Vorteilhaft ist, dass die Einzelbilder in hoher Auflösung vorliegen. Sobald höhere Bildraten oder längere Aufnahmezeiten erforderlich sind, kommt das Zeitlupenvideo ins Spiel.

Zeitlupe

Kleinlebewesen zeigen oft erstaunlich rasche Bewegungen mit dem ganzen Körper oder mit Körperanhängen, welche im Detail nur in Zeitlupenstudien erfasst werden können. Schon mit Videorecordern der 80-er Jahre konnte man Bewegungen von Mikroorganismen aufnehmen. Sie arbeiteten mit einer Bildfrequenz von 50 Halbbildern/S, die – einzeln auf dem Bildschirm dargestellt – Bildfolgen mit einem Zeitabstand von 20 ms ergaben. Zur Auswertung konnte man den Film mit Einzelbildschaltung ablaufen lassen und jedes Einzelbild anhalten. Interessierende Einzelbilder konnte man als Fotos abziehen und diese als Sequenz zu einer Schautafel vereinigen. Zusätzlich konnte man die Umrisse einer beweglichen Mikrobe aus mehreren aufeinanderfolgenden Standbildern Bild für Bild auf eine Zeichenfolie übertragen. Über ein einmalig mitgefilmtes Objektmikrometer konnte man die Objektfeldgröße und natürlich auch die Größe des aufgenommenen Objekts ermitteln. Zusätzlich konnten Partikel, die sich nicht mitbewegten, als Bezugspunkte dienen, um die von einer Mikrobe pro Zeiteinheit zurückgelegten Strecken zu messen. Aus diesen Aufzeichnungen konnten Weglinien, Weg-Zeit- und Geschwindigkeits-Zeit-Kurven erstellt werden. Ein mit früherer Analogtechnik erstelltes Anwendungsbeispiel (digital aufbereitet) zeigt die Abbildung 159. Ein 107 µm langer Ciliat (*Urostyla viridis)* wurde mit 50 B/S gefilmt, neun aufeinanderfolgende Einzelbilder wurden so untereinander angeordnet, dass die Bildfolge den Weg der Mikrobe in Zeitfenstern von 20 ms nachvollziehen lässt (Bild A). Zwischen den Bildpunkten 3 und 6 bewegt sich der Ciliat einigermaßen geradlinig mit einer Geschwindigkeit von 1,3 mm/s (13 Körperlängen pro Sekunde) von links nach rechts durchs Wasser. Die Bilder B und C zeigen abgeleitete zeichnerische Aufbereitungen (übereinander gezeichnete Körperkonturen und die Bewegungsbahn des Vorderpols).

In Digitalkameras haben sich integrierte Zeitlupenfunktionen bislang nicht durchgängig etabliert und wurden nur von wenigen Herstellern aufgegriffen. So wurde z.B. im Jahr 2008 von Casio eine Kamera (Exilim EX-F1) entwickelt, die bei reduzierter Bildauflösung Zeitlupenvideos mit 300, 600 und 1.200 B/S aufnehmen konnte (Video-Bildgrößen: 512 × 384 Pixel, 432 × 192 Pixel, 336 × 96 Pixel). Diese Kamera ist als historischer Meilenstein gelegentlich noch auf dem Gebrauchtmarkt erhältlich. Sie kann grundsätzlich auch an einem Mikroskop adaptiert werden und liefert im Rahmen ihrer gegebenen Bild-

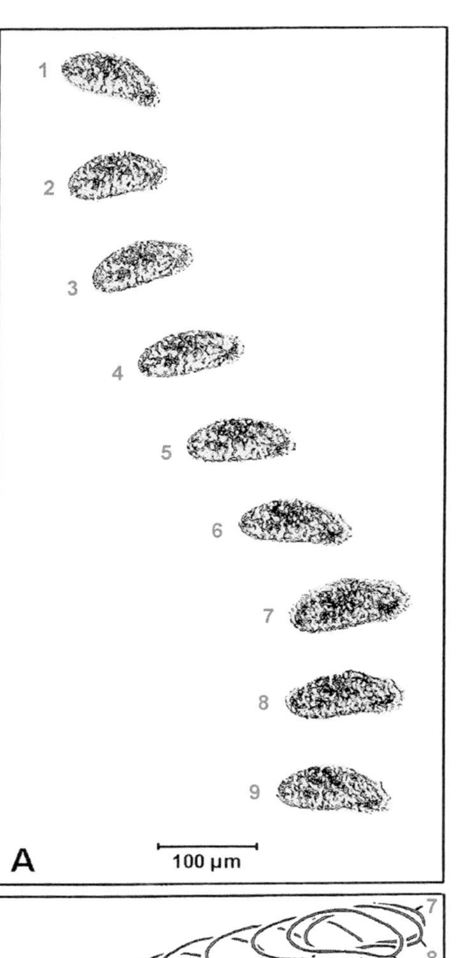

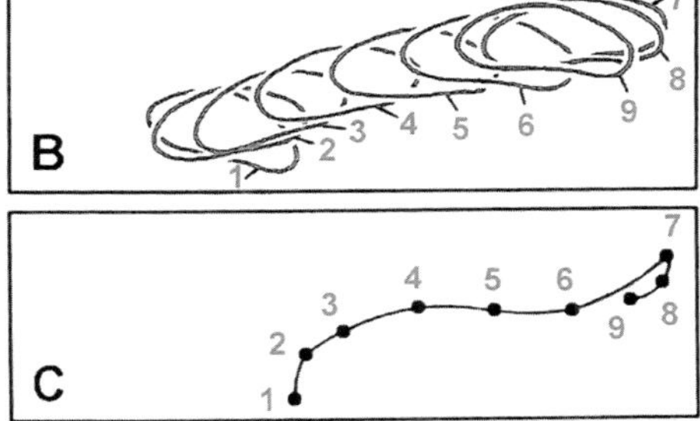

Abb. 159. Bewegungsaufzeichnung eines 107 µm langen, frei schwimmenden Ciliaten (*Urostyla viridis*), Hellfeld. Analoges Zeitlupenvideo, 50 B/S. Arrangement von neun Einzelbildern, aufgenommen in konstanten Zeitintervallen (20 ms) in Bild A. Zeichnerische Aufbereitungen in B und C (B: Konturüberlagerungen, C: Bewegungsbahn des Vorderpols).

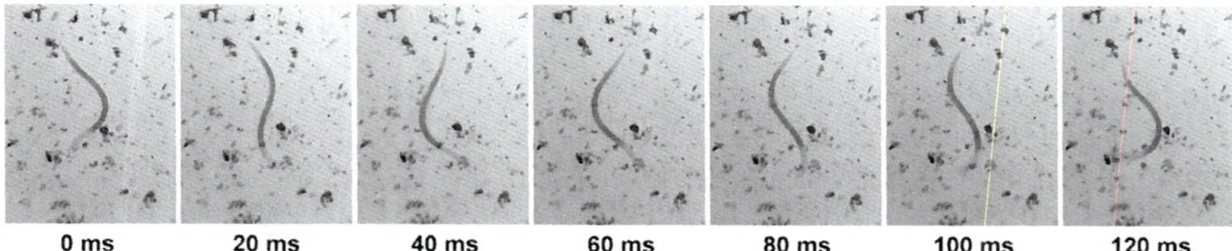

Abb. 160. Schlängelbewegungen eines 0,4 mm langen Fadenwurms (Nematode). Einzelbilder aus einem HD-Zeitlupenvideo, aufgenommen mit einem Smartphone (iPhone SE) am Unikop-Smartphone-Adapter (vgl. Abb. 151 unten rechts). Bildabstand: 20 ms. Objektiv 10×, Hellfeld.

auflösung brauchbare Ergebnisse. Im Jahr 2014 wurde als neueres Modell die deutlich kompaktere Exilim EX-100 auf den Markt gebracht. Diese ermöglicht Zeitlupenvideos mit 120 B/S bei 640 × 480 Pixeln Auflösung und ebenfalls extremere Zeitlupen bis zu 1.000 B/S bei allerdings noch reduzierterer Bildauflösung (minimal 224 × 64 Pixel). Ein weiterer Durchbruch wurde in 2016 mit der Sony Cybershot RX-1000 V erreicht. Diese Kamera bietet eine integrierte Zeitlupen-Videofunktion, wahlweise mit 240, 480 und 960 (NTSC) bzw. 250, 500 und 1000 (PAL) B/S. Bei 960 bzw. 1.000 B/S beträgt die effektive Bildauflösung immerhin noch 1.136 × 384 Pixel bei einer Aufnahmedauer von bis zu 2 s und 800 × 270 Pixel bei maximal 4 s Dauer. Bei den beiden geringeren Frameraten entspricht die Bildauflösung näherungsweise dem Full HD- bzw. HD-Standard.

Innovativ sind auch die aktuellen Zeitlupen-Entwicklungen im Bereich der Smartphones. So ermöglicht zum Beispiel das iPhone SE Zeitlupenvideos von beliebiger Dauer bei 240 B/S in HD-Auflösung (1.280 × 720 Pixel), entsprechend einer 8-fachen Zeitlupe. Bei der gegebenen Bildauflösung dokumentieren diese Zeitlupenvideos auch relativ feine Objektdetails in adäquater Deutlichkeit. Die gleichzeitig erreichte Zeitauflösung (Bildabstand rund 4 ms, exakt 4,167 ms) erlaubt auch Analysen sehr schneller Vorgänge. Dieses iPhone wurde für praktische Tests über den Smartphone-Adapter Unikop (vgl. Abb. 151) an einem Schul- und Kursmikroskop Leitz HM-Lux 3 (vgl. Abb. 6) adaptiert. Diese Kombination ermöglicht schon an einem einfachen Hellfeldmikroskop differenzierte Bewegungsanalysen bei hoher Zeitauflösung. In den folgenden beiden Beispielen zeigen die Abbildungen 160 bis 166 und die zugehörigen Messpunkte auf den Kurven aus Übersichtsgründen nur ausgewählte Bildbeispiele aus den Aufnahmeserien.

Der in Abbildung 160 gezeigte 0,4 mm lange Fadenwurm (Nematode) wurde in einem Wassertropfen ohne Deckglas gefilmt. Er schlängelt symmetrisch nach links und rechts mit einer Frequenz von 8 Schlängelbewegungen/S. Wenn sich das Vorderende nach links bewegt schlägt das Hinterende nach rechts und umgekehrt.

Die aus den originalen Zeitlupenvideos während des Abspielens ermittelbare maximale Fortbewegungsgeschwindigkeit ergibt 0,32 mm in 0,38 s, entsprechend 0,8 mm pro Sekunde. Die Bildtafel zeigt verschiedene Phasen der Schlängelbewegung in einem grenzwertig dünn verdunsteten Tropfen, welcher den Wurm nötigte, auf der Stelle zu schlängeln. Entsprechend der kinematographisch üblichen Dokumentation wurden in Abbildung 160 Einzelbilder in konstanten Zeitabständen (hier: 20 ms) zu einer Serie zusammengefügt.

Die Abbildungen 161 und 162 zeigen ausgewählte Einzelbilder aus Zeitlupen-Videosequenzen eines kleinen Muschel-

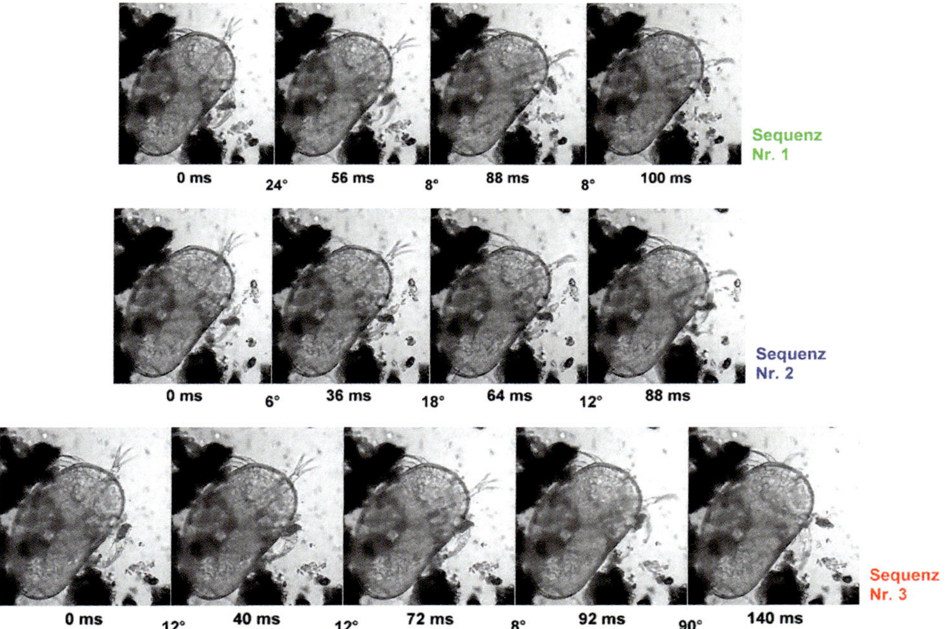

Abb. 161. Ruderbewegungen eines Brustbeines bei einem kleinen Muschelkrebs (Ostracode), Körperlänge: 0,3 mm, Objektiv L 20×, Hellfeld, sonstiges Equipment wie bei Abb. 160. Aufzeichnung von drei Bewegungssequenzen, weitere Erläuterungen im Text.

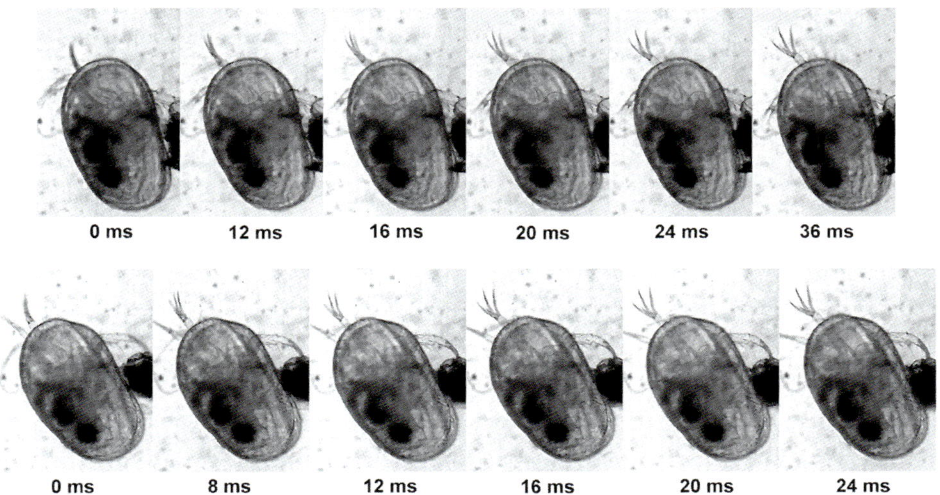

Abb. 162. Ausfahren und Endglied-Spreizung des Brustbeins von Abb. 161, stattfindend vor Einleitung der eigentlichen Ruderbewegung. Objektiv L 32 ×, sonstige Aufnahmetechnik wie zuvor. Aufzeichnung von zwei Bewegungssequenzen, weitere Erläuterungen im Text.

krebses (Ostracode), Körperlänge: 0,3 mm. Der Muschelkrebs schwimmt im freien Wasser durch sehr rasche Schlagbewegungen seiner beiden in feine Schwimmborsten auslaufenden Antennen, die er beim Ruderschlag aus den Schalen streckt, während das Vorziehen in der Schale abläuft. Auf und im Schlamm bewegt er sich mit Ruderschlägen seiner kräftigen, krallenbewehrten Brustbeine, die er vorne aus den Schalen streckt und dann rasch nach hinten-unten durch den Schlamm zieht. Auch hier erfolgt das Wiedervorziehen innerhalb der Schale. Von dieser letzteren Bewegung zeigt die Abbildung 161 drei unterschiedlich rasche und unterschiedlich weit dokumentierte Ruderschläge, aufgenommen mit Objektiv 20× in einem Wassertropfen ohne Deckglas. Auch hier wurde der Wassertropfen so flach gehalten und zusätzlich Detritus (Schwebeteilchen) hinzugefügt, dass der Krebs letztlich fest saß und feine Bewegungsabläufe der Gliedmaßen auch in relativ hoher Vergrößerung und Auflösung dokumentiert werden konnten, ohne dass der Krebs davon schwimmen konnte. Die Einzelbilder wurden diesmal nicht in konstantem Zeitabstand selektiert, sondern es wurden aus jedem der drei aufgenommenem Bewegungszyklen Einzelbilder ausgewählt, welche die interessierenden Strukturen in optimaler Schärfe präsentieren und gleichzeitig in ihrer Abfolge dynamische Veränderungen erkennen lassen. Dass die Zeitabstände zwischen den einzelnen präsentierten Bildern bei diesem Vorgehen zwangsläufig variieren, wurde bewusst in Kauf genommen. Die Längen der einzelnen Zeitintervalle und die mit der intervallweise erfassten Ruderbewegung korrelierenden Winkelgrade sind eingetragen.

Abbildung 162 dokumentiert in höchstmöglicher Zeitauflösung (Intervalle von 4 ms) das Spreizen der Endglieder der gezeigten Gliedmaße, aufgenommen mit Objektiv 32×. Es ist ersichtlich, dass die Endglieder in einer relativ gleichmäßig fließenden Bewegung innerhalb von etwa 24 bis 36 ms maximal gespreizt werden. Im Anschluss hieran wird die Ruderbewegung eingeleitet.

Videobasierte Bewegungsanalysen mit einfachen „Bordmitteln“

Anhand der Abbildungen 161 und 162 soll das Prinzip der videobasierten Zeitlupenanalyse einer rasch ablaufenden Kreisbewegung veranschaulicht werden. Da sich der Muschelkrebs im hier gezeigten Beispiel nicht von der Stelle bewegt oder in seiner Rumpfposition verändert, kann man die von Bild zu Bild veränderte Winkelstellung der bewegten Gliedmaße mit Schreibstift, Lineal und Winkelmesser direkt von Hand mit hinreichender Genauigkeit ermitteln, ohne die Einzelbilder neu justieren zu müssen (Abb. 163). Man braucht lediglich Hilfslinien durch die Längsachse des Brustbeinchens zu zeichnen. Die Zeitabstände zwischen den präsentierten Bildern ergeben sich aus der Framerate bzw. dem Einzelbildabstand (hier: 4 ms) einerseits und den zugehörigen Bildnummern der ausgewählten Einzelbilder innerhalb der kompletten Einzelbildabfolge anderseits. Aus diesen Daten kann die zeitabhängig variierende mittlere Winkelgeschwindigkeit des Ruderschlags für jedes erfasste Zeitintervall abgeschätzt werden. Wenn sich ein solcher Muschelkrebs oder ein anderes lebendes Objekt während der Bewegungsaufzeichnung fortbewegt und seine Position verändert, wird es notwendig, die Einzelansichten justiert zu überlagern, wenn Bewegungsexkursionen von Gliedmaßen vermessen werden sollen. Dies kann auch ohne aufwendige Software von Hand bewerkstelligt werden, wie Abbildung 164 am Beispiel des Muschelkrebses demonstriert. Man druckt zunächst die auszuwertenden

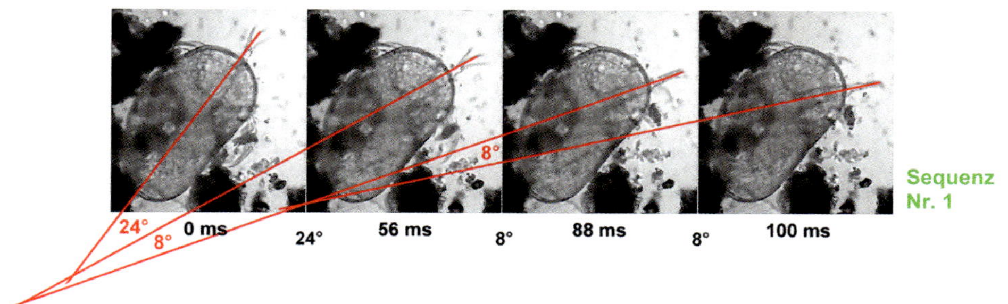

Abb. 163. Prinzip der Ermittlung von Bewegungs-Winkelgraden am Beispiel des Sequenz Nr. 1 aus Abbildung 161.

Einzelbilder auf einem Papierbogen aus. Dann schneidet man die Umrisse des Objekts, z.B. des Muschelkrebses mitsamt der interessierenden Gliedmaße mit einer feinen Schere aus. Die einzelnen Scherenschnitte werden exakt und möglichst passgenau übereinander gelegt und an den Rumpfenden provisorisch verklebt. Damit die unter der vorderen Schale befindlichen Abschnitte des Ruderbeinchens im Verlauf sichtbar bleiben, können die überdeckenden Partien aus der jeweils weiter oben liegenden Aufnahme ausgeschnitten werden, sodass sich eine schichtweise Darstellung ergibt. Anschließend kann eine großflächige Verklebung erfolgen. Dieser Sandwich-Schnitt kann zuletzt auf einen Papierbogen geklebt und von dort abfotografiert und digitalisiert werden. Das fertige Resultat zeigt Abbildung 164.

Für quantitative Auswertungen können in dieses digitalisierte Sandwich beliebige Hilfs- und Messlinien eingezeichnet werden. Eine Auswertung der abgebildeten Bewegungssequenzen aus den Abbildungen 161 und 162 ergibt, dass die hier dokumentierten Ruderbewegungen der Gliedmaße, welche von vorne nach hinten schlägt, insgesamt in vier Phasen bzw. Bewegungsabschnitten ablaufen. Zunächst wird die Gliedmaße vorgeschoben und gestreckt, wobei die Endglieder wie die Finger einer Hand gespreizt werden (Phase 0, vgl. Abb. 162). Anschließend wird die

Abb. 164. Prinzip einer Überlagerung sequenzieller Einzelbilder zur Bewegungsanalyse einer Gliedmaße am Beispiel des gezeigten Muschelkrebs-Ruderbeines.

Ruderbewegung mit 0,2°/ms langsam eingeleitet (Phase 1). Die gespreizten Glieder werden dann im Ruderschlag zunächst mit einer Geschwindigkeit von 0,3 bis 0,6°/ms über die Kopfpartie geführt (Phase 2), wobei gegen Ende dieser Bewegungsphase die Spreizung der Endglieder zurückgeht. Zuletzt wird die Gliedmaße mit nicht mehr gespreizten Endgliedern deutlich beschleunigt mit etwa 1,9°/ms über 90° weiter bewegt (Phase 4), bis sie der Rumpflängsseite anliegt und zum Stillstand kommt.

Insgesamt wird das hier gezeigte Brustbein während seiner Ruderbewegung über ein Kreissegment von etwa 115° geführt, hierfür braucht es 140 ms. Während der folgenden 110 ms vollzieht es eine Rückstellbewegung und nimmt wieder seine Ausgangsposition ein, bis es wieder he-

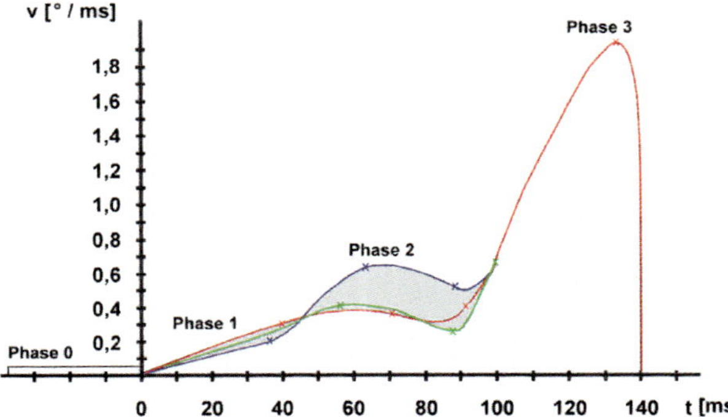

Abb. 165. Geschwindigkeits-Zeit-Diagramme, abgeleitet aus den drei Sequenzen der Abbildungen 161 und 162, Messpunkte dreifarbig kodiert. Phase 0: Spreizung der Endglieder bei noch stillstehender Gliedmaße; Phase 1: Einleitung der Ruderbewegung (langsame Bewegung); Phase 2: Mittelschnelle Bewegung über das Rumpfende mit gespreizten Endgliedern; Phase 3: Schnelle Bewegung entlang der Rumpflängsseite.

rausgestreckt wird und der nächste Ruderschlag einsetzt. Ein kompletter Bewegungszyklus vollzieht sich folglich in 250 ms; dies entspricht einer Frequenz von vier Ruderschlägen pro Sekunde.

Aus den Sequenzen der Abbildungen 161 und 162 lassen sich für jeden in den Tafeln präsentierten Bildabstand die mittleren Winkelgeschwindigkeiten berechnen (Winkelgrade pro Millisekunde) und hieraus Geschwindigkeits-Zeit-Diagramme ableiten. Diese werden in Abbildung 165 gezeigt. Für jede der drei Sequenzen aus Abbildung 161 wurden die jeweils aus der Bildtafel zu erschließenden mittleren Geschwindigkeiten zum Ende eines jeden Zeitintervalls eingetragen. Die Verlaufskurven der ersten Sequenz sind grün, die der zweiten blau und die der dritten Sequenz rot gekennzeichnet.

Die erwähnten Bewegungsabschnitte bzw. Phasen 1 bis 3 lassen sich klar nachvollziehen. Entsprechend den Daten von Abbildung 162 wurde zusätzlich die vorgeschaltete Phase der Endgliedspreizung, welche sich bei ansonsten noch stillstehender Extremität vollzieht, als „Phase 0“ links der y-Achse mit einer Dauer von 36 ms (ermittelter Maximalwert) eingetragen. Insgesamt lassen diese Diagramme nachvollziehen, dass die Ruderbewegungen der hier untersuchten Extremität bei gewissen Schwankungen der Geschwindigkeit reproduzierbar in den vier erwähnten Phasen ablaufen: Endgliedspreizung bei noch stillstehender Gliedmaße (Phase 0), langsame Bewegungseinleitung (Phase 1), mittelschnelle Überkopf-Bewegung (Phase 2), schnelle Bewegung entlang des Rumpfes (Phase 3). Die sich hieran anschließende Rückstellphase wurde nicht näher dokumentiert und daher auch nicht eingezeichnet.

Die hier ermittelte maximale mittlere Winkelgeschwindigkeit (1,9°/ms) entspricht, auf einen technischen Motor übertragen, 5,3 Umdrehungen pro Sekunde, ein durchaus hoher Wert für ein so kleines Tier.

Zusätzlich kann aus den Bildsequenzen der Abbildungen 161 und 162 ein Weg-Zeit-Diagramm erstellt werden (Abb. 166). Die erwähnten Bewegungsphasen sind auch hier nachzuvollziehen.

Diese Bewegungsanalysen regen zu energetischen Überlegungen an. Der Ruderschlag wird langsam eingeleitet und mit zunehmender Geschwindigkeit ausgeführt. Der Muschelkrebs konzentriert seine Energie auf den für die Lokomotion relevanten Anteil des Ruderschlags, also die schnell ablaufende Phase 3, welche den eigentlichen Schub für eine gerichtete Fortbewegung erzeugt. Die vorgeschalteten Bewegungsabschnitte tragen nicht zum Vorschub bei; daher vollziehen sich diese in langsamerer Geschwindigkeit und es werden die Endglieder gespreizt.

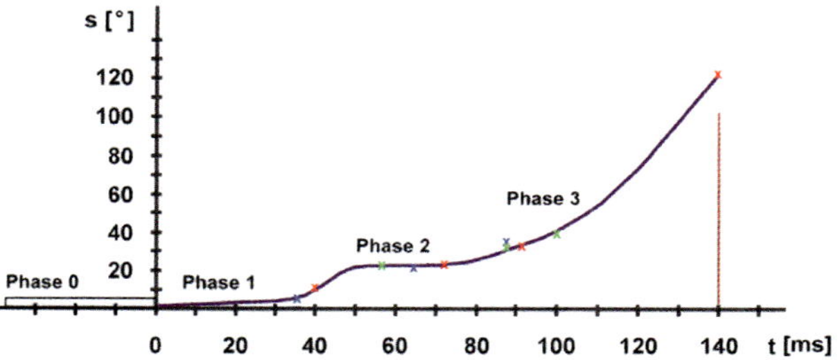

Abb. 166. Weg-Zeit-Diagramm, abgeleitet aus den drei Sequenzen der Abbildungen 161 und 162, Messpunkte dreifarbig kodiert. Bewegungsphasen entsprechend der Abbildung 165.

Ergänzend soll angemerkt werden, dass die hier gezeigten Bildtafeln und Diagramme lediglich das Prinzip einer zeitlupengestützten Bewegungsanalyse veranschaulichen sollen. Für eingehende wissenschaftliche Auswertungen würde man weitaus mehr Einzelbilder in konstanten und hinreichend kurzen Zeitintervallen herausgreifen und auf diese Weise Diagramme von durchgehend höherer Orts- und Zeitauflösung erstellen.

Dennoch können schon wesentliche Erkenntnisse aus den wenigen hier präsentierten Einzelbildern erschlossen werden, und dies mit überschaubarem technischem Aufwand, einem handelsüblichen Smartphone und einem einfachen Schul- und Kursmikroskop im Hellfeldlicht einer 6 V, 5 W-Glühlampe.

Farbfilter – Praxistipps

In der Farbfotografie

Farbfilter kann man selbstredend in der Farbfotografie einsetzen, in überraschendem Maß aber auch in der Schwarz-Weiß-Fotografie.

In der Farbfotografie können Farbfilter zum einen verwendet werden, um Farbstiche zu beheben, zum anderen lässt sich natürlich auch das Gegenteil erreichen: Man kann Untergrund und Objekt in einer beliebigen Farbe tönen.

Zur Anpassung eines Tageslichtfilms an Glühlampenbeleuchtung (auch Halogenlicht!), aber auch zur Verbesserung eines automatischen Weißabgleichs in Digitalkameras, kann ein Blaufilter (Tageslichtfilter) verwendet werden. Anstelle von speziellen Blaufiltern für die Mikroskopie kann man auch Blaufilter (Konversionsfilter) des Fotohandels ausprobieren und entscheidet sich für den subjektiv besten Farbeindruck seiner Mikrofotos.

Mit einem tiefer gefärbten Blaufilter (oder zwei Konversionsfiltern übereinander) kann man dem Bild auch einen meerblauen Grundton geben, wie er gerade für Planktonaufnahmen manchmal recht apart wirkt. Auch mit leicht grünlichen Tönen kann man eine „hydrobiologische Stimmung“ hervorzaubern. Aber das ist Geschmackssache. Poppige Einfärbungen über tiefgefärbte Filter sind natürlich auch möglich und rufen sehr gerne schon mal auch ein „Aaah ...“ (bei sparsamer Anwendung) beim Publikum während Präsentationen hervor. Für die Dokumentation dagegen sollte man sie zurückhaltend verwenden.

In der Schwarz-Weiß-Fotografie

Da Mikrovorlagen im Vergleich zu unserer Alltagsumwelt oft relativ wenig Kontrast zeigen, kann eine gezielt eingesetzte Filterung im Schwarz-Weiß-Bereich sehr interessant sein, um den Kontrast zu beeinflussen. Das gilt nicht nur für den klassischen Film. Digitalkameras kann man auf Schwarz-Weiß einstellen und damit diese Effekte auch nutzen. Es ist wirklich verblüffend, wie sich die Kontraste farbgefilterter, farbiger Präparate bei der Umsetzung in Schwarz-Weiß oft drastisch ändern.

Grundsätzlich gilt: Ein Filter lässt die Eigenfarbe des Objekts auf der Schwarz-Weiß-Vergrößerung heller, die Komplementärfarbe dunkler erscheinen. (Jeder Fotoamateur wusste früher, dass man mit einem Gelbfilter blauen Himmel in der Schwarzweißvergrößerung dunkler bekommt: Blau ist die Komplementärfarbe von Gelb.) Je farbtiefer der Filter ist, desto deutlicher wird dieser Effekt. Somit gilt:

- Blaufilter: Rot und gelbliche Töne kommen dunkler, Blau kommt heller.
- Grünfilter: Rosarot kommt dunkler, Grün kommt heller.
- Gelbfilter: Blauviolett kommt dunkler, Gelb heller.
- Rotfilter: Blau und auch Grün kommen dunkler, Rot aber heller.

Wir können mit den komplementären Filterfarben auch im Mikrobereich interessante Effekte erzielen.

Anwendungsbeispiele

Verwendet man etwa bei einem grün gefärbten Objekt, z.B. Chloroplasten, ein strenges Rotfilter, so kommen die grün gefärbten Komponenten fast schwarz heraus. Will man zu zarte Rottöne (Unterfärbung mit Eosin) in einem Mikropräparat verstärken, das heißt also dunkler abbilden und das Präparat stärker kontrastieren: Grünfilter. Will man die Güte von Achromaten voll ausnutzen: Gelbgrünfilter, bei farblosen Gebilden wie Diatomeen- und Radiolarienschalen auch strenges Grünfilter. Die Bildverbesserung mit Gelbgrün- oder Grünfilter wird verständlich, wenn man sich daran erinnert, dass Mikroskopobjektive in jedem Fall für den Grünbereich optimiert sind. Durch die Filterung blendet man die wichtigsten störenden Spektralbereiche aus, sodass sich diese nicht mehr negativ auswirken können; chromatische Abbildungsfehler sind auf diese Weise verringert.

Mikropräparate sind meistens kontrastgefärbt. Das heißt, sie sind zumindest mit zwei, manchmal auch mit drei Farben eingefärbt, die jeweils selektiv bestimmte Zellbestandteile anfärben, und die im Farbenkreis möglichst weit auseinanderliegen, etwa blau und rot. Ein Beispiel für eine Mehrfachfärbung wird in Abbildung 167 gezeigt.

Der hier präsentierte Schnitt durch die Zahnanlage eines Säugers ist mit Azan gefärbt. Von oben nach unten sind sichtbar: Schmelzbildungsgewebe (rötlich), Schmelz (Rot), Zahnbein oder Dentin (Blau), Zahnbildungsgewebe (rötlich). Mittels Farbfiltern kann man bei solch mehrfarbigen Präparaten bestimmte, in einer definierten Farbe eingefärbte Strukturen gezielt hervorheben.

So käme der an sich rot gefärbte Zahnschmelz mit Blaufilter sehr dunkel heraus, mit Rotfilter so hell, dass auch möglicherweise weitere zarte interne Strukturen sichtbar werden. Grünfilterung würde den

Abb. 167. Beispiel einer Mehrfachfärbung: Zahnanlage eines Säugers, Hellfeld. Von rechts nach links: Schmelzbildungsgewebe (rötlich), Schmelz (Rot), Zahnbein oder Dentin (Blau), Zahnbildungsgewebe (rötlich).

Schmelz satt schwarz herausbringen, dafür aber die übrigen Gewebe in sehr schöner Kontrastierung differenzieren.

Eine andere Mehrfachfärbung ist beispielsweise die Dreifachfärbung nach Goldner. Damit werden die Zellkerne dunkelbraun, Zellplasma, Muskeln und rote Blutkörperchen rot, Bindegewebe und Knorpel grün. Auch hier könnte man durch Filterung Elemente herausheben oder unterdrücken.

In der histologischen Routine sehr gängig ist die Doppelfärbung mit Hämatoxylin-Eosin. Diese bewirkt, dass sich die Zellkerne blau färben, das Zellplasma, Muskeln und Bindegewebe mehr oder minder rot. Verwendet man also ein Gelbfilter, werden die Zellkerne im Schwarz-Weiß dunkler, verwendet man ein Rotfilter werden die Muskeln etc. aufgehellt. Eine insgesamt recht kontrastreiche Abbildung erhält man mit dem Grün- oder Gelbgrünfilter oder auch mit dem Bandenabsorptionsfilter BG 36/2, mit dem Rot einigermaßen dunkel, aber auch Blau befriedigend wiedergegeben wird.

Es gibt auch farblose Filter. Dazu gehören abgestufte graue Neutralfilter Sie sind empfehlenswert zur Helligkeitsreduzierung ohne Veränderung der spektralen Zusammensetzung des Lichts. Weitere Hinweise zu Filtern finden sich auf den Seiten 67 ff.

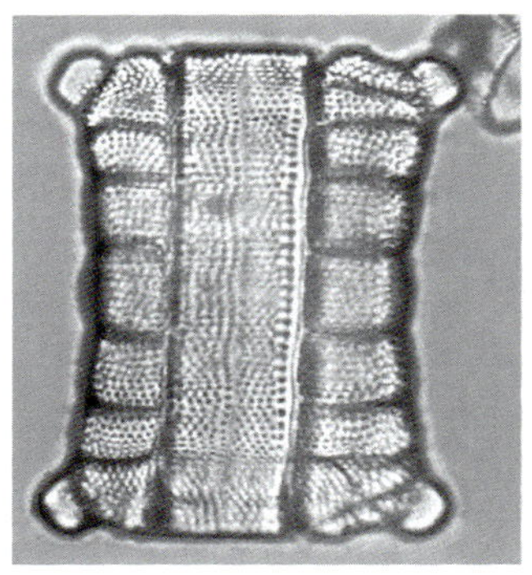

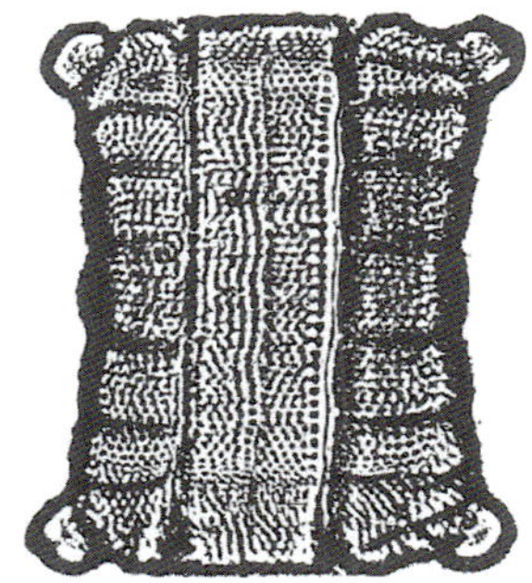

Abb. 168. Mikroaufnahme einer Meeres-Kieselalge der Gattung *Biddulphia* unter einfachsten Bedingungen, Hellfeld. Links: Papiervergrößerung. Rechts: Zweifache harte Umkopie.

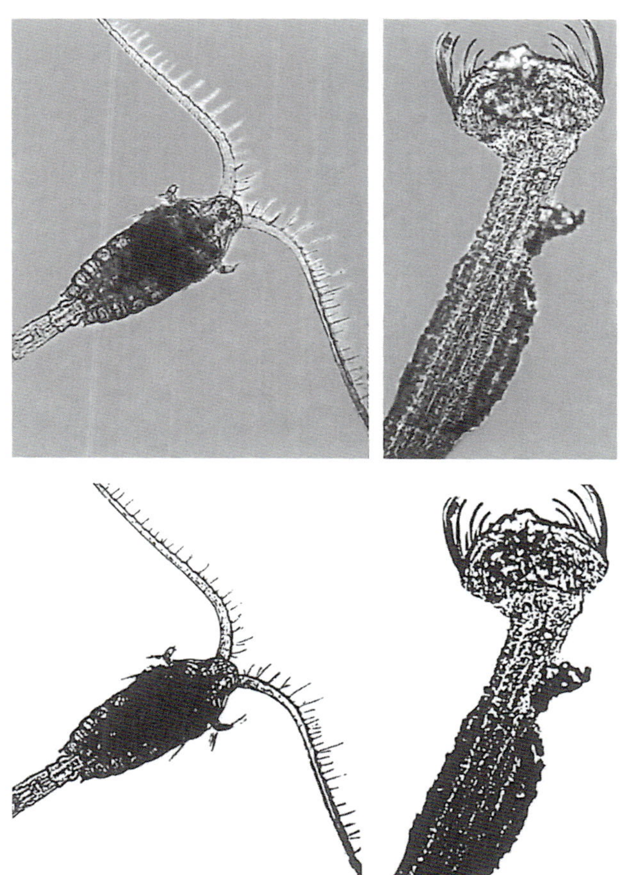

Abb. 169. Aufnahmen von Meeresplankton im SW-Modus und harte Umkopien, Hellfeld. Hüpferling (links), Pfeilwurm (rechts). Oben: Papiervergrößerungen von Mikroaufnahmen, Achromat 10x, kein Okular. Unten: Hart wirkende doppelte Umkopie.

Mikrofotografik

Es gibt einen einfachen Weg, über Mikrofotos Vorlagen herzustellen, die fast wie Zeichnungen aussehen. Man stellt die Digitalkamera auf SW und größte Konturenschärfe ein. Für die Aufnahme ist anzuraten, mit möglichst parallelem Licht zu arbeiten, damit sich zarte Einzelheiten konturenscharf abbilden. Für solche Fälle empfehlen sich schwache Objektive ohne Kondensor oder mit Brillenglaskondensor. Die Bilder werden mit einem auf harte Strichzeichnungen eingestellten Printer ausgedruckt. Gegebenenfalls kann man sie nochmals einscannen und ebenso ausdrucken, besser, man xerographiert den Ausdruck ein oder zwei Mal. Dadurch verlieren sie die letzten Reste an Graustufen, und die Konturen sind satt schwarz auf weißem Grund. Sie sehen, wie gesagt, wie Zeichnungen aus.

Die Abbildung 168 zeigt eine Meeresdiatomee, einmal mit einfacher Optik und simpler Glühlampenbeleuchtung aufgenommen, daneben zweimal umkopiert. Wie erkenntlich, wirkt so eine harte Um-

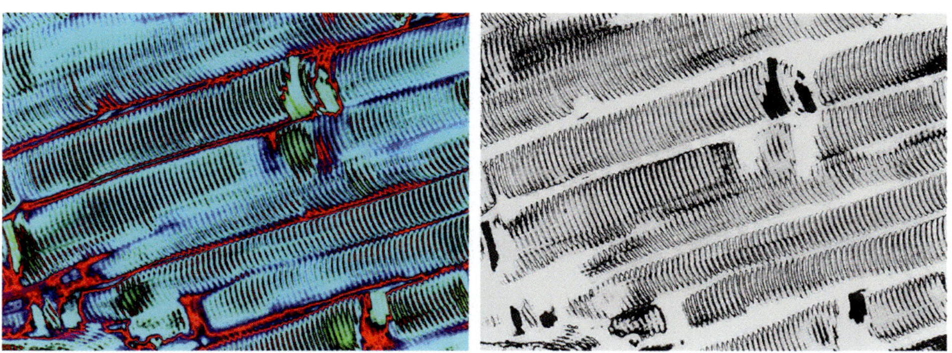

Abb. 170. Quergestreifte Skelettmuskulatur im polarisierten Licht, Objektiv 40×. Originalbild (links), abstrahierende digital erstellte „Skizze“ in Schwarz-Weiß (rechts).

kopie wie eine Tuschezeichnung. Natürlich sind Einzelheiten leicht verfremdet, aber das sind sie bei einer Zeichnung ja auch. Weitere Beispiele zeigt die Abbildung 169. Auch hier wird durch die erreichte, einer Zeichnung ähnelnden Abstraktion der Blick des Betrachters auf das Wesentliche gelenkt.

Mit geeigneter Software kann in ähnlicher Weise wie vorbeschrieben aus einem farbigen Digitalfoto eine Schwarz-Weiß-Ansicht erstellt werden, welche einer abstrahierenden Zeichnung oder Skizze nahekommt (Beispiel in Abb. 170). Zu diesem Zweck können Farbbilder zunächst in konventionelle Schwarz-Weiß-Bilder umgewandelt und im Kontrast angepasst werden. Für harte Schwarz-Weiß-Darstellungen, basierend auf schwarzen Linien und Flächen bei gleichzeitiger Elimination hellerer Grautöne kann die „Threshold“-Funktion verwendet werden.

Bildbearbeitung

Allgemeines

Digitale Bildbearbeitung kann grundsätzlich zwei Ziele verfolgen. Zum einen ist sie geeignet, die Qualität eines Bilddokuments objektiv zu verbessern, auch im Bild hinterlegte Details hervorzuheben, die ohne Nachbearbeitung möglicherweise nicht ohne Weiteres klar erkannt werden können. Auf diese Weise kann der visuelle Informationsgehalt des Bildes erhöht und gegebenenfalls auch dessen wissenschaftliche Aussagekraft gesteigert werden.

Neben einer solchen objektiven Verbesserung können auch subjektiv wahrnehmbare Verschönerungen erreicht werden, die nicht unbedingt die wissenschaftliche Aussage präzisieren, das Bild aber ästhetisch reizvoller und interessanter wirken lassen. Die hier dargestellten Techniken und Verfahren können je nach Art und Einsatz beiden vorgenannten Zwecken dienen, in der Allgemeinfotografie ebenso, wie in der Mikrofotografie. Bei letztgenannter sind dieselben Instrumente verwendbar, die auch für andere fotografische Aufgabenstellungen eingesetzt werden. Damit der Rahmen nicht gesprengt wird, sollen die wesentlichen Werkzeuge der allgemeinen Bildbearbeitung, die auch in der Mikrofotografie relevant sind, nur kurz angesprochen werden.

Basisfunktionen in der allgemeinen Bildbearbeitung (für Einsteiger)

Helligkeit und Kontrast können und sollten optimiert werden, wenn eine Aufnahme nicht ideal belichtet ist und gegebenenfalls sehr feine, kontrastschwache Details besser beziehungsweise deutlicher herausgestellt werden sollen. Bei sehr starken Hell-Dunkel-Kontrasten kann es in der allgemeinen Bildbearbeitung vorteilhaft sein, die Mitteltöne und/oder Schatten gezielt aufzuhellen und/oder die sehr hellen Partien („Lichter") moderat in ihrer Helligkeit zu verringern. In den meisten Bearbeitungsprogrammen stehen hierfür spezielle Werkzeuge zur Verfügung. Durch gezielte Einflussnahme auf Gradation bzw. Histogramm können weitergehende Kontrastoptimierungen vorgenommen werden. Farbstich kann durch Änderung der Farbbalance und/oder durch Durchführung eines manuellen Weißabgleichs verringert oder beseitigt werden.

Störende Strukturen, z.B. Staubkörner, können mithilfe eines Klon-Pinsels entfernt werden. Falls es zum Beispiel an Bildecken zu Abdunkelungen gekommen ist, lassen sich diese mittels Aufhellpinsel moderat angleichen. Natürlich können auch digitale Nachschärfungen durchgeführt und Ausschnittansichten durch Bildbeschnitt neu festgelegt werden. Die Funktion „Geraderichten" erlaubt es, ein Objekt in beliebigen Winkeln nachträglich zu drehen, zusätzlich können Fotos um 90° oder 180° im oder gegen den Uhrzeiger-

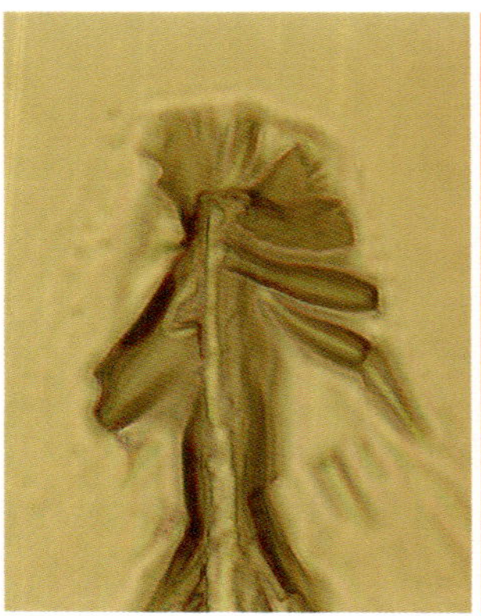
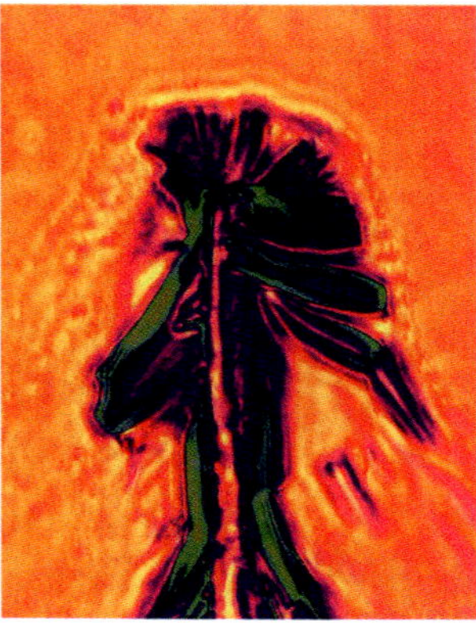

Abb. 171. Kleiner Kratzer auf einem Kunstharzfilm, Objektfeld: zirka 0,6 × 0,8 mm. Rechts: Normales Hellfeld, links: Falschfarbenbild, erzeugt durch Gradationsveränderung des Hellfeldbilds. Foto: Timm Piper.

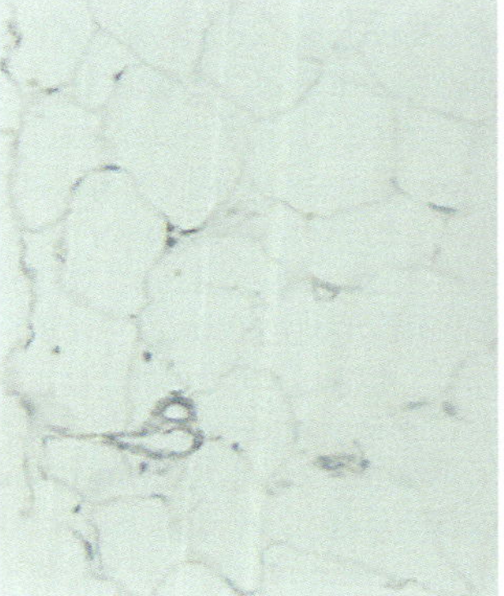
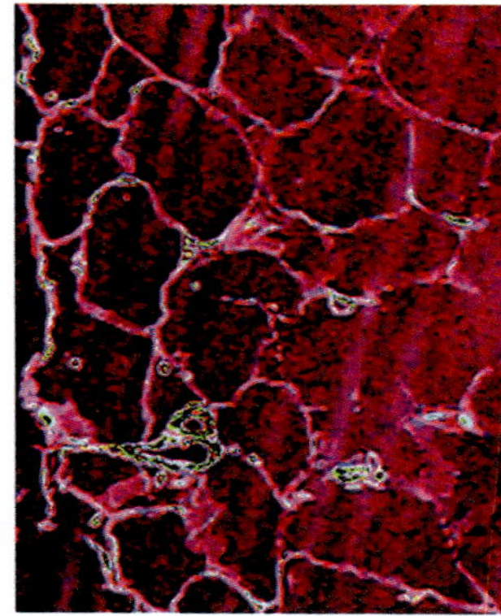
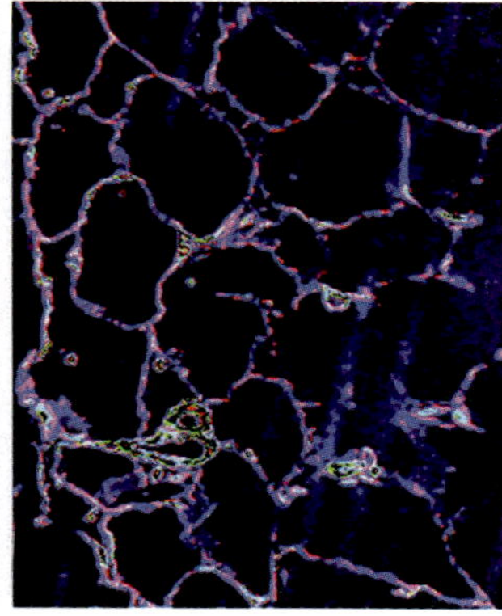

Abb. 172. Ungefärbtes Fettgewebe. Links: normales Hellfeld. Mitte: invertiertes Hellfeld. Rechts: kontrastverstärktes invertiertes Hellfeld mit variierender Farbfilterung (Originalaufnahme: Anne Kerber, Homburg/Saar, digitale Nachbearbeitungen: JP).

sinn gedreht und bedarfsweise horizontal oder vertikal gespiegelt werden. Mit diesen einfachen und grundlegenden Mitteln kann auf die finale Bildgestaltung bereits weitreichender Einfluss ausgeübt werden.

In manchen Fällen kann durch eine manuelle Veränderung der Gradationskurve (diese Option bieten manche Bildbearbeitungsprogramme) ein Falschfarbenbild erzeugt werden, welches bestimmte Strukturen deutlicher erkenn lässt. Abbildung 171 zeigt eine Scharte in einem Kunstharzfilm, links die originale Hellfeldaufnahme, rechts daneben eine Falschfarbenversion. Die Verläufe feiner linearer Strukturen werden durch die Gradationsänderung und hiermit einhergehende Farbkontrastierung wesentlich klarer erkennbar.

Speziell bei Hellfeldbildern kann es reizvoll sein, eine digitale Invertierung durchzuführen. So entsteht ein digitales Dunkelfeld, welches je nach Ausgangsbild deutlich mehr Details im Objekt erkennen lässt. Der Bildaspekt erinnert oftmals an ein Röntgenbild, Objekte erscheinen wie durchleuchtet. Abbildung 172 präsentiert ungefärbte Fettzellen aus einem Hautschnitt. Im originalen Hellfeld (links) sind die Verläufe der Zellgrenzen nur schwach erkennbar; der Kontrast ist minimal. Durch Invertierung und Kontrastanhebung (Teilbilder Mitte und rechts) stellen sich dieselben Strukturen auf dunklem Untergrund hell aufleuchtend dar, sodass eine Art digitales Dunkelfeld erzeugt wird. Durch Variierung der Farbkanäle können zusätzliche digitale Einfärbungen vorgenommen werden.

Auch stärker kontrastgebende Objekte können, im Hellfeld aufgenommen, durch digitale Invertierung eindrucksvoll variiert werden. Als Beispiel ist in Abbildung 173 ein Fadenwurm der Gattung *Metepsilonema* aus der Nordsee gezeigt, der in unterschiedlichen Farbvarianten digital invertiert worden ist.

Spezielle Verfahren der Bildbearbeitung, basierend auf mehreren Einzelbildern (für Fortgeschrittene)

Neben den oben beschriebenen allgemeinen Verfahren der Bildnachbearbeitung sind in der Mikroskopie vor allem zwei Spezialverfahren interessant: das Stacken und die DRI- bzw. HDR-Techniken. Beide Techniken basieren darauf, dass von einem – natürlich unbeweglichen – Objekt mehrere Einzelbilder erstellt werden, die man anschließend am Rechner zu einem optimierten Summationsbild überlagert.

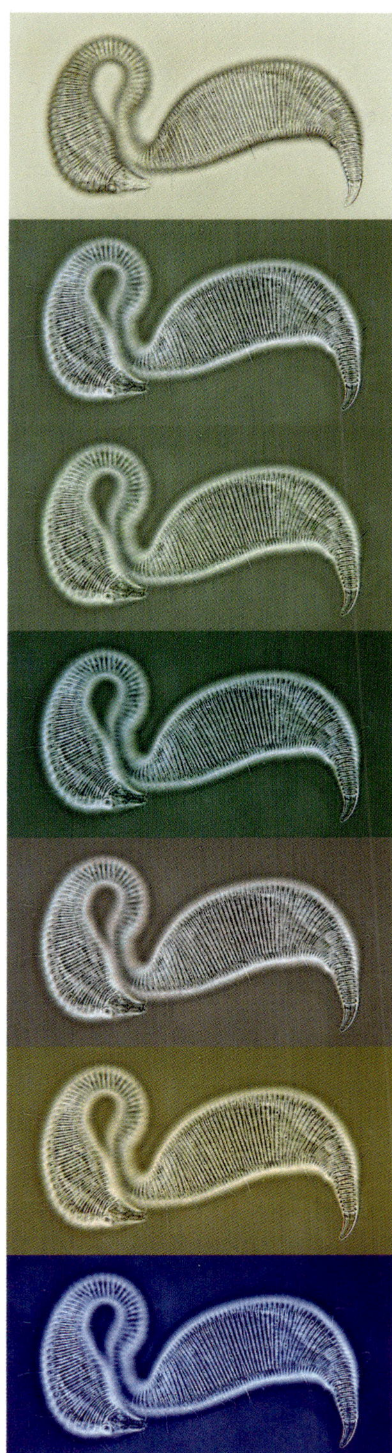

Abb. 173. Nematode (Fadenwurm) *Metepsilonema* sp. aus der Nordsee. Länge des aufgenommenen Objekts: zirka 0,1 mm. Oben: normale Hellfeldaufnahme. Darunter: digitale Invertierungen mit unterschiedlicher Farbgewichtung. (Originalaufnahme: Dr. Ole Riemann, Würzburg, Dr. Wilko Ahlrichs, Oldenburg, Dr. Alexander Kiencke, Wilhelmshaven, digitale Nachbearbeitungen: JP).

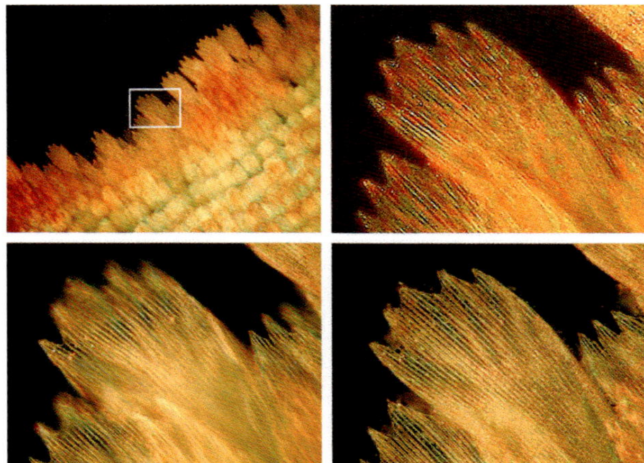

Abb. 174. Ausschnitt eines Schmetterlingsflügels, Dunkelfeld. Oben links: Übersichtsbild, aufgenommen mit Objektiv 6,3×, horizontale Feldweite (HFW): 1,5 mm. Oben rechts: Ausschnittansicht einer einzelnen Schuppe aus dem Übersichtsfoto, HFW: 0,2 mm. Unten links: Identische Ansicht der Einzelschuppe, fotografiert mit Objektiv 40×, Einzelbild. Unten rechts: Schärfeoptimierter Stack, erstellt aus 25 Einzelbildern.

Das Stacking

Jedes konventionell aufgenommene Einzelfoto ist von einer begrenzten Tiefenschärfe bzw. Schärfentiefe. Dies gilt für die Allgemeinfotografie ebenso wie für die Makro- und Mikrofotografie. Je kleiner in der Fotografie die Blende eingestellt wird und je kürzer die Objektivbrennweite ist, desto größer wird die erreichbare Tiefenschärfe sein. Zusätzlich wirkt sich die Größe des Kamerachips auf die Tiefenschärfe aus: je kleiner der Chip, desto größer die Tiefenschärfe. In der Mikroskopie hängt die Schärfentiefe zunächst von der Vergrößerung ab; je stärker die Vergrößerung, desto geringer die Schärfentiefe. Zusätzlich wirken sich die Aperturen aus, je kleiner die Aperturen des Objektivs und Kondensors, desto größer ist die erreichbare Schärfentiefe. Der jeweilige Schärfentiefebereich eines optischen Systems wird auch als vertikales Auflösungsvermögen bezeichnet.

Nun kann man aber die Aperturen nicht beliebig verkleinern. Denn je kleiner die Apertur wird, desto geringer ist die verbleibende **laterale** Auflösung. Unter dem lateralen (seitlichen, horizontalen) Auflösungsvermögen versteht man die Fähigkeit eines optischen Systems, zwei möglichst nahe in einer Ebene nebeneinander liegende Punkte noch getrennt abzubilden. Liegen diese Punkte näher beisammen, als es dem Auflösungsvermögen entspricht, verschmelzen sie im Bild zu einer kleinen Fläche, d.h. sie werden nicht mehr als separate Punkte aufgelöst. Der theoretisch abbildbare kleinste Punktabstand wird in der Lichtmikroskopie im Allgemeinen mit 0,2 µm (Mikrometer), also 2/10.000 mm angegeben. Je mehr man also einen Kondensor abblendet oder die Apertur des Objektivs verringert, sei es durch eine im Objektiv integrierte Irisblende, sei es durch bauartbedingte Vorgaben, desto schlechter aufgelöst, unschärfer und undeutlicher wirkt das Bild. In der Praxis bemüht man sich daher um einen ausgewogenen Kompromiss zwischen hinreichender Schärfentiefe einerseits und ausreichendem **lateralen** Auflösungsvermögen andererseits.

Wenn man in der Mikroskopie ein Objekt von hoher Raumtiefe zu fotografieren hat, welches in seiner gesamten räumlichen Ausdehnung scharf abgebildet werden soll, kann man sich ohne sonstige Hilfsmittel nur so behelfen, dass man die Vergrößerung so gering wählt und den Kondensor, gegebenenfalls auch das Objektiv, so weit abblendet, dass möglichst alle Regionen des Objektes unabhängig von ihrer Ebene im Raum scharf zur Darstellung kommen. Die **laterale** Auflösung wird bei diesem Vorgehen entsprechend geringer sein, sodass sehr feine und nahe beieinanderliegende Details eventuell nicht mehr aufgelöst werden. Sofern das Objekt auf Grund der verbleibenden, relativ geringen Vergrößerung nun zu klein auf der Bildfläche erscheint, bleibt nur die Möglichkeit, eine Ausschnittansicht beziehungsweise Ausschnittvergrößerung zu erstellen. Neben diesen prinzipiellen Nachteilen ist auch zu berücksichtigen, dass es natürlich Objekte geben kann, die im Raum so ausgedehnt sind, dass sich trotz aller „Tricks" auf konventionellem Weg keine Einzelaufnahme erstellen lässt, die alle Partien scharf zeigt.

Spätestens an diesem Punkt kommt das Stacking ins Spiel. Dieses beruht auf dem Prinzip, dass man von einem räumlichen Objekt mehrere Einzelaufnahmen erstellt, die sich jeweils in der scharf eingestellten Ebene (Fokusebene) geringfügig voneinander unterscheiden. Hierbei ist es erforderlich, dass die Grenzen der jeweiligen Schärfezonen bei allen Bildern ineinander übergehen, sich also ein wenig überlappen. Auf diese Weise wird nun ein Bilderstapel (engl. „Stack") erstellt, dessen vorhandene Bilder, in ihrer Gesamtheit betrachtet, letztlich jedes Detail des Objekts scharf zeigen, allerdings verteilt auf mehrere Einzelbilder.

In der Praxis sollte man darauf achten, dass man die Einzelbilder, welche solch einen „Stack" bilden sollen, kontinuierlich ansteigend von unten nach oben, oder umgekehrt, kontinuierlich absteigend von oben nach unten aufnimmt. Man sollte also an der tiefsten oder höchsten Stelle des Objekts beginnen und von dort ausgehend die Feineinstellung (Mikrometerschraube) des Mikroskops immer in der gleichen Richtung in kleinen Schritten weiter verstellen, bis das Objekt in seiner gesamten dreidimensionalen Ausdehnung „gescannt" wurde.

Diese Einzelbilder werden mit geeigneter Software (Stacking-Software) zu einem Summationsbild überlagert, wobei der Trick darin besteht, dass die Software selbständig erkennt, in welchem Einzelbild welche Strukturen scharf abgebildet sind. Von jedem Einzelbild werden nur die jeweils scharf abgebildeten Partien in das Überlagerungsbild übertragen, sodass eine Rekonstruktion entsteht, die im Idealfall frei von jeglicher Unschärfe ist. Der Anwender kann zwischen verschiedenen Stacking-Programmen wählen, die teils Freeware und teils kostenpflichtige Entwicklungen sind. Bewährte Freeware-Programme sind: Combine Z (mehrere Generationen, Z5, ZM, ZP) und Picolay, kostenpflichtige Programme Helicon Focus und Zerene Stacker.

Mehrere Abbildungen veranschaulichen die Potenziale des Stackings.

Abbildung 174 zeigt zunächst einen Schmetterlingsflügel, aufgenommen mit einem Lupenobjektiv, Vergrößerung 6,3× (Teilbild oben links). Die in diesem Übersichtsbild markierte Stelle (siehe weiße Rahmenlinien) wurde digital mittels Bildnachbearbeitung ausgeschnitten und nachvergrößert (Teilbild oben rechts). Man erkennt die hier abgebildete Schmetterlingsschuppe zwar recht gut in ihren Umrissen, auch ist die Schärfentiefe hinreichend, aber die Detailauflösung ist naturgemäß begrenzt. Wird dieselbe Schuppe mit einem 40-fachen Objektiv im Einzelbild aufgenommen, ist die Auflösung natürlich deutlich gesteigert, man erkennt also wesentlich mehr feine Details, aber die Schärfentiefe ist unzureichend (Teilabbildung unten links). Mit demselben Objektiv wurden schließlich 25 Einzelbilder bei leicht differierenden Fokussierungen aufgenommen, sodass sämtliche Schärfeebenen dieser Schuppe in den Bildern lückenlos erfasst wurden. Diese 25 Bilder wurden abschließend mit der Software Combine Z5 zu einem Fokus-Stack überlagert, der die gesamte Schuppe bei sehr

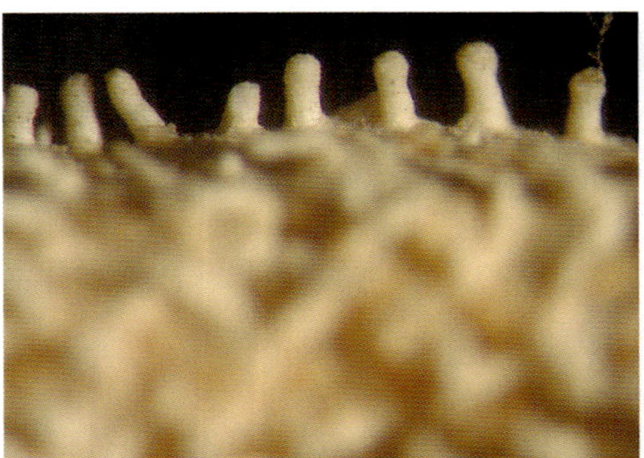

Abb. 175. Randbereich eines Seesternarms, Stereomikroskop, Auflicht. Links: Einzelbild. Rechts: schärfeoptimierter Stack, basierend auf 8 Einzelfotos.

Abb. 176. Ausschnittansicht eines Seeigelskeletts, Lichtmikroskop, Objektiv 4×, Auflichtbeleuchtung mit externer Lichtquelle. Objektfeld: 1,5 × 2 mm. Links: Einzelbild. Rechts Fokus-Stack, rekonstruiert aus 7 Einzelbildern.

hoher Auflösung in vollständiger Schärfe zeigt (Teilbild unten rechts).

Abbildung 175 zeigt den Randbereich eines sehr stark gewölbten Seestern-Arms, aufgenommen mit einem Stereomikroskop. Der mit Formalin fixierte Seestern war vor dem Fotografieren getrocknet worden. Die linke Teilabbildung enthält eine Einzelaufnahme, bei der auf die tiefstliegende Reihe der Haftfüßchen fokussiert wurde; sämtliche höher gelegenen Haftfüßchen sind unscharf. Die rechte Teilabbildung entstand durch Überlagerung von 8 unterschiedlich fokussierten Ansichten (Software: Combine Z5); nun sind sämtliche im Bild befindlichen Haftfüßchen lückenlos scharf dargestellt.

Abbildung 176 veranschaulicht, dass auch bei geringer ausgeprägten unscharfen Zonen durch eine Bildüberlagerung die Schärfentiefe deutlich gewinnen kann. Bei der Standardeinzelaufnahme (Teilbild links), wiederum aufgenommen mit einem Stereomikroskop, fällt die Schärfe im Bereich der rechten, linken und unteren Bildränder deutlich ab. Durch Überlagerung von sieben unterschiedlich fokussierten Einzelaufnahmen (Teilbild rechts, Software: Combine Z5) kann hingehen eine ausgewogene Schärfe über das gesamte Bildfeld realisiert werden.

Abbildung 177 schließlich gibt Beispiele für eine Anwendung des Verfahrens bei höheren lichtmikroskopischen

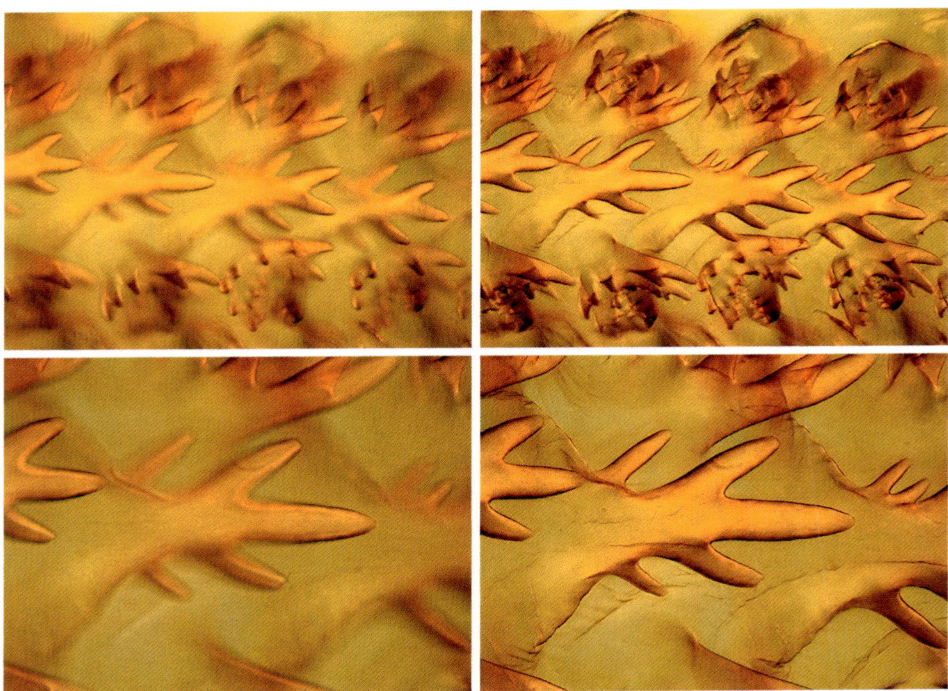

Abb. 177. Grillenmagen, Dauerpräparat, Hellfeld. Oben: aufgenommen mit Objektiv 10×. Unten: aufgenommen mit Objektiv 40×. Links: Einzelbilder. Rechts: Fokus-Stacks, basierend auf je 17 Einzelbildern.

Vergrößerungen. Das Dauerpräparat eines Grillenmagens (typischer Kaumagen) wurde mit 10-fachem (Bildreihe oben) und 40-fachem (Bildreihe unten) Objektiv aufgenommen. Links im Bild finden sich die jeweiligen Einzelaufnahmen, rechts die korrespondierenden Fokus-Stacks. Es ist ersichtlich, dass auch hier die visuelle Information durch eine Optimierung der Schärfe in allen relevanten Ebenen sichtbar gesteigert werden kann (Überlagerung von jeweils 17 Einzelbildern, Software: Combine Z5).

Sonderanwendung: 3D-Stacking

Eine Weiterentwicklung, welche z.B. Picolay und Helicon Focus bieten, stellt das Software-gestützte 3D-Stacking dar. Hierzu muss man die Schärfe bei Erstellung eines Bilderstapels in gleichbleibenden Intervallen verändern, z.B. pro Bild die Schärfeebene um 1 oder 2 µm verändern. Zusätzlich muss die Gesamthöhe des Objekts in der Senkrechten ermittelt oder abgeschätzt werden (was sich aus der Anzahl der Stufen bzw. Einzelbilder leicht kalkulieren lässt, wenn die Schärfesprünge bekannt sind). Basierend auf diesen Angaben erstellt die jeweilige Software nicht nur eine zweidimensionale schärfe-

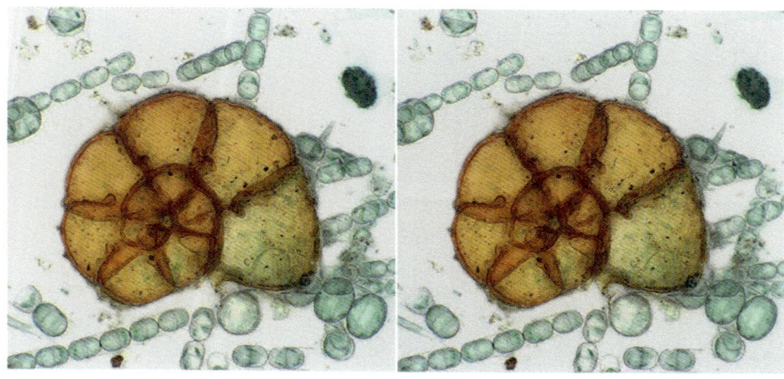

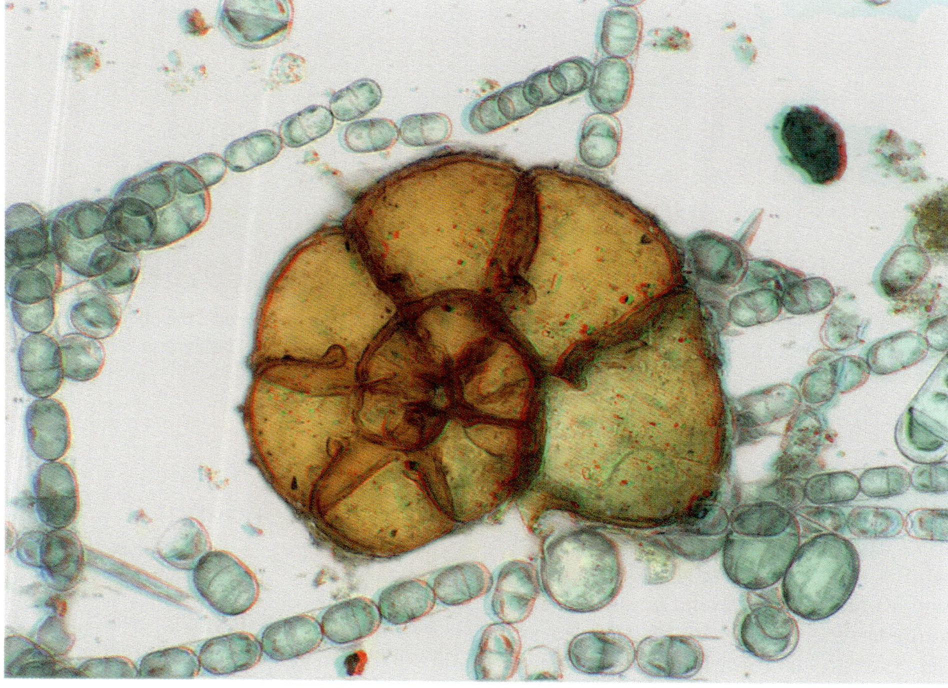

Abb. 178. Rezente Foraminifere *Amonia beccarii*. Schalengröße zirka 0,5 mm, Hellfeld. Linkes und rechtes Teilbild (oben), Rot-Cyan-Anaglyphe (unten). Software: Picolay. Foto: Eberhard Raap, Sangerhausen.

optimierte Bildansicht, sondern sie berechnet durch Interpolation ein rechtes und linkes Stereoteilbild. Diese beiden Teilbilder zeigen das Objekt folglich aus geringfügig divergierenden Ansichten, welche freilich „nur" von der Software simuliert wurden. Trotz potenzieller Fehlermöglichkeiten – schließlich „sieht" die Software das Objekt ja nicht von rechts und links – funktioniert diese Simulation bei mikroskopischen Objekten in den allermeisten Fällen sehr gut. Aus den so erstellten Stereobildpaaren können wiederum mittels spezieller Software-Werkzeuge verschiedene 3D-Bilder

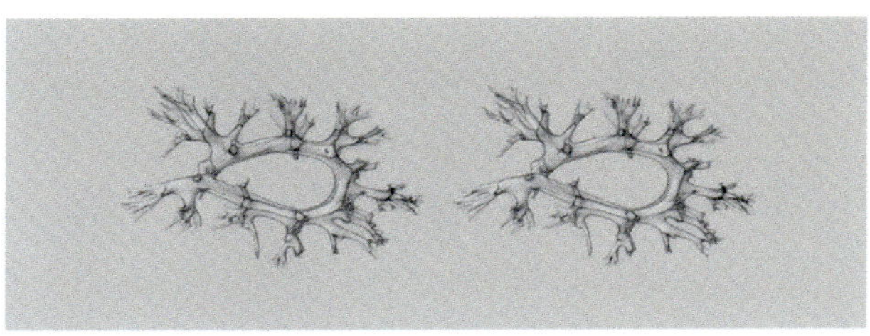

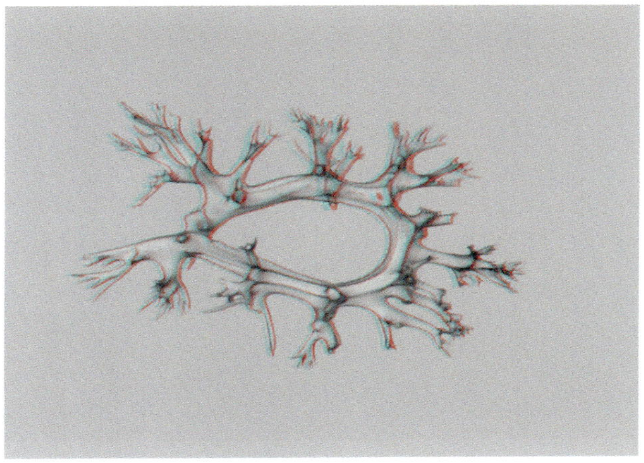

Abb. 179. Radiolarie *Lithocircus* sp. Längsdurchmesser ca. 0,2 mm, Hellfeld. Linkes und rechtes Teilbild (oben), Rot-Cyan-Anaglyphe (unten). Software: Picolay. Foto: Eberhard Raap, Sangerhausen.

erstellt werden, so z.B. zweifarbige Anaglyphenbilder zur Betrachtung mit einer Rot-Cyan-Brille. Sehr bewährt hat sich für solche 3D-Bilderstellungen die Freeware StereoPhotomaker (SPM).

Abbildung 178 veranschaulicht die erreichbaren 3D-Effekte anhand einer Farbaufnahme einer rezenten Foraminifere (*Ammonia beccarii*, Schalengröße zirka 0,5 mm). Mittels Picolay wurde aus einem Stack ein Stereo-Bilderpaar errechnet (oberer Teil der Abbildung). Diese beiden Teilbilder wurden mittels StereoPhotomaker zu einer Rot-Cyan-Anaglyphe zusammengefügt (untere Ansicht). Wenn man die rechten und linken Stereo-Teilbilder nahe an die Augen führt und dann den Betrachtungsabstand in kleinen Schritten erhöht, kann man mit bloßem Auge diese Bilder zu einem räumlich wirkenden Stereobild fusionieren. Die Anaglyphe kann mithilfe einer Rot-Cyan-Brille unmittelbar räumlich betrachtet werden.

Für Abbildung 179 wurde ein Radiolarienskelett (*Lithocircus* sp.) in Schwarz-Weiß aufgenommen und wie vorbeschrieben verarbeitet. Nur in der 3D-Ansicht erkennt man, in welche Richtung die jeweiligen Fortsätze orientiert sind. Auch digital invertierte Hellfeldbilder können zu 3D-Ansichten weiterverarbeitet werden, wodurch Durchleuchtungsansichten erstellbar sind, welche an Röntgenbilder erinnern. Dies zeigt der Hydroidpolyp in Abbildung 180. Auch aufgehelltes, z.B. blaugrundiges Dunkelfeld und Rheinberg-Beleuchtung können für eindrucksvolle 3D-Ansichten eingesetzt werden. Hier lässt sich der räumliche Effekt noch verstärken, wenn eine moderate Schrägbeleuchtung realisiert wird (Abb. 181). Gleiches gilt für Auflichtbeleuchtung (Abb. 182 und 183). Haare und Schuppen von Insekten lassen sich ebenfalls in ihrer räumlichen Anordnung verbessert erfassen, wenn 3D-Bildansichten erstellt werden (Abb. 184).

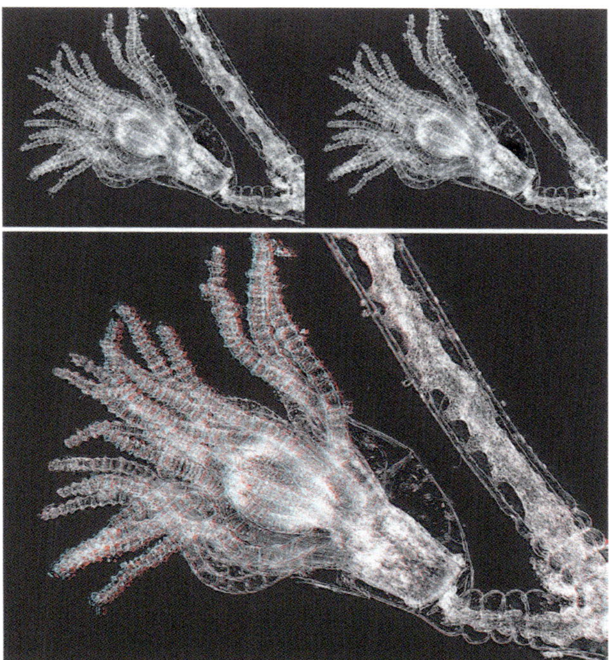

Abb. 180. Hydroidpolyp, invertiertes Hellfeld-Stereo-Bildpaar (oben), Rot-Cyan-Anaglyphe (unten). Software: Picolay. Foto: Eberhard Raap, Sangerhausen.

Abb. 181. Fossiles (Eozän) Radiolarienskelett aus Barbados, blaugrundiges Dunkelfeld, Schrägbeleuchtung, Rot-Cyan-Anaglyphe.

Abb. 182. Foraminifere *Calcarina*, die man im sogenannten „Sternensand" aus Japan findet. Auflicht-Dunkelfeld, Rot-Cyan-Anaglyphe.

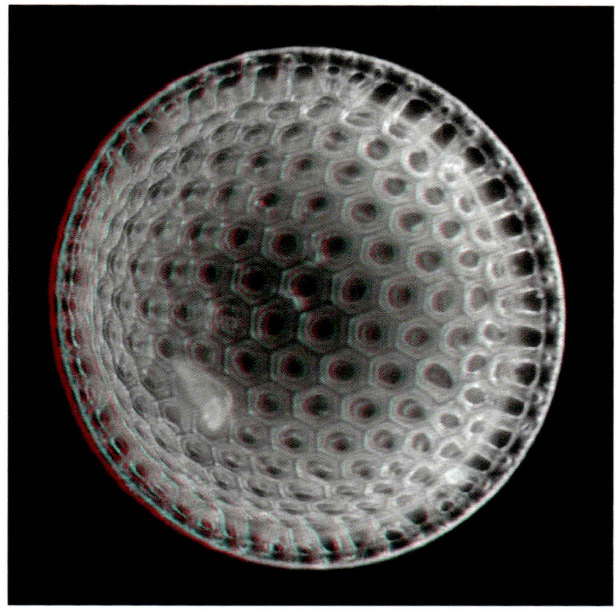

Abb. 183. Fossiles Kieselalgenskelett im Auflicht-Dunkelfeld, Rot-Cyan-Anaglyphe.

Abb. 184. Fußglieder mit Beschuppung des Käfers *Eupholus linnei* (Familie: *Curculionidae*) aus Indonesien, Auflicht mit Lupenobjektiv, Makroaufnahme, Rot-Cyan-Anaglyphe.

HDR- bzw. DRI-Techniken

Neben einer begrenzten Tiefenschärfe können auch übermäßige Hell-Dunkel-Kontraste zu Limitierungen der Detailerkennbarkeit in Mikrofotografien führen. Wenn eine Szene eine sehr hohe Bandbreite an hellen und dunklen Komponenten aufweist, also einen sehr hohen Dynamikumfang hat, entstehen vorprogrammierte Schwierigkeiten, weil das jeweilige fotografische Medium diese starken Hell-Dunkel-Kontraste nicht verkraften kann. Die dunklen Partien erscheinen dann mehr oder weniger unterbelichtet, die hellen entsprechend überbelichtet, und Details gehen in beiden Fällen verloren.

Definiert wird der Dynamikbereich eines Bildes als Verhältnis zwischen seiner hellsten und dunkelsten Partie. Die regionale Leuchtdichte (Luminanz) wird in Candela pro Quadratmeter (cd/m^2) angegeben, die zugehörige Beleuchtungsstärke in Lux (lx) und der Lichtstrom in Lumen (lm). Definitionsgemäß gilt: 1 lx = 1 lm/m^2, und bei mikroskopischen Anwendungen gilt näherungsweise auch: 1 lx = 1 cd/m^2. Reale Tageslichtszenen haben einen natürlichen Kontrastumfang von etwa 100.000:1. Dies entspricht definitionsgemäß einem hohen Dynamikbereich (HDR = „High dynamic range"). Das menschliche Auge kann einen solchen Dynamikbereich ohne Schwierigkeiten erfassen. Anders sieht das bei verschiedenen technischen Medien aus. Während ein analoger Diafilm noch einen Dynamikumfang von 1:10.000 darstellen konnte bzw. kann, ist ein digitaler Chip in einer Consumer-Kamera üblicherweise auf einen Kontrastumfang von 1:1.000 begrenzt. Ein handelsüblicher TFT-Bildschirm erreicht einen Dynamikumfang von etwa 1:500 bis 1:700, ein Röhrenmonitor maximal etwa 1:100. Bei Abzügen oder Papierausdrucken von Fotos jeglicher Art reduziert sich der darstellbare Dynamikbereich noch weiter auf etwa 1:32 bis 1:64. Definitionsgemäß werden Dynamikbereiche bis zu 10.000:1 dem niedrigen Dynamikbereich zugeordnet, man spricht hier auch von LDR-Bildern (LDR = „Low dynamic range"), höhere Dynamikumfänge zählen zum HDR-Bereich.

In der fotografischen Praxis kann der Dynamikumfang bzw. die Hell-Dunkel-Bandbreite eines Objektes auch in Belichtungsstufen (EV-Werten) angegeben werden, indem die hellsten und dunkelsten Partien ausgemessen werden. Wenn zum Beispiel die hellste Stelle eines Objektes mit 1/250 s korrekt belichtet wird und die dunkelste mit 1/30 s, beträgt die Hell-Dunkel-Bandbreite bzw. der Belichtungsumfang 3 Belichtungsstufen bzw. EV-Werte. Es ist von praktischer Relevanz, dass auch hochwertige Drucke und Fotoabzüge im Regelfall nur eine Bandbreite von etwa einer bis allenfalls zwei Belichtungsstufen/EV-Werten ohne Verluste an Detailzeichnung verkraften können. Liegt die Bandbreite höher, entstehen in der Regel Überstrahlungen oder Abschattungen mit verringerter visueller Information.

Bei hohen Hell-Dunkel-Kontrasten wird in der konventionellen Fotografie in der Regel ein mittlerer Belichtungswert gebildet, welcher zwischen den optimalen Belichtungswerten der hellsten und dunkelsten Bildpartie liegt. Die zwangsläufige Folge ist, dass bestimmte Objektdetails nicht optimal dargestellt werden.

Diese methodischen Grenzen können mithilfe spezieller Software überwunden werden, wenn die Möglichkeit besteht, von einem Objekt mehrere identische Ansichten mit unterschiedlicher Belichtung zu erstellen. In der Praxis sollten in Schritten von einer oder zwei Belichtungsstufen so viele Aufnahmen von dem Objekt angefertigt werden, dass alle bildrelevanten Partien von den dunkelsten bis zu den hellsten Zonen auf bestimmten Einzelbildern korrekt belichtet sind. Diese unterschiedlich belichteten Einzelbilder werden zu einem Summationsbild weiter verarbeitet, wobei die jeweilige Software aus jedem Einzelbild nur die Partien verwertet, die adäquat belichtet und entsprechend gut durchgezeichnet sind. Ebenso, wie die Einzelbilder beim vorbeschriebenen Fokusstacking insgesamt alle Partien des Objekts scharf abbilden sollten, müssen die Einzelbilder hier insgesamt sämtliche Objektdetails in angemessener Belichtung und Detailliertheit zeigen. Dies ist die Voraussetzung, um ein Überlagerungsbild zu erzeugen, das alle Objektstrukturen, von den dunkelsten bis zu den hellsten Zonen, mit guter Durchzeichnung wiedergibt, ohne dass bestimmte Bezirke auf störende Weise über- oder unterbelichtet erscheinen.

Die so erstellte Belichtungsreihe kann anschließend Software-gestützt auf zweierlei Weise weiterverarbeitet werden. Beim DRI („Dynamik range increase“) werden aus den Einzelbildern unmittelbar von der Software selbsttätig die richtig belichteten Zonen extrahiert und zu einem Gesamtbild vereinigt. Dieses sollte alle Bildpartien in einer gemittelten bzw. mittleren Helligkeit zeigen. Beim HDR-Rendering, auch abgekürzt HDR-Verfahren, wird aus der Bildserie ein High Dynamic Range Image (HDRI) rechnergestützt erstellt, indem der Kontrastumfang auf über 10.000:1, gegebenenfalls auch auf 100.000:1 oder mehr angehoben wird. Hierdurch wird erreicht, dass anstelle der bei 8 bit üblichen 256 Tonwert- bzw. Helligkeitsabstufungen pro Kanal bis zu 4,3 Milliarden Abstufungen oder mehr realisiert werden können.

Die auf diese Weise generierten HDR-Bilder können auf üblichen Bildschirmen nicht adäquat dargestellt und auch auf herkömmlichen Druckern nicht in befriedigender Qualität ausgedruckt werden. Diese Bilder wirken extrem überstrahlt, weshalb man spezielle HDR-Monitore verwenden muss, um sie unmittelbar betrachten zu können. In einem zweiten Bearbeitungsschritt werden daher die übersteigerten Farb- und Helligkeitsauflösungen wieder auf einen Kontrastumfang reduziert, der mit üblichen Medien (Monitor, Drucker) in vollem Umfang erfasst werden kann. Dieser Prozess wird als „Tone-Mapping“ (Tonwert-Anpassung) bezeichnet. In der praktischen Anwendung bietet die jeweilige HDR-Software verschiedene Werkzeuge und Algorithmen, um manuell auf den Kontrastgang Einfluss zu nehmen.

Im Endergebnis zeigen die so transformierten Bilder von den hellsten bis zu den dunkelsten Zonen eine optimierte Detailzeichnung mit einem Minimum an Überstrahlungen oder Abschattungen, sodass die Gesamtinformation des rekonstruierten Bildes deutlich höher liegt als bei jeder Einzelaufnahme der zugrunde liegenden Belichtungsreihe.

Ebenso, wie beim Fokus-Stacking, hat der Anwender auch bei diesen Techniken die Qual der Wahl. Für das einfacher ablaufende DRI-Verfahren existiert einige Freeware, so z.B. die DRI-Tools (identisch mit dem Image-Stacker). Für HDR-Rendering kann man als Freeware Picturenaut und Easy HDR verwenden. Als hervorragende kommerzielle Software kann Photomatix Pro empfohlen werden. Diese Software deckt beide Verfahren ab (DRI und HDR), wobei eine Vielzahl von manuellen Einflussmöglichkeiten vorgesehen sind und das jeweilige Resultat in einer Vorschau beurteilt werden kann. Als weitere sehr gut geeignete Software können die FDR-Tools empfohlen werden.

Die grundsätzliche Leistungsfähigkeit der HDR-Software (hier: Photomatix Pro) wird in Abbildung 185 am Beispiel eines Modellautos demonstriert. Dieses wurde mit zwei Glühlampen in Frontscheinwerferposition versehen, zusätzlich mit einer blauen Unterboden-Effektbeleuchtung. Das Modell wurde in einem abgedunkelten Raum auf den Boden gestellt, sodass es nur von seinen eigenen Lichtquellen indirekt beleuchtet wurde. Fotografiert wurde mit einer Digitalkamera auf Stativ bei hinreichend langen Belichtungszeiten. Die beiden oberen Bilder zeigen zwei Be-

Abb. 185. Modellauto (Lego), versehen mit Frontscheinwerfern und Unterbodenbeleuchtung, aufgenommen in abgedunkeltem Raum. Oben: Einzelaufnahmen mit unterschiedlicher Belichtung. Unten: HDR-Rekonstruktion, erstellt aus 14 unterschiedlich belichteten Einzelbildern. Software: Photomatix Pro. Fotos: Timm Piper.

lichtungsvarianten, bei denen entweder die Karosserie, oder die Lichtquellen adäquat belichtet wurden. Letztlich war es unmöglich, eine Einzelaufnahme zu erstellen, die alle Details in adäquater Belichtung zeigte und gleichzeitig frei von unter- oder überbelichteten Zonen war. Das untere Bild zeigt die zugehörige HDR-Rekonstruktion, welche die überlegene Wiedergabe aller Details bei sehr gut ausgewogenen Kontrasten unmittelbar nachvollziehen lässt. Hierfür mussten 14 unterschiedlich belichtete Einzelbilder verarbeitet werden.

Das Prinzip des Vorgehens einer HDR-Rekonstruktion demonstriert Abbildung 186. Die hier im Dunkelfeld fotografierte Zuckmücke erzeugt einen hohen Belichtungs- bzw. Kontrastumfang, wie er für Dunkelfeldbilder typisch ist. In der oberen Bildreihe sind drei unterschiedlich belichtete Einzelaufnahmen angeordnet, aus denen erkennbar ist, dass kein Einzelbild alle Partien in idealer Belichtung und Detailtreue wiedergibt. Das rechte untere Teilbild zeigt eine Ausschnittansicht des HDR-Bildes, welches in einem konventionellen Monitor typischerweise extrem überstrahlt zur Darstellung kommt. Links unten schließlich findet sich die hieraus rekonstruierte Ansicht nach manuell ausgeführtem Tone-Mapping. Die zuvor vorhandenen Hell-Dunkel-Kontraste sind nun weitestgehend ausgeglichen.

Die erreichbaren Effekte werden in Abbildung 187 am Beispiel einer Mikroaufnahme im polarisierten Licht aufgezeigt. Der hier abgebildete Schmetterlingsflügel zeigt einen sehr hohen Kontrastumfang (9

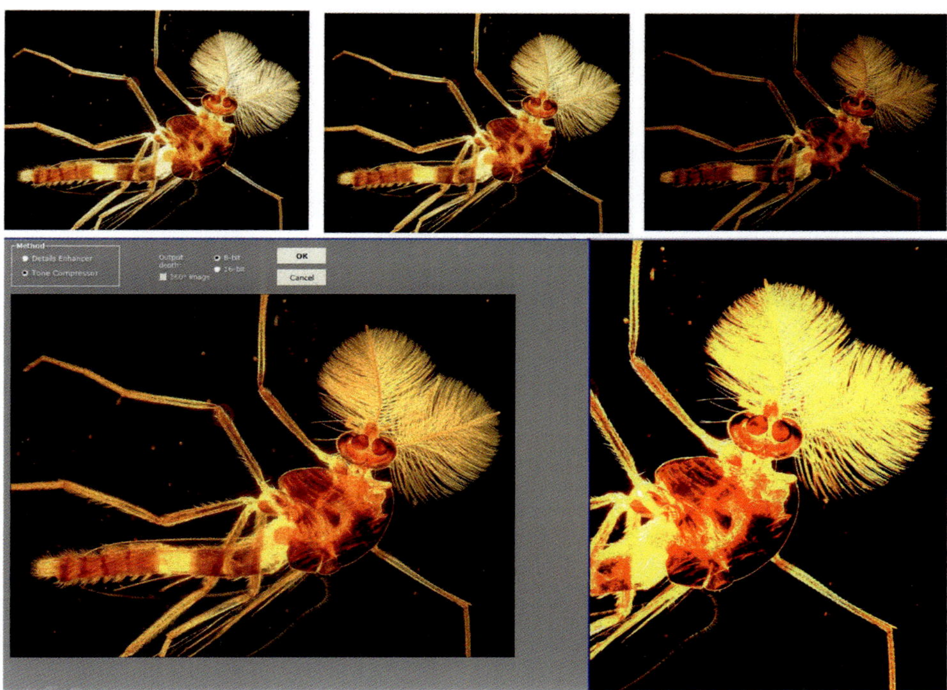

Abb. 186. Prinzip der HDR-Rekonstruktion am Beispiel einer Zuckmücke, aufgenommen im Dunkelfeld, Software: Photomatix Pro. Oben: Drei unterschiedlich belichtete Einzelbilder. Unten rechts: HDR-Bild in Ansicht eines Standardmonitors Unten links: Finale Rekonstruktion nach durchgeführtem Tone-Mapping, Monitoransicht.

EV-Werte), weshalb auch in diesem Fall keine Einzelaufnahme (vier obere Teilbilder) gelingen konnte, welche alle Details gleichermaßen in adäquater Helligkeit und Strukturzeichnung zeigt. Die HDR-Rekonstruktion (unteres Teilbild) gleicht diese übermäßig hohen Hell-Dunkel-Kontraste effektiv aus, sodass die Qualität und Aussagekraft des Bildes durchgreifend verbessert werden konnte.

Auch Kristallisationen, welche im polarisierten Licht untersucht werden, sind meist von sehr hohen Hell-Dunkel-Kontrasten betroffen. Dies demonstriert Abbildung 188 an einem Vitamin C-Kristall (Kontrastumfang: 5 EV-Stufen, Einzelaufnahme oben, HDR-Rekonstruktion unten); die HDR-Rekonstruktion lässt signifikant mehr Details erkennen.

DRI- und HDR-Techniken können insgesamt jedem Mikroskopiker empfohlen werden, der auch mit kontrastintensiven Objekten und Beleuchtungsmethoden arbeitet, digital fotografiert und auf möglichst ausgewogene fotografische Darstellungen mit optimierter visueller Information Wert legt.

Zusätzlich können HDR-Techniken auch dazu verwendet werden, relativ wenig transparente Objekte in Hellfeldbildern digital aufzuhellen; die erreichbaren Effekte ähneln denen einer präparativen Aufhellung. Ein Beispiel zeigt Abbildung 189. Eine kleine Zuckmücke wurde als Totalpräparat in Kunstharz eingebettet, und

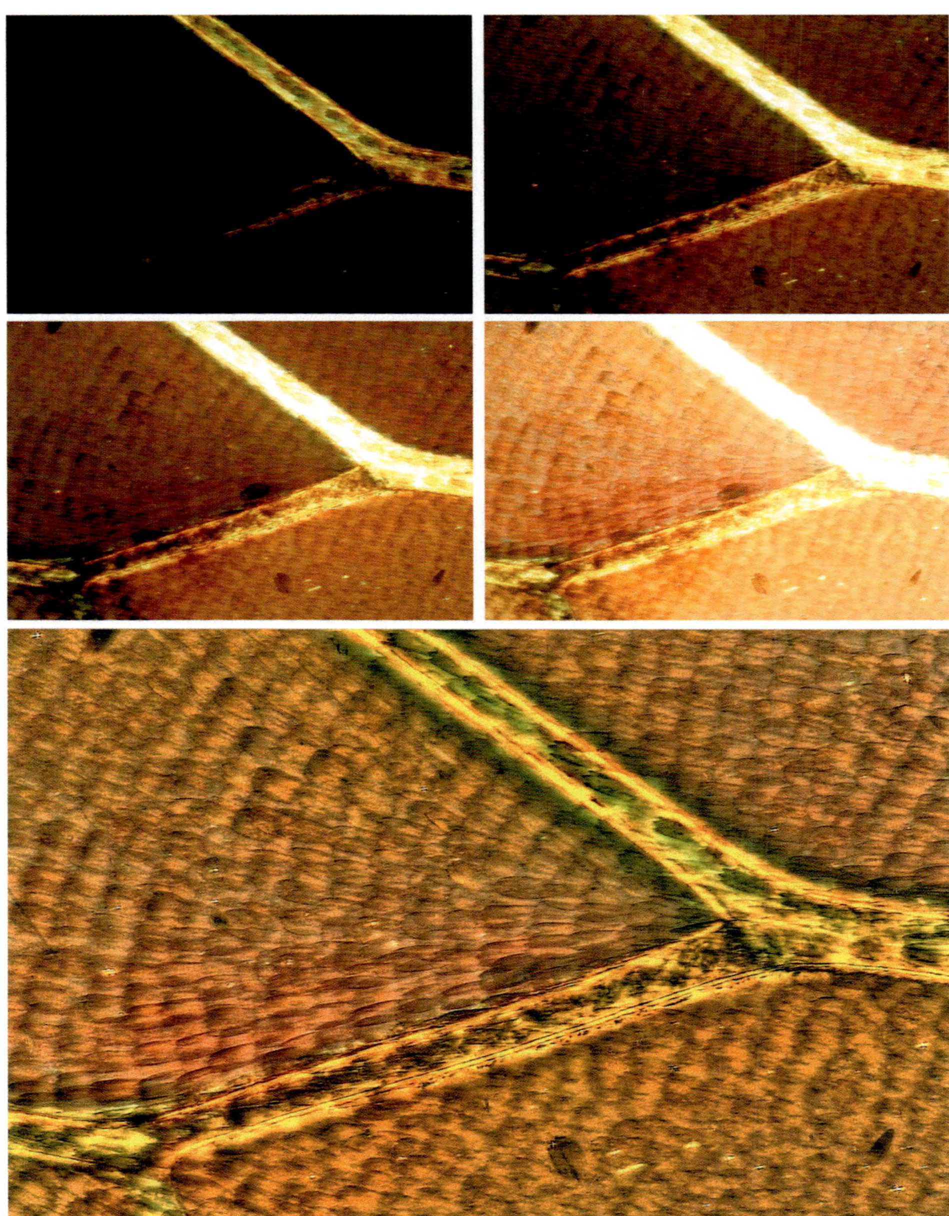

Abb. 187. Schmetterlingsflügel, Dauerpräparat unter Deckglas, polarisiertes Licht, Lambda-Kompensator, originale Bildlänge: 2 mm, Varianz der Helligkeit: 9 EV-Stufen. Oben: Einzelbilder. Unten: HDR-Rekonstruktion, Verarbeitung von 10 unterschiedlich belichteten Einzelbildern.

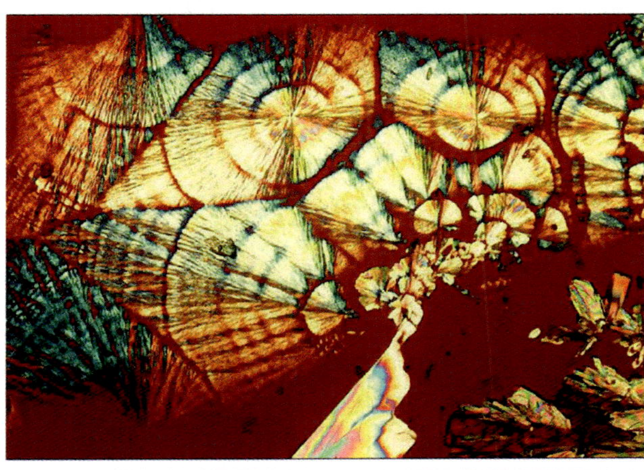

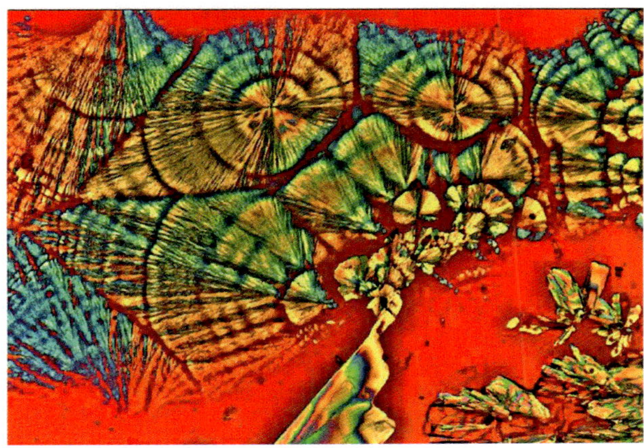

Abb. 188. Vitamin C, Polarisation, Lambda-Kompensator, originale Bildlänge: 0,8 mm. Helligkeits-Varianz: 5 EV-Stufen. Oben: Einzelbild. Unten: HDR-Rekonstruktion, basierend auf 6 Einzelbildern von unterschiedlicher Belichtung.

Abb. 189. Zuckmücke im Totalpräparat. Links: konventionelles Hellfeldbild. Rechts: Mittels HDR-Techniken aufgehelltes Hellfeldbild.

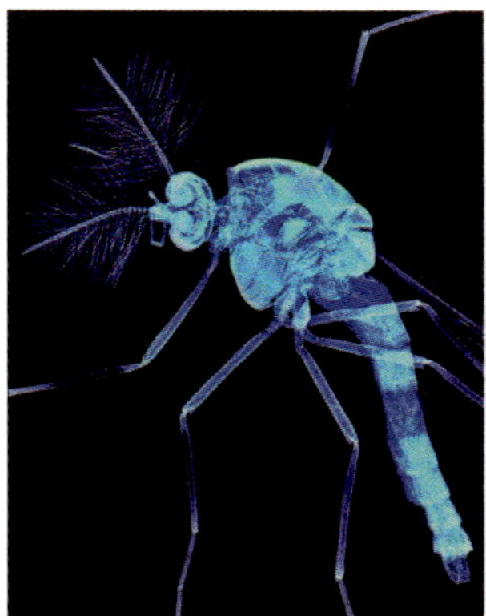

Abb. 190. Invertierte Varianten der aufgehellten Ansicht aus Abbildung 189, Farbinversion (links), Schwarz-Weiß-Inversion (rechts).

zwar so, wie sie war, also ohne jegliche Einwirkung von entwässernden, sonstig konservierenden oder aufhellenden Chemikalien. Hernach wurde das frische Präparat über einer Spiritus-Brennerflamme ein wenig erhitzt, sodass vorhandene kleine Luftblasen zum Rand des Präparats hin wanderten und schließlich verschwanden und Bakterien, welche das Objekt später zersetzen könnten, abgetötet wurden. Alle feinen Details, speziell die Behaarung, blieben uneingeschränkt erhalten. Im Hellfeld (Teilbild links) zeigt dieses Objekt relativ dunkle, wenig durchzeichnete Zonen, sodass der überwiegende Anteil des Rumpfes nahezu silhouettenartig zur Darstellung gelangt. Durch Anfertigung einer Belichtungsreihe und anschließende Verarbeitung zu einer HDR-Rekonstruktion (Teilbild rechts) können die vorher so dunkel erscheinenden Zonen differenziert aufgehellt werden, ohne dass in den helleren Bereichen Zeichnung verlorengeht. Im Endeffekt ähnelt das Bild der konventionellen Hellfeldansicht eines chemisch aufgehellten Insekts.

In dieser speziellen Anwendung können die mittels HDR-Techniken im Kontrastumfang angeglichenen Ansichten auch zu digitalen Dunkelfeldbildern invertiert werden, die sowohl in Farbe, als auch in Schwarz-Weiß sehr effektvoll sein können und vom Charakter her an Röntgendurchleuchtungen erinnern (Abb. 190).

Sonderanwendung: Digitaler Phasenkontrast

Ein weiterer Einsatzbereich der HDR-Techniken kann darin bestehen, aus Hellfeldansichten sehr kontrastschwacher Phasenobjekte auf digitalem Weg Phasenkontrast-artige Bilder zu generieren, die üblichen Phasenkontrastbildern in ihrer Aussage weitestgehend entsprechen. Zu diesem Zweck muss das Phasenobjekt in unterschiedlichen Belichtungen fotografiert werden, wobei der Schwerpunkt auf schrittweisen Unterbelichtungen liegt. Warum Unterbelichtungen? Weil sehr feine und schwach kontrastierte Strukturen in unterbelichteten und entsprechend dunkel getönten Bildern tendenziell deutlicher erscheinen und ansatzweise mehr Details erkennen lassen, als normal belichtete oder gar überbelichtete Bilder. Jeder, der schon einmal im Fotolabor auf konventionelle Weise Bilder vergrößert und abgezogen hat, kennt dieses Phänomen. Wenn ein Negativ zu schwarz belichtet ist, lässt sich dennoch im Papierabzug relativ viel aus dem Bild „herausholen“, wenn das Fo-

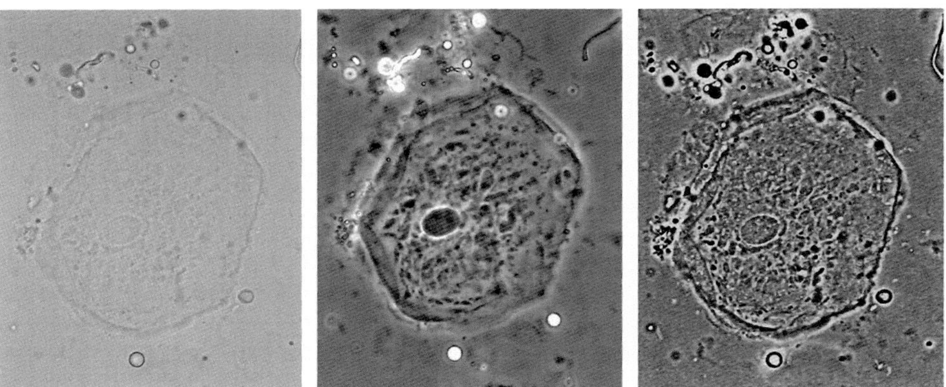

Abb. 191. Mundschleimhautzelle (Epithelzelle) im Speichel, Frischpräparat. Objektiv 40×. Links: Hellfeld. Mitte: Phasenkontrast. Rechts: Digitaler Phasenkontrast.

topapier nur lange genug belichtet wird. Ist hingegen ein Negativ schon von Anfang an zu hell getönt, bleibt die Detailerkennbarkeit auch im Papierfoto schlecht, egal, wie kurz das Fotopapier belichtet wird. Man kann dies auch nachvollziehen, wenn man unter- oder überbelichtete Dias durch Scannen digitalisiert und anschließend im Rahmen digitaler Nachbearbeitung verbessern will. Auch dann bietet das primär unterbelichtete Bild mehr Reserven, als das überbelichtete. Das Prinzip des digitalen Phasenkontrasts besteht nun darin, mit bestimmten Tricks aus einer überwiegend unterbelichteten Bildserie (Belichtungsreihe) eines Phasenobjektes das Letzte an Bildinformation herauszuholen.

Zu diesem Zweck müssen die unterschiedlich, aber fast allesamt unterbelichteten Einzelbilder zuerst zu einem HDR-Bild verarbeitet werden. Dies funktioniert sehr gut mit der Software Photomatix Pro, und zwar mit dem Details Enhancer-Tone-Mapping-Tool. Dieses Werkzeug erlaubt es, die geringen Kontraste massiv anzuheben, ohne dass es zu einem relevant vermehrten Bildrauchen oder sonstigen störenden Übersteuerungs-Effekten kommt. Das fertige Bild kann bzw. sollte anschließend noch mit konventioneller Bildbearbeitungs-Software in der Gradation weiter angehoben werden. Diese zweistufige Bearbeitung führt zu verblüffenden Ergebnissen. Wer kein Geld in eine kostspielige Phasenkontrasteinrichtung investieren möchte, kann stattdessen die deutlich weniger kostenintensive Software erwerben und auf die beschriebene Weise wenigstens nachträglich an seinem Rechner aus Hellfeldbildern Phasenkontrast-analoge Ergebnisse kreieren. Dies demonstriert Abbildung 191.

Diese Abbildung zeigt ungefärbte Zellen der Mundschleimhaut in einem Speichelpräparat unter dem Deckglas. Solche Zellen sind in der Routine bewährte Standardobjekte, um die Qualität einer Phasenkontrast-Einrichtung zu testen. In der linken Ansicht wird ein normales Hellfeldbild gezeigt, welches die Strukturen nur ganz schwach andeutet, sodass man fast nichts sieht. Die korrespondierende Phasenkontrastansicht folgt in der Mitte. Man kann hier sehr viele Details der Zelle erkennen, wobei einige von einem hellen Saum, dem Halo, umgeben sind. Diese Halos sind ein typischer Artefakt des Phasenkontrasts. Man benötigt aufwendige Spezialverfahren, um diese hellen Randsäume abzuschwächen; dies wurde im sogenannten „Apodized phase contrast“ (Nikon) realisiert. Rechts sehen wir eine digitalisierte Phasenkontrastansicht, entwickelt aus dem Hellfeldbild. Auch dieses Bild bietet sehr viele feine Details, wobei manche Strukturen, z.B. im Inneren des Zellkerns, noch differenzierter erscheinen, als im Phasenkontrast. Auch fehlen helle Randsäume nahezu.

Panoramatechniken

Wenn Objekte sehr großflächig sind, muss die Vergrößerung entsprechend gering sein, damit das Objekt in seiner gesamten Flächenausdehnung überschaut bzw. fotografiert werden kann. Dies kann zu Problemen führen, wenn die Ausleuchtung nicht über die gesamte zu erfassende Fläche homogen ist. Hinzu kommt, dass die Auflösung bei schwacher Vergrößerung geringer liegt, als wenn ein Ausschnitt des Objekts bei stärkerer Vergrößerung abgebildet wird. Schließlich kann ein Präparat auch so großflächig sein, dass es selbst mit dem schwächsten zur Verfügung stehenden Übersichtsobjektiv nicht vollständig abgebildet werden kann. Vor diesem Hintergrund kann es vorteilhaft sein, ein großflächiges Objekt in mehreren stärker vergrößernden Segmenten aufzunehmen, welche anschließend nach Art eines Panoramafotos rechnergestützt zu einer Gesamtansicht zusammengesetzt werden. Je nach Abmessung und Geometrie der Objektfläche können mehrere Einzelbilder im Hoch- oder Querformat linear aneinandergereiht werden, sodass eine einzeilige Bilderreihe entsteht, oder man fertigt Teilansichten in mehreren Reihen an, sodass sich eine schachbrettartige Anordnung der Einzelbilder ergibt. In jedem Fall ist dafür Sorge zu tragen, dass sich sämtliche aneinandergrenzenden Einzelbilder in ihren Randbereichen überlappen, dort also übereinstimmende Objektzonen beinhalten. Dies gilt in der Mikrofotografie ebenso wie in der Standard-Panoramafotografie von Landschaften. Die zu einer Gesamtansicht zusammengesetzten Einzelbilder ergeben ein Übersichtsbild des Objekts in deutlich gesteigerter Auflösung und idealerweise homogener Beleuchtung.

Es ist zu beachten, dass in der Mikrokopie die Segmente durch horizontales und/oder vertikales Verschieben des Objektträgers fotografiert werden, nicht hingegen durch einen Schwenk der Kamera, wie er oftmals bei der herkömmlichen Panoramafotografie praktiziert wird. Die meisten Programme zur Panoramaerstellung sehen zwei Arten der Bildzusammensetzung vor: solche, bei denen die Kamera geschwenkt, und solche, bei denen die Kamera verschoben wurde. Man muss also darauf achten, dass man nun den Modus wählt, der für eine Verschiebung der Kamera gilt; denn diese Situation entspricht ja der Verschiebung des Objektträgers bei gleichbleibender Kameraposition.

Damit man in allen Einzelbildern eine identische Hintergrundhelligkeit erzielt, sollten die Einzelbilder manuell mit gleichbleibender Belichtungszeit ausgelöst werden; eine automatische Belichtungsmessung sollte also abgeschaltet werden. Gegebenenfalls kann man durch Probebelichtungen diejenige Belichtungszeit ermitteln, die über alle Zonen des Objekts im Durchschnitt zur ausgewogensten Belichtung führt.

Für die Erstellung der Panoramen kann auf unterschiedliche Software zurückgegriffen werden. Ohne Anspruch auf Vollständigkeit seien erwähnt: PhotoStitch (Bestandteil der „Canon-Utilities“), Autostitch und Panarama Factory.

Abbildung 192 veranschaulicht das Prinzip der Panoramaerstellung am Beispiel der Software Photostitch. Das Präparat von einem Auge des Menschen wurde mit einem Lupenobjektiv 1×, kombiniert mit Okular 5×, also bei 5-facher Originalvergrößerung in insgesamt 9 Sektoren aufgenommen (links im Bild). Diese wurden

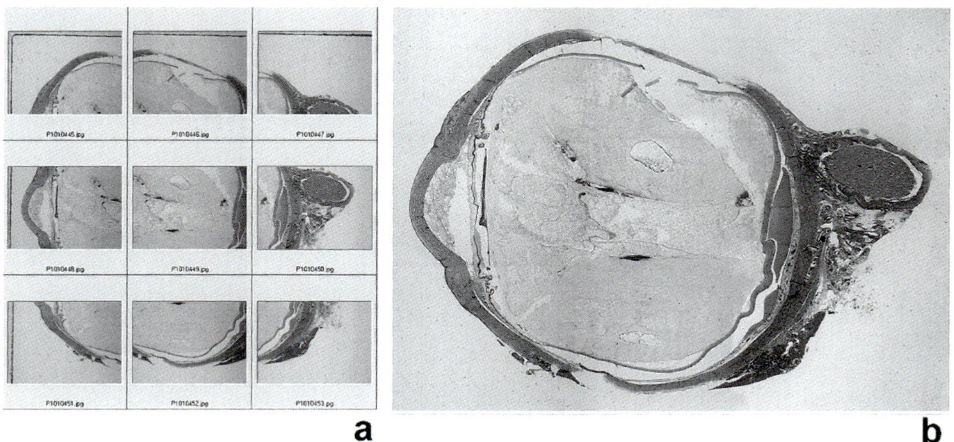

Abb. 192. Auge des Menschen, großflächiger histologischer Schnitt, Hellfeld. Fotos aufgenommen mit Objektiv 1× und Foto-Okular 5×. Links: neun Einzelbilder in Schachbrettanordnung. Rechts: zusammengefügte Panorama-Ansicht. Software: Photostitch (Canon Utilities).

Abb. 193. Borstenwurm (Vielborster) aus dem Wattenmeer, Dauerpräparat, Objektfläche: 1,75 × 0,3 cm, Objektiv Pl Fl 4/0,14, Hellfeld. Panoramaaufnahme, erstellt in einem Auslösevorgang mit iPhone SE am Smartphone-Adapter Unikop (vgl. Abb. 151). Mikroskop: Leitz-HM-Lux 3 (vgl. Abb. 6), weitere Beschreibung im Text. Für ein konventionell erstelltes Panorama müssten mindestens fünf sich überlappende Einzelaufnahmen angefertigt werden, von denen jede ein Objektfeld von 0,4 × 0,3 mm erfassen würde.

zu einer Gesamtansicht zusammengefügt (rechts im Bild).

Mit Smartphones und manchen Digitalkameras können auch auf direktem Wege, also ohne Computer und Software, sehr rasch und unkompliziert Panoramen erstellt werden, wenn werksseitig eine entsprechende Funktion implementiert ist oder eine spezielle Panorama-App nachgerüstet wird. In diesem Fall wird die Bildaufnahme einfach gestartet und anschließend erfolgt die Verschiebung des Objekts über die gewünschte Strecke. Auf Knopfdruck wird alsdann die Panoramaaufnahme beendet, und die Kamera rekonstruiert durch interne Bildverarbeitung die fertige Ansicht (Beispiel in Abb. 193). Auch bei aktivierter Belichtungsautomatik ergibt sich eine absolut homogene Belichtung, weil die Exposition konstant bleibt. Neben der Erstellung von einzeiligen Panoramen können mit einigen Panorama-Apps auch großflächige Objektansichten auf der Grundlage einer schachbrettartigen Bilderfassung rekonstruiert werden.

Anhänge

Kinder und Jugendliche für die Mikroskopie begeistern

Kinder sind aufnahmefähiger als man meint. Man hat festgestellt, dass sie ab etwa 5 Jahren schon ganz gebannt ins Mikroskop sehen können (wenn man ihnen die Technik abnimmt). Wer weiß, ob die herumsausenden „Tierchen des Wassertropfens“ oder eine schöne Kieselalge oder Zieralge nicht sehr prägend sein können für die Empfindsamkeit dem Leben gegenüber oder für das Schönheitsempfinden? Raoul Francé hat schon um 1900 vom „Bildungswert der Kleinlebewelt“ gesprochen.

Kleine Gäste kann man erst einmal auf mehrere Polster setzen, damit sie ermüdungsfrei gucken können. Dann sollte man ihnen mit einem Stück Papier und zwei Filzschreiberpunkten spielerisch den Augenabstand messen und das Binokular genau darauf einstellten. Der Raum ist leicht abgedunkelt, und die kleine Hand kann, zunächst einmal geführt von der großen, die Mikrometerschraube zum Scharfstellen betätigen. Ein oder zwei Minuten gebannten Zusehens kann man so schon erreichen und natürlich die neugierige Frage, was das alles sei und woher es komme.

Als die kleine Tochter von W.N. im Grundschulalter war, kam sie immer zum Zugucken, wenn er abends ein wenig mikroskopierte. Besonders die Kieselalgenschiffchen hatten es ihr angetan, die sich da ruckweise durchs Bildfeld schieben. Man kann hier schon manches halbspielerisch erklären, aber das Interesse erlahmt rasch, weil man das alles nicht in die Hand nehmen kann.

Als Hobbymikroskopiker würden wir Kinder immer einmal zum Hineingucken verleiten (unbedingt Binokular!), aber mit belehrenden Erläuterungen sparsam sein. Die Neugierde auf Unbekanntes kann man mit dem Mikroskop aber wunderbar wecken, und Kinder können auch schon so fragen, dass man rasch an die Grenze seines eigenen Wissens kommt.

Bei entsprechendem Interesse kann es eine Überlegung wert sein, einem Kind im Grundschulalter schon ein eigenes Mikroskop zu schenken, wenn es ernsthaft danach fragt. Greift man nun zu einem Kaufhausmikroskop, stößt ein interessiertes Kind rasch an die gegebenen Grenzen eines solchen Geräts, sodass man dann gut beraten ist, rechtzeitig in ein qualitativ einwandfreies Mikroskop zu investieren und dieses auch bald mittels eines kleinen schwarzen Pappscheibchens, welches man unter dem Hellfeld-Kondensor anbringt, für orientierende Untersuchungen im Dunkelfeld zu erschließen. Nach eigener Erfahrung ist Dunkelfeld für Kinder wesentlich spannender als Hellfeld, weil man in vielen Fällen mehr sieht. Ein Kind mit entsprechender Phantasie kann an Abenteuer in der Raumfahrt oder Tiefsee denken, wenn es im Dunkelfeld durch die unendlichen Weiten des Mikrokosmos streift. In diesem Sinn ist Abbildung 194 ein selbsterklärendes „Lied ohne Worte“. Der neunjährige Junge erforscht mit einem neu erstandenen gebrauchten Labormikroskop Leitz Dialux die Geheimnisse einer Erdbeere. Zwei Erdbeerstückchen, welche noch auf ihre Zerlegung warten, liegen auf einem Holzbrettchen im Hintergrund auf dem weißen Sofa. Hinter dem Dialux-

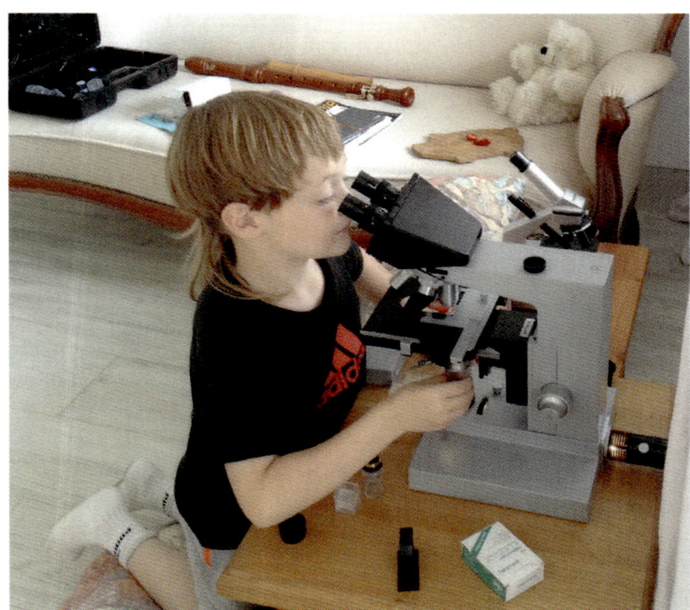

Abb. 194. Jugend forscht; hier mit einem Dialux-Mikroskop.

Mikroskop sieht man noch ein deutlich kleineres Kaufhausmikroskop, welches ein halbes Jahr zuvor geschenkt wurde und bereits nach dieser kurzen Zeit durch das neu angeschaffte Gerät abgelöst wurde. Der Junge hatte sich zuvor beklagt, dass er durch das Kaufhausmikroskop nichts deutlich sehen könne.

An Objekten empfiehlt sich alles, was Kinder direkt anspricht oder Jugendliche interessiert. Am besten geht man vom ganz Konkreten aus, also beispielsweise von einem Gänseblümchen, das man abzwicken und mit nach Hause nehmen kann. Etwas von dem gelben Blütenstaub wird bei mittlerer Vergrößerung angeschaut. Es löst sich in interessante kleine Ballons auf, und man kann erklären, dass diese aufgeblasenen „Dinger" auch wie Ballons durch die Luft segeln und vom feinsten Windhauch mitgenommen werden.

Selbstverständlich bietet die berühmte Wunderwelt im Wassertropfen auch geeignete Objekte. Am besten sind Wasserblüten. Warum ist der Gartenteich auf einmal so grün? Ein kleiner Tropfen auf dem Objektträger enthüllt durcheinander flitzende Flagellaten.

Weitere Objekte sind etwa kleine Insekten bei schwacher mikroskopischer Vergrößerung oder bei Binokular-Vergrößerungen. Hier sollte man darauf verzichten, Teile abzutrennen, also etwa Köpfe mit Mundwerkzeugen und Beinen, sondern die Insekten mit der Wachsfüßchenmethode nur ganz leicht festklemmen, sodass sie leicht strampeln können, aber nicht verletzt werden.

Weniger geeignet sind Schnittpräparate durch Pflanzen und erst recht durch Tiere. Wenn man von einem „Schnitt" spricht, empfindet es das Kind als etwas, das wehtut; eine Schnittführung durch präparierte Objekte versteht man wohl frühestens mit acht oder neun Jahren.

Manchmal haben Kinder und Jugendliche ausgeprägte Gestaltungsphasen, in denen sie symmetrische bunte Figuren mit Fingerfarben aufs Papier bringen oder Klecksographien mit Faltpapier machen, die auch Symmetrie zeigen. Man kann ihnen dann im Vergleich zum Beispiel döschenförmige Kieselalgen, Schnitte durch Grashalme (die einfach durch ihre symmetrische Schönheit wirken, nicht als mikroskopische Schnitte verstanden werden müssen), Schliffe durch Seeigelzähne und ähnliches zeigen, was das Form- und Farbengefühl anregt.

Besonders interessant ist unserer Erfahrung nach das mikroskopische Bild, wenn sich etwas bewegt, aber nicht zu schnell. Eine langsam dahinflutende Amöbe oder ein Sonnentierchen, das Plasmaströmungen an den Fortsätzen zeigt, sind geeignete Objekte, auch Ciliaten, die sich im gealterten Wassertropfen langsamer bewegen und an den sauerstoffreichen Rändern ansammeln.

Es kann auch interessant sein, Salinenkrebschen zu züchten, die es als fertige Experimentier-Sets („Salzkrebschenfarm") zu kaufen gibt. So kann man verfolgen, wie aus den kleinen dunkelbraunen Zysten (Dauerformen) dieses Krebses zunächst winzige Larven schlüpfen, die sich, schrittweise wachsend, schließlich zum erwachsenen Tier entwickeln.

Bei Jugendlichen kann man versuchen, das räumliche Vorstellungsvermögen zu kitzeln, wenn man Entwicklungspräparate vorführt, etwa die im Buch in Abbildung 167 gezeigte Entwicklung einer Zahnanlage. Nach geduldiger Erklärung kann man eine Vorstellung davon erreichen, wie sich ein solches Gebilde entwickelt, dass die äußeren Teile verschwinden und die inneren sich ausdehnen, irgendwann verhärten, den Zahnschmelz bilden usw. Auch funktionelle Gesichtspunkte lassen sich schon ansprechen. So kann man bei der Abbildung von Sternzellen einer Binse erklären, wie sich die einzelnen Fortsätze gegeneinander versteifen; ähnliches gilt für Knochenbälkchen.

Ganz besonders interessant finden Jugendliche, etwa ab zwölf Jahren, Ausschnitte aus dem eigenen Körper. Man erinnert sich noch, wie die Milchzähne ausgefallen sind: Zahnentwicklungs-Präparate! Man hat sich einmal verletzt, sodass der Nagel abgegangen ist und ein neuer nachwächst: Schnitte durch das Nagelbett. Man beginnt so langsam, sich die ersten Stoppelhaare wegzurasieren: Hautschnitte mit Haarentwicklung! All das, was der Jugendliche momentan selbst erlebt, reizt erfahrungsgemäß seine Neugierde, und das kann man mit „rein zufällig" vorhandenen Mikropräparaten wunderschön vertiefen.

Wenn man Kinder hat, sollte man abwarten, wie sich das Verhältnis zum Mikrohobby des Papas oder der Mama entwickelt. Wenn Interesse gezeigt wird (das kann man ja immer wieder testen), sollte man unbedingt ein solides, einfaches, aber ausbaufähiges Stativ zum Beispiel zu Weihnachten präsentieren. Es geht doch nichts über ein eigenes Gerät. Freilich sollte man sich in unserer heutigen Zeit nicht zuviel versprechen: Die Konkurrenz ist groß und raffiniert. W.N. hat vielen Jugendlichen einen Einblick in die Mikrowelt gegeben, gerade als er selber noch Schüler war und sich seine Geräte selbst gebastelt hatte, auf dem Dorf lebte und viel Zeit hatte. Ein einziger ist damals bei diesem Hobby geblieben, und das auch nicht für alle Zeit. Die anderen wissen aber sicher heute noch, dass es und wo es Zieralgen gibt und wie ein *Micrasterias* ausschaut – für ihre Berufe sicher nicht wesentlich, für das Gefühl, dass es neben der eigenen Welt noch ganz andere Welten gibt, aber ausschlaggebend wichtig.

Heute sollte man sich auch nicht scheuen, für sein Hobby zu werben. Das tun die Motorradverbände und die Modellfliegervereinigungen, die Tanzclubs und die Gesangsvereine. Alle Gruppen brauchen Nachwuchs. Auch die Mikroskopiker, seien es Individualisten oder Vereinsmitglieder, sollten unbedingt offensiv werden.

Literatur

Die Liste erfüllt keine Ansprüche auf Vollständigkeit. Wir haben angegeben, was uns besonders interessant und nützlich erschienen ist. Das meiste ist „klassisch", aber es gibt auch einige interessante Neuerscheinungen.

Allgemeines

Derenthal L, Stahl C. Mikro-Fotografie. Schönheit jenseits des Sichtbaren. Kunstbibl. Sammlung Fotografie. Staatliches Museum zu Berlin. Berlin: Hatje-Carett; 2010

Dietle F. Das Mikroskop in der Schule. Handhabung, Beobachtung, Experimente. 4. Auflage. Stuttgart: Kosmos; 1990

Deckart M. Freizeit mit dem Mikroskop. Niedernhausen: Falken; 1972.

Drews R. Mikroskopieren als Hobby. Faszinierende Einblicke in die Natur. Niedernhausen: Falken; 1995.

Freund H, Berg A. Geschichte der Mikroskopie. Leben und Werk großer Forscher. Band 1: Biologie. Frankfurt: Umschau; 1963.

Fürst F. Die 14 »schwarzen Punkte« beim Mikroskopieren. Heerbrugg, Schweiz: Wild AG; 1967

Gerlach D. Mikroskopieren – ganz einfach. Stuttgart: Kosmos; 1994

Göke G. Moderne Methoden der Lichtmikroskopie. Stuttgart: Kosmos; 1988

Healey P. Mikroskopie. Delphin-Taschenbuch in Farbe. Nr. 11. Stuttgart/Zürich: Delphin; 1976

Krauter D. Mikroskopie im Alltag. Kosmos, Stuttgart: Kosmos; 1984

Krommenhoek W, Sebus J, van Esch GJ. Biologie in Bildern. Heidelberg: Quelle und Meyer; 1979.

Oxlade C, Stockley C. Das Mikroskopierbuch. München: ars edition; 1994

Robertson D. Das Leben unter dem Mikroskop. Lausanne: Editions Rencontre; 1972

Sauer F. Mikroskopieren als Hobby. Beleuchtungs- und Präparationsverfahren, Photographie. Kosmos Bibliothek, Band 307. Kosmos: Stuttgart; 1985

Schlüter W. Mikroskopie für Lehrer und Naturfreunde. Berlin: Volk und Wissen; 1973

Stehli G. Mikroskopie für Jedermann. Eine methodische Ersteinführung in die Mikroskopie mit praktischen Übungen. Stuttgart: Kosmos; 1982

Strüwe C. Formen des Mikrokosmos. Gestalt und Gestaltung einer Bilderwelt. München: Prestel; 1955

Terstegge G. Zauberhafte Mikrowelten. München-Deisenhofen: Hachinger; 2015

Zbären D, Zbären J. Mikroskopieren. Hallwag Taschenbuch Nr. 28. Bern: Hallwag; 1979

Mikroskopische Technik

Beyer H, Riesenberg H. Handbuch der Mikroskopie. 3. Auflage. Berlin: VEB Verlag Technik; 1988

Gander R. Mikrophotographie, Rezepte für Mediziner und Biologen. 2. Auflage. München: Urban und Schwarzenberg; 1982

Gerlach D. Das Lichtmikroskop. Eine Einführung in Funktion, Handhabung und Spezialverfahren für Mediziner und Biologen. Stuttgart: Thieme; 1985.

Helmmerling K, Feustel H. Historische Mikroskope. Darmstadt: Hessisches Landesmuseum Darmstadt; 1983.

Isaak S, Jennings D. Kultur von Mikroorganismen. Heidelberg: Spektrum; 1998

Meyer K-H, Lieder C. Begleitbuch zu Mikroskopischen Präparaten und Mikrodias. Ludwigsburg: J. Lieder; 1994.

Michel K. Die Grundzüge der Theorie des Mikroskops. 3. Auflage. Stuttgart: Wissenschaftliche Verlagsgesellschaft; 1997

Mulisch M, Welsch U. Romeis – Mikroskopische Technik. Heidelberg: Spektrum; 2010

Nouridsany C. Wunderwelt der Mikrophotographie. München: Laterna magica; 1979

Turner G. Mikroskope. München: Callwey; 1981.

Zimmert G, Stipanits B. Mikrofotografie. Frechen: mitp; 2016

Mikroskopische Zeitschriften

Mikrokosmos (1904 – 2014), Elsevier

Mikroskopie (seit 2014), Dustri-Hachinger-Verlagsgruppe, München-Deisenhofen

Mikroskopische Firmenschriften

Determann H, Lepusch F. Das Mikroskop und seine Anwendung. Werksdruckschrift der Ernst Leitz Wetzlar GmbH, Best.-Nr. 923063, Sach-Nr. 512-069, 1988

Ernst Lietz Wetzlar GmbH. Abbildende und beleuchtende Optik des Mikroskops. Objektive, Okulare, Kondensoren. Werksdruckschrift 512-99, 1969

Leitz-Mitteilungen für Wissenschaft und Technik. Leitz, Firmen-Zeitschrift

Microskopion. Firmen-Zeitschrift. Heerbrugg, Schweiz: Wild AG

Möllring FK. Mikroskopieren vom Anfang an. Zeiss, Firmenschrift; 1980

Wild AG, Heerbrugg. Die optischen Grundlagen der Mikroskopie. Firmenschrift

Wild AG, Heerbrugg. Phasenkontrast zur Untersuchung kontrastarmer Präparate. Firmenschrift

Wild AG, Heerbrugg. Praktische Makro- und Mikrophotographie. Firmenschrift

Zeiss-Informationen. Zeiss, Firmen-Zeitschrift

Adressen

Mikroskope

A,Krüss Optronic GmbH, Alsterdorfer Str. 276-278, 22297 Hamburg/Germany

Askania Mikroskoptechnik Rathenow GmbH, Grünauer Fenn 40, 14712 Rathenow

Carl Zeiss Microscopy GmbH, Carl-Zeiss-Promenade 10, 07745 Jena

Euromex Microscopen bv, Papenkamp 20, NL- 6836 BD Arnhem

Helmut Hund GmbH Helmut Hund GmbH, Artur-Herzog-Str. 2, 35580 Wetzlar

Leica Microsystems GmbH, Ernst-Leitz-Str. 17-37, 35578 Wetzlar.

Microthek GmbH, Mikroskope Mikrotome Mikropräparate, Heinrich-Plett-Str. 26, 22609 Hamburg

Nikon Instruments Europe BV, Tripolis 100, Burgerweeshuispad 101, 1076 ER Amsterdam

Olympus Optical Company GmbH, Wendenstr. 14-18, 20097 Hamburg

Mikroskopzubehör und mikroskopische Einzelteile

ABRO, Zuiddijk 58A, NL-1501 CN Zaandam

BW Optik, Blücherstrasse 5, 26871 Aschendorf

Mikrovid GmbH, Kleinbahnring 47A, 59469 Ense

Optovid, Deilinghofer-Str. 39-41, 58675 Hemer

Th. Woitzik, Optik Online, Hausener Weg 1, 67098 Bad Dürkheim

Mikroskopische Vereinigungen

Berliner Mikroskopische Gesellschaft e.V., c/o Institut für Biologie/Zoologie der Freien Universität Berlin, Königin-Luise-Strasse 1-3, 14195 Berlin

Mikrobiologische Vereinigung Hamburg, c/o Biozentrum Grindel und Zoologischen Museum, Martin-Luther-King-Platz 3, 20146 Hamburg

Mikrobiologische Vereinigung München, Robert Hubert (Erster Vorsitzender), Taubenstr. 18, 82223 Eichenau

Mikroskopie Gruppe Bodensee / MGB, Günther Dorn, Beurener Str. 21, 88682 Salem-Altenbeuren

Mikroskopische Arbeitsgemeinschaft Hannover, Dr. Manfred Tauscher, Karl Brügmann, Woltmannweg 3,30559 Hannover

Mikroskopische Arbeitsgemeinschaft Stuttgart, c/o Klaus Kammerer, Hauffstr. 11, 71732 Tamm

Mikroskopisches Kollegium Bonn, Jörg Weiß, Helene-Lange-Straße 25, 53757 Sankt Augustin

Naturwissenschaftliche Vereinigung Hagen – Mikroskopie, Eckeseyer Str.160, 58089 Hagen

Tübinger Mikroskopische Gesellschaft e.V., Michael Franke, Laibernstr. 9, 72108 Rottenburg am Neckar

Mikroskopische Gesellschaft Wien, Marinelligasse 10A/ R1, 1020 Wien

Mikroskopische Gesellschaft Zürich, Felix Kuhn, Waldmeisterstrasse 12, CH-8953 Dietikon

Arbeitskreis Mikroskopie Bremen, Hans-Jürgen Koch, Bremer Str. 46, 28844 Weyhe.

Arbeitskreis Mikroskopie im Freundeskreis Botanischer Garten Köln, Amsterdamer Straße 34, 50735 Köln–Riehl

Mikroskopische Arbeitsgemeinschaft Mainfranken, Karl-Heinz Orlishausen, Friedhofstr. 5, 96215 Lichtenfels.

Internet-Links

Webseiten der Autoren

http://www.mikro-foto.de/ (Frank Fox)
http://www.fotofind.eu/ (Frank Fox)
http://www.fox-mikrofotografie.de/ (Frank Fox)
http://mikrofotografie.eu/ (Frank Fox)
http://www.mikrofotografie-digital.de (Jörg Piper)
http://www.luminanzkontrast.de (Jörg Piper)
http://www.relief-phasenkontrast.de (Jörg Piper)

Mikroskopie-Zeitschriften

http://www.mikroskopie-journal.de
http://www.microscopy-today.com/
https://www.cambridge.org/core/journals/microscopy-and-microanalysis
http://onlinelibrary.wiley.com/journal/10.1111/%28ISSN%291365-2818/issues
http://onlinelibrary.wiley.com/journal/10.1002/%28ISSN%291097-0029
https://www.journals.elsevier.com/micron
http://www.aspbs.com/jamr.html

Mikroskopie-Foren

http://www.mikroskopie-forum.de
https://mikroskopie-forum.at/
http://www.mikroskopie-treff.de

Online-Tutorien

An Introduction to Mikroscopy
http://www.microscopy-uk.org.uk/index.html?http://www.microscopy-uk.org.uk/intro/index.html

Die Mikrofibel von Klaus Henkel
http://www.klaus-henkel.de/mikrofibel.pdf

Lichtmikroskopie online – Theorie und Anwendung
http://www.univie.ac.at/mikroskopie/index.htm

Microscopy (Nicon)
https://www.microscopyu.com/
Microscopy primer (F.A.S. Sterrenburg)
http://www.microscopy-uk.org.uk/index.html?http://www.microscopy-uk.org.uk/primer/index.htm

Microscopy primer (Olympus)
https://www.olympus-lifescience.com/en/microscope-resource/

Micscape Magazines
http://www.microscopy-uk.org.uk/mag/indexmag.html

Molecular Expressions
http://micro.magnet.fsu.edu/primer/index.html

Gebrauchte Mikroskope

http://www.mikroskop-online.de/
https://www.bw-optik.de/
http://www.optovid.de/
http://www.mikrovid.com/
http://www.microscopen-specialist.nl/

Bildnachweise

Abbildungen 49, 50, 51, 56, 57, 61, 63, 64, 73, 82, 109, 171, 185: Timm Piper, Marienburgstr. 23. 56859 Bullay

Abbildung 172 links: Anne Kerber, DGPh, Klinik für Dermatologie, Venerologie und Allergologie, Universitätsklinikum des Saarlandes, Kirrberger Str. 100, 66421 Homburg/ Saar

Abbildung 173 oben: Dr. Ole Riemann, Rudolf-Virchow-Zentrum, Forschungszentrum für Experimentelle Biomedizin der Universität Würzburg, Josef-Schneider-Str. 2, D15, 97080 Würzburg, Dr. Wilko Ahlrichs, Institut für Biologie und Umweltwissenschaften, Universität Oldenburg, Fakultät V-IBU, 26111 Oldenburg, Dr. Alexander Kiencke, Forschungsinstitut Senckenberg, Deutsches Zentrum für Marine Biodiversitätsforschung (DZMB), Südrand 44, 26382 Wilhelmshaven

Abbildungen 178 – 180: Dipl. Ing. Eberhard Raap, Georg-Schumann-Str. 15, 06526 Sangerhausen

Abbildung 194: Dr. Regine Vedder, Lange Wiese 1, 56776 Berenbach

Die sonstigen Abbildungen sind den Bildbeständen der Autoren entnommen.

Sachwortregister

Nachwort und Ausblick auf Band 2 und 3

Wir hoffen sehr, dass es uns gelungen ist, mit unserem Buch zu den mikroskopischen Techniken eine breite Palette von Lesern anzusprechen, sodass interessierte Einsteiger grundlegendes Basiswissen aufbauen und fortgeschrittene bzw. erfahrene Anwender den einen oder anderen interessanten Kniff bei der Lektüre mitnehmen können. Neben den textlichen Erläuterungen sollen auch die Bildbeispiele unsere Leser dazu ermuntern, selbst ihre Streifzüge durch den Mikrokosmos durchzuführen und die hierbei erlebten Eindrücke in Bildern festzuhalten.

Wer das technische Rüstzeug beherrscht, sucht ggf. weitere Anregungen zur Gewinnung, Präparation und mikroskopischen Beobachtung von interessanten Objekten. In diesem Kontext möchten wir die beiden Folgebände unserer gegliederten Buchreihe zur Mikrokopie ansprechen.

Der zweite Band befasst sich mit der Mikrokopie unserer belebten und unbelebten Umwelt, die wir zwar bereits ohne ein Mikroskop mit unseren Sinnen erfassen können, bei der aber der Einsatz des Mikroskops zu vertieften Einblicken und Einsichten führen kann.

Der dritte Band vermittelt schließlich vielfältige Eindrücke von der reichhaltigen Kleinlebewelt des Wassers, dessen mikroskopisch kleinen Bewohner teils nur angedeutet, teils aber auch gar nicht ohne ein Mikroskop wahrgenommen werden können.

Wir haben diese thematischen Bereiche in zwei separaten Buchbänden dargestellt, damit jeder Leser zielgerichtet dasjenige hinzuerwerben kann, welches seinen speziellen Interessen entspricht. In diesem Sinne wünschen wir jedem unserer Leser, dass er unsere Werke mit viel Freude und persönlichem Gewinn betrachtet.

W. Nachtigall, J. Piper und F. Fox

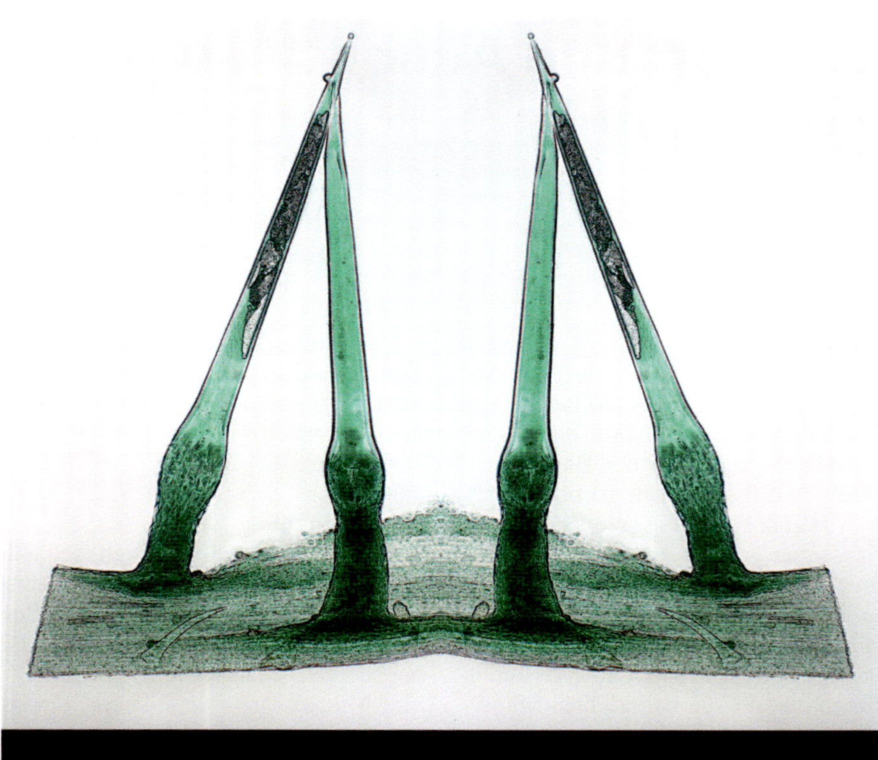